面向新工科普通高等教育系列教材

人工智能导论

Introduction to Artificial Intelligence

史忠植　王文杰　马慧芳　编　著

机械工业出版社

本书系统地介绍人工智能的基本原理、方法和应用技术，全面地反映了国内外人工智能研究领域的当前进展和发展方向。全书共 12 章。第 1 章简要介绍人工智能的概况。第 2—6 章阐述人工智能的基本原理和方法，重点论述知识表示、搜索算法、自动推理、机器学习和神经网络等。第 7、8 章介绍专家系统、自然语言处理等应用技术。第 9—11 章阐述当前人工智能的研究热点，包括多智能体系统、智能机器人和互联网智能等。第 12 章探讨类脑智能，展望人工智能发展的路线图。

本书力求科学性、实用性和先进性、可读性好。内容由浅入深，循序渐进，条理清晰，让学生在有限的时间内，掌握人工智能的基本原理与应用技术，提高对人工智能问题的求解能力。

本书可以作为高等院校人工智能、智能科学与技术、计算机科学与技术、自动化等相关专业的本科生、研究生、培训班的人工智能课程教材，也可以供从事人工智能研究与应用的科技人员学习参考。

图书在版编目（CIP）数据

人工智能导论/史忠植，王文杰，马慧芳编著．—北京：机械工业出版社，2019.11（2023.8 重印）
面向新工科普通高等教育系列教材
ISBN 978-7-111-64197-1

Ⅰ．①人…　Ⅱ．①史…　②王…　③马…　Ⅲ．①人工智能-高等学校-教材　Ⅳ．①TP18

中国版本图书馆 CIP 数据核字（2019）第 262996 号

机械工业出版社（北京市百万庄大街 22 号　邮政编码 100037）
策划编辑：汤　枫　　责任编辑：汤　枫
责任校对：张艳霞　　责任印制：张　博
北京建宏印刷有限公司印刷

2023 年 8 月第 1 版·第 5 次印刷
184mm×260mm·12.25 印张·300 千字
标准书号：ISBN 978-7-111-64197-1
定价：49.00 元

电话服务
客服电话：010-88361066
010-88379833
010-68326294

网络服务
机　工　官　网：www.cmpbook.com
机　工　官　博：weibo.com/cmp1952
金　　书　　网：www.golden-book.com
机工教育服务网：www.cmpedu.com

前　　言

人工智能是用人工的方法和技术，模仿、延伸和扩展人类智能和行为，实现机器智能。长期以来，人工智能是计算机科学与技术的一个分支。随着智能科学与技术的兴起和发展，人工智能将是智能科学与技术的一个分支。

人工智能自 1956 年诞生以来，历经艰辛与坎坷，取得了举世瞩目的成就，与机器学习、数据挖掘、计算机视觉、专家系统、自然语言处理、模式识别和机器人等相关的应用带来了良好的经济效益和社会效益。特别是 2016 年 3 月 8—15 日，谷歌围棋人工智能 AlphaGo 与韩国棋手李世石比赛，最终以 4:1 的战绩取得了人机围棋对决的胜利。有“深度学习三巨头”之称的本吉奥（Yoshua Bengio）、杨立昆（Yann LeCun）、欣顿共同获得了 2018 年 ACM 的图灵奖，以表彰他们为当前人工智能的繁荣发展所奠定的基础。人工智能再一次成为社会关注的焦点和世界高技术竞争的战略重点。

创新驱动，智能担当，教育先行。2017 年 7 月 8 日，国务院发布《新一代人工智能发展规划》，明确了我国人工智能发展三步走的战略目标。到 2030 年，人工智能理论、技术与应用总体达到世界领先水平，成为世界主要人工智能创新中心。从前沿基础理论、关键共性技术、创新平台、高端人才队伍等方面强化部署，构建开放协同的人工智能科技创新体系。党的二十大报告指出，推动战略性新兴产业融合集群发展，构建新一代信息技术、人工智能、生物技术、新能源、新材料、高端装备、绿色环保等一批新的增长引擎。在移动互联网、大数据、超级计算、传感器、脑科学等新理论和新技术迅速发展的背景下，我国将人工智能作为促进产业变革与经济转型升级的关键驱动力。培育高端高效的智能经济，发展人工智能新兴产业，推进产业智能化升级，打造人工智能创新高地。随着人工智能对传统行业溢出效应显现，人工智能企业聚焦应用场景将加速落地。目前，除依托百度建设自动驾驶、依托阿里云公司建设城市大脑、依托腾讯建设医疗影像、依托科大讯飞建设智能语音和依托商汤集团建设智能视觉五大国家新一代人工智能开放创新平台外，人工智能还广泛应用到制造、医疗、交通、家居、安防、网络安全等多个领域。

数字化、网络化、智能化是信息社会发展的必然趋势，智能革命将开创人类后文明史。如果说蒸汽机创造了工业社会，那么智能机也一定能奇迹般地创造出智能社会。在实现社会生产的自动化和智能化、促进知识密集型经济的大发展方面，人工智能将发挥重大作用。

本书力求将人工智能的发展脉络、技术理论、产业成果以精炼的文字展现给读者。该书全面阐述人工智能的基础理论，力求概念正确，有效结合求解智能问题的数据结构以及实现的算法；根据人工智能实际应用需求，安排知识表示、自动推理、机器学习、神经网络、专家系统和自然语言处理等内容，并通过适当的例题讲解解题方法。书中尽可能吸收国际上最新的研究成果，反映人工智能在分布式人工智能、机器人、互联网智能、类脑智能等方面研究的最新进展。本书文字表述力求通俗易懂，文笔流畅，使读者易于理解所学内容；在内容安排上力求由浅入深，循序渐进。

全书共 12 章，第 1 章简要介绍人工智能的基本概念、研究发展的状况以及各个学派的观点，并对它们的研究与应用领域进行必要的讨论。第 2 章介绍基本的知识表示方法，包括产生式、语义网络、框架理论、状态空间和本体等方法。第 3 章讨论搜索算法，重点介绍盲目搜索、启发式搜索和博弈方法。第 4 章是自动推理，包括三段论、自然演绎推理、归结演绎推理和产生式系统。第 5 章是机器学习，介绍归纳学习、类比学习、统计学习、聚类、强化学习、进化计算和群体智能等。第 6 章讨论人工神经网络与深度学习，重点介绍前馈神经网络、深度学习、卷积神经网络、生成对抗网络和深度强化学习。第 7 章介绍专家系统，主要介绍专家系统的基本原理、典型的专家系统 MYCIN 和开发工具 OKPS。第 8 章是自然语言处理，主要阐述自然语言处理的层次、机器翻译、对话系统、问答系统和文本生成等，介绍自然语言处理所涉及的关键技术。第 9 章讨论多智能系统的重要概念、体系结构、协调和协作、移动智能体。第 10 章论述智能机器人，探讨智能机器人的智能技术，列举智能机器人的重要应用。第 11 章是互联网智能，介绍语义 Web、本体知识管理、搜索引擎、知识图谱和集体智能等。最后一章探讨类脑智能，包括大数据智能、脑科学与类脑研究、神经形态芯片，展望类脑智能发展的路线图。在本书的每章后面都附有一定数量的习题，以巩固所学知识。在最后列出了参考文献，读者可以从中得到进一步的学习。

本书第 1 章、第 7 章、第 10 章和第 12 章由史忠植编写。第 2 章、第 3 章、第 4 章和第 9 章由王文杰编写。第 5 章、第 6 章、第 8 章和第 11 章由马慧芳编写。全书由史忠植统稿。

本书研究工作得到国家重点基础研究发展计划（973）“脑机协同的认知计算模型”（项目编号：2013CB329502）、国家自然科学基金重点项目“基于云计算的海量数据挖掘”（批准号：61035003）、国家科技支撑项目“颌面部组织缺损和畸形重建相关技术研究”（批准号：2012BA107B02）等的支持。在本书编写和出版过程中，得到了机械工业出版社的大力支持，在此谨表诚挚的谢意。

由于编者水平有限，加之人工智能发展迅速，书中不妥和错误之处在所难免，诚恳地希望专家和读者提出宝贵意见，以帮助本书改进和完善。

编　者

目　　录

第1章 绪　　论

人工智能（Artificial Intelligence）主要研究用人工的方法和技术，模仿、延伸和扩展人的智能，实现机器智能。人工智能的长期目标是实现人类智力水平的人工智能。自1956年人工智能诞生以来，取得了许多令人振奋的成果，在很多领域得到了广泛的应用。本章将对人工智能学科做一简要的介绍，包括发展历史、研究内容、研究方法以及主要的应用领域。

1.1 人工智能的定义

大数据、云计算、深度学习等技术的发展，又一次掀起人工智能的浪潮，人工智能成为极具挑战性的领域。

1956年，四位年轻学者麦卡锡（McCarthy J）、明斯基（Minsky M）、罗彻斯特（Rochester N）和香农（Shannon C）共同发起和组织召开了达特茅斯（Dartmouth）夏季专题讨论会，研究用机器模拟人类智能。在讨论会上，麦卡锡提议用人工智能（Artificial Intelligence）作为这一交叉学科的名称，定义为制造智能机器的科学与工程，标志着人工智能学科的诞生。半个多世纪来，人们从不同的角度、不同的层面给出对人工智能的定义。

1. 类人行为方法

1950年，图灵（Turing A）提出图灵测试，并将“计算”定义为：应用形式规则，对未加解释的符号进行操作［Turing 1950］。图1-1给出了图灵测试的示意图。将一个人与一台机器置于一间房间中，而与另外一个人分隔开来，并把后一个人称为询问者。询问者仅根据收到的答案辨别出哪个是计算机，哪个是人。如果询问者不能区别出机器和人，那么根据图灵的理论，就可以认为这个机器是智能的。

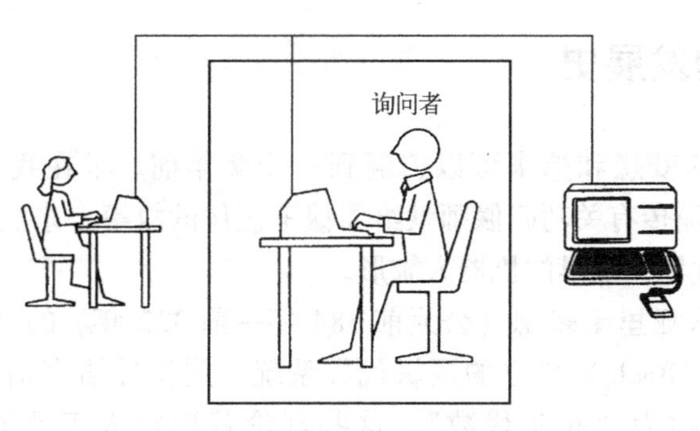

图1-1　图灵测试

图灵测试具有直观上的吸引力，成为许多现代人工智能系统评价的基础。如果一个系统已经在某个专业领域实现了智能，那么可以通过把它对一系列给定问题的反应与人类专家的反应相比较来对其进行评估。

2. 类人思维方法

1978 年，贝尔曼（Bellman R E）提出人工智能是那些与人的思维、决策、问题求解和学习等有关活动的自动化［Bellman 1978］。其主要采用的是认知模型的方法——关于人类思维工作原理的可检测的理论。

1990 年，纽厄尔（Newell A）把来自人工智能的计算机模型与来自心理学的实验技术相结合，创立一种精确而且可检验的人类思维方式理论 SOAR［Newell 1990］，希望该理论能实现各种弱方法。SOAR 是“State，Operator and Result”的缩写，即状态、算子和结果之意，意味着实现弱方法的基本原理是不断地用算子作用于状态，以得到新的结果。基于记忆和意识，本书作者提出了心智模型 CAM（Consciousness and Memory）［史忠植 2006］。

3. 理性思维方法

1985 年，查尼艾克（Charniak E）和麦克德莫特（McDermott D）提出人工智能是用计算模型研究智力能力［Charniak et al. 1985］。这是一种理性思维方法。一个系统如果能够在它所知范围内正确行事，它就是理性的。古希腊哲学家亚里士多德（Aristotle）是首先试图严格定义“正确思维”的人之一，他将其定义为不能辩驳的推理过程。他的三段论方法给出了一种推理模式，当已知前提正确时总能产生正确的结论。例如，专家系统是推理系统，所有的推理系统都是智能系统，所以专家系统是智能系统。

4. 理性行为方法

尼尔森（Nilsson N J）认为人工智能关心的是人工制品中的智能行为［Nilsson 1998］。这种人工制品主要指能够动作的智能体（Agent）。行为上的理性指的是已知某些信念，执行某些动作以达到某个目标。智能体可以看作是可以进行感知和执行动作的某个系统。在这种方法中，人工智能可以认为就是研究和建造理性智能体。

简言之，人工智能可以定义为用人工的方法和技术，模仿、延伸和扩展人类智能和行为，实现机器智能。长期以来人工智能被认为是计算机科学的一个分支。随着智能科学的兴起，人工智能将是智能科学的一个分支。

1.2 人工智能的发展史

人类对智能机器的梦想和追求可以追溯到三千多年前。早在我国西周时代（公元前 1066—前 771 年），就流传有关巧匠偃师献给周穆王艺伎的故事。东汉（公元 25—220 年），张衡发明的指南车是世界上最早的机器人雏形。

古希腊斯吉塔拉人亚里士多德（公元前 384 年—前 322 年）的《工具论》，为形式逻辑奠定了基础。布尔（Boole）创立的逻辑代数系统，用符号语言描述了思维活动中推理的基本法则，被后世称为“布尔代数”。这些理论基础对人工智能的创立发挥了重要作用。

1936 年，图灵创立了理想计算机模型的自动机理论，提出了以离散量的递归函数作为智能描述的数学基础，给出了基于行为主义的测试机器是否具有智能的标准，即图灵测试。

1943 年，心理学家麦克洛奇（McCulloch W S）和数理逻辑学家皮兹（Pitts W）在《数学生物物理公报》（*Bulletin of Mathematical Biophysics*）上发表了关于神经网络的数学模型［McCulloch et al. 1943］。这个模型现在一般称为 M-P 神经网络模型。他们总结了神经元的一些基本生理特性，提出神经元形式化的数学描述和网络的结构方法，从此开创了神经计算的时代。

1956 年，在美国的达特茅斯（Dartmouth）大学召开了为期两个月的学术研讨会，会上提出了“人工智能”这一术语，标志着这门学科的正式诞生。

在这 60 多年中，人工智能的发展经历了形成期、符号智能和数据智能时期。

1. 人工智能的形成期（1956—1976 年）

人工智能的形成期大约从 1956 年开始到 1976 年。这一时期的主要贡献包括：

1）1956 年，纽厄尔和西蒙的“逻辑理论家”程序，该程序模拟了人们用数理逻辑证明定理时的思维规律。

2）1956 年，乔姆斯基（Chomsky N）提出形式语言的理论。这种理论对计算机科学有着深刻的影响，特别是对程序设计语言的设计、编译方法和计算复杂性等方面有重大的作用。

3）1958 年，麦卡锡提出表处理语言 LISP。这种语言不仅可以处理数据，而且可以方便地处理符号，是人工智能程序设计语言的重要里程碑。目前 LISP 语言仍然是人工智能系统重要的程序设计语言和开发工具。

4）1965 年，鲁宾逊（Robinson J A）提出归结法，被认为是一个重大的突破，也为定理证明的研究带来了又一次高潮。

5）1965 年，斯坦福大学的费根鲍姆和化学家勒德贝格（Lederberg J）合作研制 DENDRAL 系统。1968 年，斯坦福大学费根鲍姆（Feigenbaum E A）等人成功研制了化学分析专家系统 DENDRAL。1972-1976 年，费根鲍姆成功开发了医疗专家系统 MYCIN。

2. 符号智能时期（1976-2006 年）

1）1975 年，西蒙和纽厄尔荣获计算机科学最高奖——图灵奖。1976 年，他们在获奖演讲中提出了“物理符号系统假说”，成为人工智能中影响最大的符号主义学派的创始人和代表人物。

2）1977 年，美国斯坦福大学计算机科学家费根鲍姆在第五届国际人工智能联合会议上提出知识工程的新概念。20 世纪 80 年代，专家系统的开发趋于商品化，创造了巨大的经济效益。知识工程是一门以知识为研究对象的学科，使人工智能的研究从理论转向应用，从基于推理的模型转向知识的模型，使人工智能的研究走向了实用。

3）1981 年，日本宣布了第五代电子计算机的研制计划。其研制的计算机主要特征是具有智能接口、知识库管理和自动解决问题的能力，并在其他方面具有人的智能行为［史忠植 1988］。

4）1984 年，莱斯利·瓦伦特（Leslie Valiant）在计算科学和数学领域的远见及认知理论与其他技术结合后，提出可学习理论，开创了机器学习和通信的新时代［Valiant 1984］。

5）1993 年，肖哈姆（Shoham Y）提出面向智能体的程序设计［史忠植 2000］。

6）1995 年，罗素（Russell S）和诺维格（Norvig P）出版了《人工智能》一书，提出

“将人工智能定义为对从环境中接收感知信息并执行行动的智能体的研究” [Russell et al. 1995]。

7) 2011 年，朱迪亚·珀尔（Judea Pearl）获得图灵奖，奖励他在人工智能领域的基础性贡献，他提出概率和因果性推理演算法，彻底改变了人工智能基于规则和逻辑的方向 [Pearl 2000]。

3. 数据智能时期（2006 年至今）

1) 2006 年，杰弗里·辛顿（Geoffrey Hinton）等发表深度信念网络，开创深度学习的新阶段。

2) 2016 年，AlphaGo 采用深度强化学习，击败最强的人类围棋选手之一李世石，推动人工智能的发展和普及。

3) 2016 年，寒武纪推出了国际上首个稀疏深度学习处理器 Cambricon-X，在速度（响应时间）和功耗两个最重要指标上都远远超过了 CPU 和 GPU。

4) 2018 年，图灵奖（Turing Award）颁给杰弗里·辛顿（Geoffrey Hinton）、杨立昆（Yann LeCun）和约书亚·本吉奥（Yoshua Bengio），他们开创了深度神经网络，为深度学习算法的发展和应用奠定了基础。

我国的人工智能研究起步较晚。智能模拟纳入国家计划的研究始于 1978 年。1984 年召开了智能计算机及其系统的全国学术讨论会。1986 年，把智能计算机系统、智能机器人和智能信息处理（含模式识别）等重大项目列入国家高技术研究 863 计划。1997 年，又把智能信息处理、智能控制等项目列入国家重大基础研究 973 计划。进入 21 世纪后，在最新制订的《国家中长期科学和技术发展规划纲要（2006-2020 年）》中，“脑科学与认知科学”已列入八大前沿科学问题之一。信息技术将继续向高性能、低成本、普适计算和智能化等主要方向发展，寻求新的计算与处理方式和物理实现是未来信息技术领域面临的重大挑战。

1981 年，我国相继成立了中国人工智能学会（CAAI）、全国高校人工智能研究会、中国计算机学会人工智能与模式识别专业委员会、中国自动化学会模式识别与机器智能专业委员会、中国软件行业协会人工智能协会、中国智能机器人专业委员会、中国计算机视觉与智能控制专业委员会以及中国智能自动化专业委员会等学术团体。1989 年首次召开了中国人工智能联合会议（CJCAI）。1987 年创刊了《模式识别与人工智能》杂志。2006 年创刊了《智能系统学报》和《智能技术》杂志。2011 年创刊了 *International Journal of Intelligence Science* 国际刊物。

中国的科技工作者已在人工智能领域取得了具有国际领先水平的创造性成果。其中，尤以吴文俊院士关于几何定理证明的“吴氏方法”最为突出，已在国际上产生重大影响，并荣获 2001 年国家科学技术最高奖励。现在，我国已有数以万计的科技人员和大学师生从事不同层次的人工智能研究与学习。人工智能研究已在我国深入开展，它必将为促进其他学科的发展和我国的现代化建设做出新的重大贡献。

1.3 主要研究内容

人工智能是一门综合性的学科，它是在控制论、信息论和系统论的基础上诞生的，涉及哲学、心理学、认知科学、计算机科学、数学以及各种工程学方法，这些学科为人工智能的研究提供了丰富的知识和研究方法。图 1-2 给出了和人工智能有关的学科以及人工智能的研究和应用领域的简单图示。

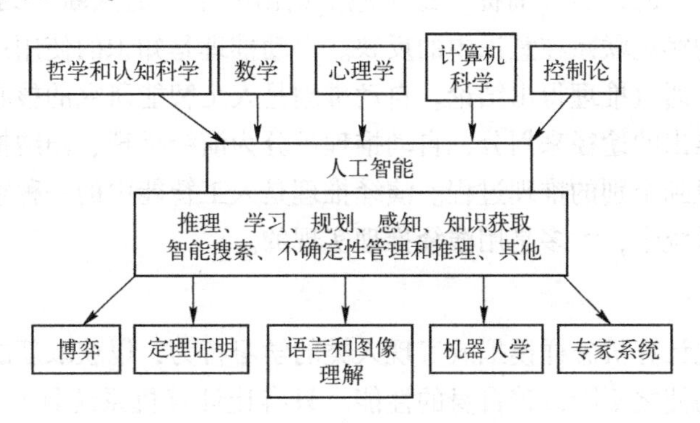

图 1-2　人工智能的研究和应用

1. 认知建模

美国心理学家休斯敦（Houston P T）等把认知归纳为如下 5 种类型：

1）认知是信息的处理过程。

2）认知是心理上的符号运算。

3）认知是问题求解。

4）认知是思维。

5）认知是一组相关的活动，如知觉、记忆、思维、判断、推理、问题求解、学习、想象、概念形成和语言使用等。

人类认知过程是非常复杂的，建立认知模型的技术常称为认知建模，目的是从某些方面探索和研究人的思维机制，特别是人的信息处理机制，同时也为设计相应的人工智能系统提供新的体系结构和技术方法。认知科学用计算机研究人的信息处理机制时表明，在计算机的输入和输出之间存在着由输入分类、符号运算、内容存储与检索、模式识别等方面组成的实在的信息处理过程。尽管计算机的信息处理过程和人的信息处理过程有实质性差异，但可以由此得到启发，认识到人在刺激和反应之间也必然有一个对应的信息处理过程，这个实在的过程只能归结为意识过程。计算机的信息处理和人的信息处理在符号处理这一点的相似性是人工智能名称由来和它赖以实现和发展的基点。信息处理也是认知科学与人工智能的联系纽带。

2. 知识表示

人类的智能活动过程主要是一个获得并运用知识的过程，知识是智能的基础。人们通过实践，认识到客观世界的规律性，经过加工整理、解释、挑选和改造而形成知识。为了使计算机具有智能，使它能模拟人类的智能行为，就必须使它具有适当形式表示的知识。知识表示是人工智能中一个十分重要的研究领域。

所谓知识表示实际上是对知识的一种描述，或者是一组约定，一种计算机可以接受的用于描述知识的数据结构。知识表示是研究机器表示知识的可行的、有效的、通用的原则和方法。知识表示问题一直是人工智能研究中最活跃的部分之一。目前，常用的知识表示方法有逻辑模式、产生式系统、框架、语义网络、状态空间、面向对象和连接主义等。

3. 自动推理

从一个或几个已知的判断（前提）逻辑地推论出一个新的判断（结论）的思维形式称为推理，它是事物的客观联系在意识中的反映。自动推理是知识的使用过程，人解决问题就是利用以往的知识，通过推理得出结论。自动推理是人工智能研究的核心问题之一。

按照新的判断推出的途径来划分，自动推理可分为演绎推理、归纳推理和反译推理。演绎推理是一种从一般到个别的推理过程。演绎推理是人工智能中的一种重要的推理方式，目前研制成功的智能系统中，大多是用演绎推理实现的。

4. 机器学习

机器学习是研究计算机怎样模拟或实现人类的学习行为，以获取新的知识或技能，重新组织已有的知识结构使之不断改善自身的性能。只有让计算机系统具有类似人的学习能力，才有可能实现人类水平的人工智能。机器学习是人工智能研究的核心问题之一，是当前人工智能理论研究和实际应用的非常活跃的研究领域。

常见的机器学习方法有归纳学习、类比学习、分析学习、强化学习、遗传算法和连接学习等。深度学习是机器学习研究中的一个新的领域，其概念由欣顿（Hinton G E）等人于2006年提出［Hinton et al. 2006］，它用模仿人脑神经网络进行分析学习的机制来解释图像、声音和文本的数据。2015年，百度利用超级计算机Minwa在测试ImageNet中取得了世界最好成绩，错误率仅为4.58%，刷新了图像识别的纪录。机器学习研究的任何进展，都将促进人工智能水平的提高。

1.4 人工智能的主要学派

在人工智能60多年的研究过程中，由于人们对智能本质的理解和认识不同，形成了人工智能研究的多种不同的途径。不同的研究途径具有不同的学术观点，采用不同的研究方法，形成了不同的研究学派。目前在人工智能界主要的研究学派有符号主义、连接主义和行为主义等学派。符号主义方法以物理符号系统假设和有限合理性原理为基础；连接主义方法是以人工神经网络模型为核心；行为主义方法侧重研究感知-行动的反应机制。

1.4.1 符号主义

符号主义学派，亦称为功能模拟学派。其主要观点认为智能活动的基础是物理符号系统，思维过程是符号模式的处理过程。

纽厄尔和西蒙在1976年的美国计算机学会（ACM）图灵奖演说中，对物理符号系统假设进行了总结［Newell et al. 1976］，指出：展现一般智能行为的物理系统的充要条件是，它是一个物理符号系统。充分性表明智能可以通过任意合理组织的物理符号系统来得到。必要性表明一个有一般智能的主体必须是一个物理符号系统的一个实例。物理符号系统假设的必要性要求一个智能体，不管它是人、外星人还是计算机，都必须通过在符号结构上操作的物理实现来获得智能。

以符号主义的观点看，知识表示是人工智能的核心，认知就是处理符号，推理就是采用启发式知识及启发式搜索对问题求解的过程，而推理过程又可以用某种形式化的语言来描述。符号主义主张用逻辑的方法来建立人工智能的统一理论体系，但是存在“常识”问题以及不确定性事物的表示和处理问题。因此，该学派受到其他学派的批评。

通常被称为“经典的人工智能”是在符号主义观点指导下开展研究的。经典的人工智能研究中又可以分为认知学派和逻辑学派。认知学派以西蒙、明斯基和纽厄尔等为代表，从人的思维活动出发，利用计算机进行宏观功能模拟。逻辑学派以麦卡锡和尼尔森等为代表，主张用逻辑来研究人工智能，即用形式化的方法描述客观世界。

1.4.2 连接主义

基于神经元和神经网络的连接机制和学习算法的人工智能学派是连接主义（Connectionism），亦称为结构模拟学派。这种方法研究能够进行非程序的、可适应环境变化的、类似人类大脑风格的信息处理方法的本质和能力。这种学派的主要观点认为，大脑是一切智能活动的基础，因而从大脑神经元及其连接机制出发进行研究，搞清楚大脑的结构以及它进行信息处理的过程和机理，可望揭示人类智能的奥秘，从而真正实现人类智能在机器上的模拟。

该方法的主要特征表现在：以分布式的方式存储信息，以并行方式处理信息，具有自组织、自学习能力，适合于模拟人的形象思维，可以比较快地得到一个近似解。正是这些特点，使得神经网络为人们在利用机器加工处理信息方面提供了一个全新的方法和途径。但是这种方法不适合于模拟人们的逻辑思维过程，并且人们发现，已有的模型和算法也存在一定的问题，理论上的研究也有一定的难度，因此单靠连接机制解决人工智能的全部问题也是不现实的。

连接主义的代表性成果是1943年麦克洛奇和皮兹提出的一种神经元的数学模型，即M-P模型，并由此组成一种前馈网络。可以说，M-P是人工神经网络最初的模型，开创了神经计算的时代，为人工智能创造了一条用电子装置模拟人脑结构和功能的新的途径。从此，神经网络理论和技术研究的不断发展，并在图像处理、模式识别等领域的重要突破，为实现连接主义的智能模拟创造了条件。

1.4.3 行为主义

行为主义学派，亦称为行为模拟学派，其认为智能行为的基础是“感知-行动”的反应机制。该学派基于智能控制系统的理论、方法和技术，研究拟人的智能控制行为。

1991年，布鲁克斯（Brooks R A）提出了无须知识表示的智能和无须推理的智能[Brooks 1991]。他认为智能只是在与环境交互作用中表现出来，不应采用集中式的模式，而是需要具有不同的行为模块与环境交互，以此来产生复杂的行为。他认为任何一种表达方式都不能完善地代表客观世界中的真实概念，因而用符号串表示智能过程是不妥当的。这在许多方面是行为心理学在人工智能中的反映。

上述三种研究方法从不同的侧面研究了人的自然智能，与人脑的思维模型有着对应的关系。粗略地来看，可以认为符号主义研究抽象思维，连接主义研究形象思维，而行为主义研究感知思维[史忠植 1998]。研究人工智能的三大学派、三条途径各有所长，要取长补短，综合集成。

1.5 人工智能的应用

当前，几乎所有的科学与技术的分支都在共享着人工智能领域所提供的理论和技术，包括专家系统、博弈、定理证明、自然语言理解、图像理解和机器人等。这里列举一些人工智能中经典的、有代表性和有重要影响的应用领域。

1. 专家系统

专家系统（Expert System）是一类具有专门知识和经验的计算机智能程序系统，通过对人类专家的问题求解能力的建模，采用人工智能中的知识表示和知识推理技术来模拟通常由专家才能解决的复杂问题，达到具有与专家同等解决问题能力的水平。这种基于知识的系统设计方法是以知识库和推理机为中心而展开的，即

专家系统 = 知识库 + 推理机

专家系统把知识从系统中与其他部分分离开来。它强调的是知识而不是方法。很多问题没有基于算法的解决方案，或算法方案太复杂，采用专家系统，可以利用人类专家拥有丰富的知识，因此专家系统也称为基于知识的系统（Knowledge-Based Systems）。一般来说，一个专家系统应该具备以下三个要素：

1）具备某个应用领域的专家级知识。

2）能模拟专家的思维。

3）能达到专家级的解题水平。

20 世纪 80 年代以来，在知识工程的推动下，涌现出了不少专家系统开发工具，例如，EMYCIN、CLIPS（OPS5，OPS83）、G2、KEE、OKPS 等。

2. 数据挖掘

数据挖掘是人工智能领域中一个令人激动的成功应用，它能够满足人们从大量数据中挖掘出隐含的、未知的、有潜在价值的信息和知识的要求。对数据拥有者而言，在他的特定工作或生活环境里，自动发现隐藏在数据内部的、可被利用的信息和知识。要实现这些目标，需要拥有大量的原始数据，要有明确的挖掘目标，需要相应的领域知识，需要友善的人机界面，需要寻找合适的开发方法。挖掘结果供数据拥有者决策使用，必须得到拥有者的支持、认可和参与。

目前，数据挖掘在市场营销、银行、制造业、保险业、计算机安全、医药、交通、电信等领域已经有许多成功案例。具有代表性的数据挖掘工具或平台有美国 SAS 公司的 SAS Enterprise Miner、IBM 公司的 Intelligent Miner、Solution 公司的 Clementine、加拿大 Cognos 公司的 Scenario、美国大数据公司 Palantir、中国科学院计算技术研究所智能信息处理重点实验室开发的大数据挖掘云引擎 CBDME 等。

3. 自然语言处理

自然语言处理研究计算机通过人类熟悉的自然语言与用户进行听、说、读、写等交流技术，是一门与语言学、计算机科学、数学、心理学、声学等学科相联系的交叉性学科。自然语言处理研究内容主要包括：语言计算（语音与音位、词法、句法、语义、语用等各个层面上的计算）、语言资源建设（计算词汇学、术语学、电子词典、语料库、知识本体等）、

机器翻译或机器辅助翻译、汉语和少数民族语言文字输入输出及其智能处理、中文手写和印刷体识别、中文语音识别及文语转换、信息检索、信息抽取与过滤、文本分类、中文搜索引擎、以自然语言为枢纽的多媒体检索等。

中文信息处理（包括对汉语以及少数民族语言的信息处理）在我国信息领域科学技术进步与产业发展中占有特殊位置，推动着我国信息科技与产业的发展。例如，王选的汉字激光照排（两次获得国家科技进步一等奖）、联想汉卡（获国家科技进步一等奖）、刘迎建的汉王汉字输入系统（获国家科技进步一等奖）、陈肇雄的机器翻译系统（获国家科技进步一等奖）、丁晓青的清华文通汉字 OCR 系统（获国家科技进步二等奖）等，这些体现着鲜明的自主创新精神的成果，既是我国中文信息处理事业发展历程的见证，也将为未来的继续蓬勃发展提供了宝贵的精神财富。

我们已经进入以互联网为主要标志的海量信息时代。一个与此相关的严峻事实是，数字信息有效利用已成为制约信息技术发展的一个全局性瓶颈问题。自然语言处理无可避免地成为信息科学技术中长期发展的一个新的战略制高点。《国家中长期科学和技术发展规划纲要》指出，我国将促进“以图像和自然语言理解为基础的‘以人为中心’的信息技术发展，推动多领域的创新”。

4. 智能机器人

智能机器人是一种自动化的机器，具有相当发达的“大脑”，具备一些与人或生物相似的智能能力，如感知能力、规划能力、动作能力和协同能力，是一种具有高度灵活性的自动化机器。随着人们对机器人技术智能化本质认识的加深，机器人技术开始向人类活动的各个领域渗透。结合这些领域的应用特点，人们发展了各式各样的具有感知、决策、行动和交互能力的特种机器人和各种智能机器，如移动机器人、微机器人、水下机器人、医疗机器人、军用机器人、空中空间机器人和娱乐机器人等。

智能机器人具有广阔的发展前景，尽管国内外对智能机器人的研究已经取得了很多成果，但是智能化水平还不是很高，因此还必须加快智能机器人的发展。智能机器人的作业环境是相当复杂的，要想机器人有比较好的发展，则解决现在面临的许多问题，那么我们人类应该多向自然界学习，在对自然界生物的学习、模仿、复制和再造的过程中，发现相关的理论和技术方法，并将其应用到机器人中，使得机器人在功能和技术水平上不断地有所突破，从而生产出更先进、更智能的机器人。

机器人世界杯足球赛（RoboCup）是当前引人注目的比赛，推动了机器人的研究和开发。有人预言由机器人组成的足球队将在 2050 年世界杯足球赛中打败专业足球队。当然，目前研制的这些机器人，仍然只具有部分智能，它们离真正意义的生命智能还相距甚远，机器人视觉和自然语言交流是其中的两个主要难点。

5. 模式识别

模式识别（Pattern Recognition）是指对表征事物或现象的各种形式的信息进行处理和分析，以便对事物或现象进行描述、辨认、分类和解释的过程。模式是信息赖以存在和传递的形式，诸如波谱信号、图形、文字、物体的形状、行为的方式和过程的状态等都属于模式的范畴。人们通过模式感知外部世界的各种事物或现象，这是获取知识、形成概念和做出反应的基础。

早期的模式识别研究强调仿真人脑形成概念和识别模式的心理和生理过程。20 世纪 50 年代末，罗森布拉特（Roseblatt F）提出的感知器既是一个模式识别系统，又是把它作为人脑的数学模型来研究的。但随着实际应用的需要和计算技术的发展，模式识别研究多采用不同于生物控制论、生理学和心理学等方法的数学技术方法。1957 年，周绍康首先提出用决策理论方法对模式进行识别。1962 年，纳拉西曼（Narasimhan R）提出模式识别的句法方法，此后美籍华人学者傅京孙深入地开展了这方面的研究，并于 1974 年出版了第一本专著《句法模式识别及其应用》[Fu 1974]。现代发展的各种模式识别方法基本上都可以归纳为决策理论方法和结构方法两大类。

随着信息技术应用的普及，模式识别呈现多样性和多元化趋势，可以在不同的概念粒度上进行，其中生物特征识别成为模式识别研究活跃的领域，包括语音识别、文字识别、图像识别和人物景象识别等。生物特征的身份识别技术，如指纹（掌纹）身份识别、人脸身份识别、签名识别、虹膜识别和行为姿态身份识别也成为研究的热点。通过小波变换、模糊聚类、遗传算法、贝叶斯（Bayesian）理论、支持向量机等方法进行图像分割、特征提取、分类、聚类和模式匹配，使得身份识别成为确保经济安全、社会安全的重要工具。

6. 分布式人工智能

分布式人工智能（Distributed Artificial Intelligence）研究一组分布的、松散耦合的智能体（Agent）如何运用它们的知识、技能、信息，为实现各自的或全局的目标协同工作。20 世纪 90 年代以来，互联网的迅速发展为新的信息系统、决策系统和知识系统的发展提供了极好的条件，它们在规模、范围和复杂程度上发展极快，分布式人工智能技术的开发与应用越来越成为这些系统成功的关键。

分布式人工智能的研究可以追溯到 20 世纪 70 年代末期。早期分布式人工智能的研究主要是分布式问题求解，其目标是要创建大粒度的协作群体，它们之间共同工作以对某一问题进行求解。1983 年，休伊特（Hewitt C）和他的同事们研制了基于 ACTOR 模型的并发程序设计系统。ACTOR 模型提供了分布式系统中并行计算理论和一组专家或 ACTOR 获得智能行为的能力。1991 年，Hewitt 提出开放信息系统语义 [Hewitt 1991]，指出竞争、承诺、协作和协商等性质应作为分布式人工智能的科学基础，试图为分布式人工智能的理论研究提供新的基础。1983 年，马萨诸塞大学的莱塞（Lesser V R）等人研制了分布式车辆监控测试系统 DVMT [Lesser et al. 1983]。1987 年，加瑟（Gasser L）等人研制了 MACE 系统，这是一个实验型的分布式人工智能系统开发环境。MACE 中每一个计算单元都称作智能体，它们具有知识表示和推理能力，智能体之间通过消息传送进行通信。

20 世纪 90 年代以来，智能体和多智能体系统成为分布式人工智能研究的主流。智能体可以看作是一个自动执行的实体，它通过传感器感知环境，通过效应器作用于环境。智能体的 BDI 模型，是基于智能体的思维属性建立的一种形式模型，其中 B 表示 Belief（信念），D 表示 Desire（愿望），I 表示 Intention（意图）。多智能体系统即由多个智能体组成的系统，研究的核心是如何在一群自主的智能体之间进行行为的协调。多智能体系统可以构成一个智能体的社会，其形式包括群体、团队、组织和联盟等，具有更大的灵活性和适应性，更适合开放和动态的世界环境，成为当今人工智能研究的热点。

7. 互联网智能

如果说计算机的出现为人工智能的实现提供了物质基础，那么互联网的产生和发展则为人工智能提供了更加广阔的空间，成为当今人类社会信息化的标志。互联网已经成为越来越多人的“数字图书馆”，人们普遍使用 Google、百度等搜索引擎，为自己的日常工作、生活服务。

语义 Web（Semantic Web）追求的目标是让 Web 上的信息能够被机器理解，从而实现 Web 信息的自动处理，以适应 Web 信息资源的快速增长，更好地为人类服务［Berners-Lee et al. 2001］。语义 Web 提供了一个通用的框架，允许跨越不同应用程序、企业和团体的边界共享和重用数据。语义 Web 是 W3C 领导下的协作项目，有大量研究人员和业界伙伴参与。语义 Web 以资源描述框架（RDF）为基础。RDF 以 XML 作为语法、URI 作为命名机制，将各种不同的应用集成在一起。

语义 Web 成功地将人工智能的研究成果应用到互联网，包括知识表示、推理机制等。人们期待未来的互联网是一本按需索取的百科全书，可以定制搜索结果，可以搜索隐藏的 Web 页面，可以考虑用户所在的位置，可以搜索多媒体信息，甚至可以为用户提供个性化服务。

8. 博弈

博弈（Game Playing）是人类社会和自然界中普遍存在的一种现象，例如，下棋、打牌、战争等。博弈的双方可以是个人、群体，也可以是生物群或智能机器，双方都力图用自己的智慧获取成功或击败对方。博弈过程可能产生惊人庞大的搜索空间。要搜索这些庞大而且复杂的空间需要使用强大的技术来判断备择状态，探索问题空间，这些技术被称为启发式搜索。博弈为人工智能提供了一个很好的实验场所，可以对人工智能的技术进行检验，以促进这些技术的发展［Shi 2012］。

1.6 本章小结

本章首先讨论了人工智能的定义。人工智能是研究可以理性地进行思考和执行动作的计算模型的学科，它是人类智能在计算机上的模拟。人工智能作为一门学科，经历了形成期、符号智能期和数据智能期阶段，并且还在不断地发展。尽管人工智能也创造出了一些实用系统，但我们不得不承认这些远未达到人类的智能水平。

知识表示、推理、学习、智能搜索和数据与知识的不确定性处理是人工智能的基本的研究领域，人工智能的典型应用领域包括专家系统、数据挖掘、自然语言处理、智能机器人、模式识别、分布式人工智能、互联网智能和博弈等。

人工智能的研究途径主要有以符号处理为核心的方法、以网络连接为主的连接机制方法，以及以感知和动作为主的行为主义方法等，这些方法的集成和综合已经成为当今人工智能研究的一个趋势。

进入 21 世纪，互联网的普及和大数据的兴起又一次将人工智能推向新的高峰。基于大数据、赛博空间（Cyberspace）的知识自动化将推动人类向人工世界进军，深度开发大数据和智力资源，深化农业和工业的智能革命。脑科学、认知科学和人工智能等学科交叉研究的智能科学将指引类脑计算的发展，实现人类智力水平的人工智能。

习题

1-1　什么是人工智能？它的研究目标是什么？

1-2　什么是图灵测试？讨论图灵关于计算机软件“智能”标准的不足。

1-3　人工智能程序和传统的计算机程序之间有什么不同？

1-4　人工智能研究有哪些主要的学派？各有什么特点？

1-5　未来人工智能的可能突破有哪些方面？

1-6　人工智能的长期目标是人类智力水平的人工智能，我们应该如何努力实现这个目标？

第2章 知识表示

知识表示（Knowledge Representation）就是对知识的一种形式化描述，或者说是对知识的一组约定，是一种计算机可以接受的用于描述知识的数据结构。本章主要介绍几种常用的知识表示方法：谓词逻辑、产生式系统、语义网络、框架表示、状态空间和本体等。

2.1 引言

人工智能研究的目标之一是建立有能力解决各种认知任务（如问题求解、决策制定等）的智能系统。要有效地解决应用领域的问题和实现软件的智能化，就必须拥有应用领域的知识。这首先涉及的问题就是应该以何种方法来表示知识。尽管知识在人脑中的表示、存储和使用机理仍然是一个尚待揭开之谜，但以形式化的方式表示知识并供计算机做自动处理已经发展成为较成熟的技术——知识表示技术。

知识表示就是研究用机器表示知识的可行的、有效的、通用的原则和方法，即把人类知识形式化为机器能处理的数据结构，表示为一组对知识的描述和约定。知识表示是智能系统的重要基础，是人工智能中最活跃的研究部分之一。

知识表示方式有两大类：陈述性表示和过程性表示。陈述性表示方式强调知识的静态特性，即描述事物的属性及其相互关系；过程性表示方式则强调知识的动态特性，即表示推理和搜索等运用知识的过程。目前知识的表示有多种不同的方法，主要包括逻辑方法、产生式方法、语义网络和框架面向对象方法等。知识表示方法的多样性，表明知识的多样性和人们对其认识的不同。那么在实际当中如何来选择和建立合适的知识表示方法呢？这可以从下面几个方面考虑：

1）表示能力，要求能够正确、有效地将问题求解所需要的各类知识都表示出来。

2）可理解性，所表示的知识应易懂、易读。

3）便于知识的获取，使得智能系统能够渐进地增加知识，逐步进化。同时在吸收新知识的同时应便于消除可能引起新老知识之间的矛盾，便于维护知识的一致性。

4）便于搜索，表示知识的符号结构和推理机制应支持对知识库的高效搜索，使得智能系统能够迅速地感知事物之间的关系和变化；同时很快地从知识库中找到有关的知识。

5）便于推理，要能够从已有的知识中推出需要的答案和结论。

2.2 谓词逻辑表示法

一阶谓词逻辑表示法是一种重要的知识表示方法，它以数理逻辑为基础，是到目前为止能够表达人类思维活动规律的一种最精准的形式语言。它与人类的自然语言比较接近，又可方便存储到计算机中，并被计算机进行精确处理。因此，它是一种最早应用于人工智能的表示方法，在人工智能发展中具有重要的作用。

2.2.1 一阶谓词逻辑

一阶谓词逻辑也叫作一阶谓词演算，是一种形式系统，也是一种可进行抽象推理的符号工具。在谓词逻辑中，谓词可表示为$P(x_1, x_2, \cdots, x_n)$，其中P是谓词符号，表示个体的属性、状态或关系；$x_1, x_2, \cdots, x_n$称为谓词的参量或项，通常表示个体对象。有n个参量的谓词称为n元谓词。例如，Student(x)是一元函数，表示"x是学生"；Less(x,y)是二元谓词，表示"x小于y"。一般一元谓词表达了个体的性质，而多元谓词表达了个体之间的关系。

为了刻画谓词和个体之间的关系，在谓词逻辑中引入了两个量词：

1）全称量词（$\forall x$），它表示"对个体域中所有（或任意一个）个体x"，读为"对所有的x""对每个x"或"对任一x"。

2）存在量词（$\exists x$），它表示"在个体域中存在个体x"，读为"存在x""对某个x"或"至少存在一个x"。$\forall$和$\exists$后面跟着的x叫作量词的指导变元或作用变元。

谓词逻辑可以由原子和5种逻辑连接词（否定$\neg$、合取$\wedge$、析取$\vee$、蕴涵$\rightarrow$、等价$\leftrightarrow$），再加上量词来构造复杂的符号表达式。这就是谓词逻辑中的公式。

2.2.2 知识的谓词逻辑表示法

人类的一条知识一般可以由具有完整意义的一句话或几句话表示出来，而这些知识要用谓词逻辑表示出来，一般就是一个谓词公式。

谓词逻辑适合于表示事物的状态、属性和概念等事实性知识，也可以用来表示事物间具有确定因果关系的规则性知识。对事实性知识，可以使用谓词公式中的析取符号与合取符号连接起来的谓词公式来表示，如对于下面句子：

张三是一名计算机系的学生,他喜欢编程序

可以用谓词公式表示为

$$\text{Computer}(\text{张三}) \wedge \text{Like}(\text{张三}, \text{programming})$$

其中，Computer(x)表示x是计算机系的学生，Like(x,y)表示x喜欢y，它们都是谓词。

对于规则性知识，通常使用由蕴涵符号连接起来的谓词公式来表示。例如，对于

如果x,则y

用谓词公式表示为

$$x \rightarrow y$$

在使用谓词逻辑表示知识的时候，一般可以基于下面几步来进行：

1）定义谓词及个体，确定每个谓词及个体的确切含义。

2）根据所要表达的事物或概念，为每个谓词中的变元赋予特定的值。

3）根据所要表达的知识的语义，用适当的连接符号将各个谓词连接起来，形成谓词公式。

例2.1 将下述自然数公理表示为谓词公式：

1）每个数都存在一个且仅存在一个直接后继数。

2）每个数都不以0为直接后继数。

3）每个不同于0的数都存在一个且仅存在一个直接前启数。

解：首先定义谓词和函数。

设函数 $f(x)$ 和 $g(x)$ 分别表示 x 的直接后继数和 x 的直接前启数，谓词 $E(x,y)$ 表示“x 等于 y”。那么上述公理可表示为

1）$(\forall x)(\exists y)(E(y,f(x))\wedge(\forall z)(E(z,f(x))\rightarrow E(y,z)))$

2）$\neg((\exists x)E(0,f(x)))$

3）$(\forall x)(\neg E(x,0)\rightarrow((\exists y)(E(y,g(x))\wedge(\forall z)(E(z,g(x))\rightarrow E(y,z)))))$

2.3 产生式表示法

产生式系统（Production System）的概念，最早是由帕斯特（Post E）于 1943 年提出的产生式规则得来的。他用这种规则对符号串做替换运算。1965 年，美国的纽厄尔和西蒙利用这种原理建立了人类的认知模型。同年，斯坦福大学设计第一个专家系统 DENDRAL 时，就采用了产生式系统的结构。产生式系统是目前已建立的专家系统中知识表示的主要手段之一，如 MYCIN、CLIPS/JESS 系统等。在产生式系统中，把推理和行为的过程用产生式规则表示，所以又称为基于规则的系统。

2.3.1 事实的表示

事实可以看作是断言一个语言变量的值或者多个语言变量间的关系的陈述句，语言变量的值或语言变量间的关系可以是一个词，不一定是数字。

单个的事实在专家系统中常用<特性-对象-取值>（Attribute-Object-Value）三元组表示。这种相互关联的三元组正是 LISP 语言中特性表示的基础，在谓词演算中关系谓词也常以这种形式表示。显然，以这种三元组来描述事物以及事物之间的关系是很方便的。

例如，在（AGE ZHAO-LING 43）中，ZHAO-LING 为对象，43 为值，它们都是语言变量；AGE 为特性，表示语言变量之间的关系。

在大多数专家系统中，经常还需加入关于事实确定性程度的数值度量，如 MYCIN 中用可信度来表示事实的可信程度，于是每一个事实变成了四元组。

例如，(AGE ZHAO-LING 43 0.8)，表示上述事实的可信度为 0.8。

2.3.2 规则的表示

在产生式系统中，规则由前项和后项两部分组成。前项表示前提条件，各个条件由逻辑连接词（合取、析取等）组成各种不同的组合；后项表示当前提条件为真时，应采取的行为或所得的结论。产生式系统中每条规则是一个“条件→动作”或“前提→结论”的产生式，其简单形式为

IF <前提> THEN <结论>

为了严格地描述产生式，下面用巴科斯范式给出它的形式描述和语义：

<规则>::=<前提>→<结论>
<前提>::=<简单条件>|<复合条件>
<结论>::=<事实>|<动作>

<复合条件>::=<简单条件> AND <简单条件> [(AND <简单条件>)…]
|<简单条件> OR <简单条件> [(OR <简单条件>)…]
<动作>::=<动作名>[(<变元>,…)]

例 2.2 动物识别系统的规则库。

这是一个用以识别虎、金钱豹、斑马、长颈鹿、企鹅、鸵鸟和信天翁 7 种动物的产生式系统。为了实现对这些动物的识别，该系统建立了如下规则库：

R_1:	IF	该动物有毛发	THEN	该动物是哺乳动物
R_2:	IF	该动物有奶	THEN	该动物是哺乳动物
R_3:	IF	该动物有羽毛	THEN	该动物是鸟
R_4:	IF	该动物会飞	AND	会下蛋 THEN 该动物是鸟
R_5:	IF	该动物吃肉	THEN	该动物是食肉动物
R_6:	IF	该动物有犬齿	AND	有爪 AND 眼盯前方
			THEN	该动物是食肉动物
R_7:	IF	该动物是哺乳动物	AND	有蹄 THEN 该动物是有蹄类动物
R_8:	IF	该动物是哺乳动物	AND	是嚼反刍动物
			THEN	该动物是有蹄类动物
R_9:	IF	该动物是哺乳动物	AND	是食肉动物
			AND	是黄褐色
			AND	身上有暗斑点
			THEN	该动物是金钱豹
R_{10}:	IF	该动物是哺乳动物	AND	是食肉动物
			AND	是黄褐色
			AND	身上有黑色条纹
			THEN	该动物是虎
R_{11}:	IF	该动物是有蹄类动物	AND	有长脖子
			AND	有长腿
			AND	身上有暗斑点
			THEN	该动物是长颈鹿
R_{12}:	IF	该动物是有蹄类动物	AND	身上有黑色条纹
			THEN	该动物是戳斑马
R_{13}:	IF	该动物是鸟	AND	有长脖子
			AND	有长腿
			AND	不会飞
			AND	有黑白二色
			THEN	该动物是鸵鸟
R_{14}:	IF	该动物是鸟	AND	会游泳
			AND	不会飞
			AND	有黑白二色
			THEN	该动物是企鹅
R_{15}:	IF	该动物是鸟	AND	善飞
			THEN	该动物是信天翁

其中，R_1，R_2，…，R_{15}分别是对各产生式规则所做的编号，以便于对它们的引用。由上述产生式规则可以看出，虽然该系统是用来识别7种动物的，但它并没有简单地只设计7条规则，而是设计了15条。其基本想法是，首先根据一些比较简单的条件，如“有毛发”“有羽毛”“会飞”等对动物进行比较粗的分类，如“哺乳动物”“鸟”等，然后随着条件的增加，逐步缩小分类范围，最后给出分别识别7种动物的规则。这样做有下列好处：①当已知的事实不完全时，虽不能推出最终结论，但可以得到分类结果；②当需要增加对其他动物（如牛、马等）的识别时，规则库中只需增加关于这些动物个性方面的知识，如$R_9 \sim R_{15}$那样，而对$R_1 \sim R_8$可直接利用，这样增加的规则就不会太多；③由上述规则很容易形成各种动物的推理链。

产生式表示法具有自然性、模块性、清晰性的特点，是模拟人类解决问题的自然方法。既可以表示启发式知识，又可以表示程序性知识；既可以表示确定性知识，又可以表示不确定性知识。目前，产生式方式是当今最流行的专家系统模式，已建造成功的专家系统大部分采用产生式表示程序性知识。

随着要解决的问题越来越复杂，规则库越来越大，产生式系统越来越难以扩展，要保证新的规则和已有的规则没有矛盾就会越来越困难，知识库的一致性也越来越难以实现。在推理过程中，每一步都要和规则库中的规则做匹配检查。如果知识库中规则数目很大，效率显然会降低。知识表示形式单一，不能表达结构性知识。

以纯粹的产生式系统表示复杂的知识结构比较困难，因此发展了一系列知识的结构化表示方法，如语义网络和框架等。知识以这类形式表示的系统，一般称为基于知识的系统。

2.4 语义网络表示法

语义网络（Semantic Network）是奎廉（Quillian J R）在1968年研究人类联想记忆时提出的一种心理学模型，其认为记忆是由概念间的联系实现的。在专家系统中语义网络可用于描述物体概念与状态及其之间的关系。它是由节点和节点之间的弧组成，节点表示概念（事件、事物），弧表示它们之间的关系。在数学上语义网络是一个有向图，与逻辑表示法对应。

2.4.1 语义网络的概念和结构

语义网络是通过概念及其语义关系来表达知识的一种有向网络图。从图论的观点看，它是一个“带有标示的有向图”。其中，有向图的节点表示各种事物、概念、情况、属性、动作和状态等；弧表示节点之间各种语义关系，指明它所连接的节点之间的某种语义关系。节点和弧必须带有标识，以便区分各个不同对象以及对象之间各种不同的关系。因此，一个语义网络主要包括了两个部分：事件以及事件之间的关系。

从结构上看，语义网络一般由一些基本的语义单元构成，这些最基本的语义单元可用三元组表示为

（节点1,弧,节点2）

若A、B表示两个节点，R表示A和B之间的某种语义关系，则该语义单元可以对应表示为如图2-1所示的网络。类似图2-1的语义网络称为基本网元。

例如，对于“鸵鸟是一种鸟”这一事实，可表示为图2-2所示的语义网络。

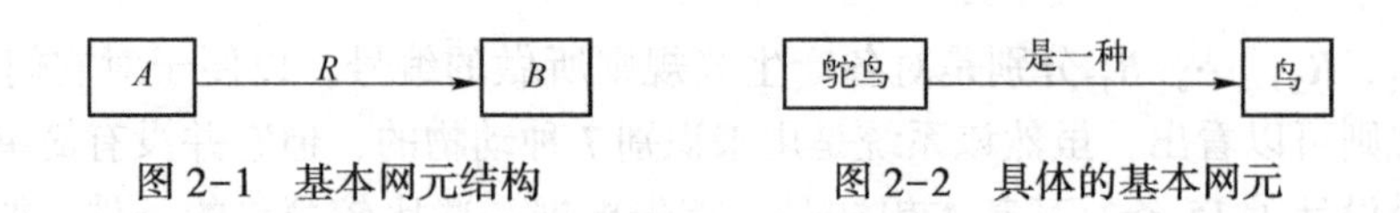

图 2-1　基本网元结构　　　　图 2-2　具体的基本网元

当把多个基本网元用相应的语义联系关联在一起时，就可以得到一个语义网络。例如，如果把“我的汽车是棕黄色的”这一事实表示为一个如图 2-3a 所示的语义网络，那么如果要表示“李华的汽车是绿色的”，只需扩展这个网络即可，如图 2-3b 所示。如果要表示更多的汽车颜色，可以进一步扩展这个网络，这样做的优点是当寻找有关汽车的信息时，只要首先找到汽车这个节点就可以了。

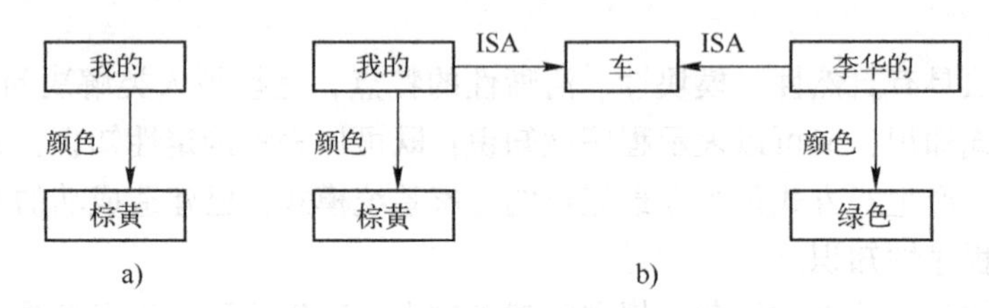

图 2-3　汽车的语义网络

2.4.2　常用的语义联系

语义网络可以描述事物间多种复杂的语义关系。在实际使用中，人们可根据自己的实际需要进行定义。下面给出一些经常使用的语义联系。

(1) 类属关系

类属关系是指具有共同属性的不同事物间的分类关系、成员关系或实例关系。它体现的是“具体与抽象”“个体与集体”的层次分类。在类属关系中，最主要特征是属性的继承性，处在具体层的节点可以继承抽象层节点的所有属性。常用的类属关系有 ISA，含义为“是一个”，表示一个事物是另一个事物的一个实例。有时也用 AKO（A-Kind-Of）、AIO（An-Instance-Of）等。

在类属关系中，具体层节点除具有抽象层节点的所有属性外，还可以增加一些自己的个性，甚至还能够对抽象层节点的某些属性加以更改。例如，所有的动物都具有能运动、会吃等属性。而鸟类作为动物的一种，除具有动物的这些属性外，还具有会飞、有翅膀等个性。

(2) 聚集关系

聚集关系也称为包含关系，是指具有组织或结构特征的“部分与整体”之间的关系。它和类属关系的最主要区别是聚集关系一般不具备属性的继承性。常用的聚集关系有 Part-of、Member-of，含义为“是一部分”，表示一个事物是另一个事物的一部分。

(3) 相似关系

相似关系是指不同事物在形状、内容等方面相似或接近。常用的相似关系有 Similar-to，含义为“相似”，表示某一事物与另一事物相似。

(4) 推论关系

推论关系是指从一个概念推出另一个概念的语义关系。常用的推论关系有 Reasoning-to，含义为“推出”，表示某一事物推出另一事物。例如，“成绩好”可推出“学习努力”。

(5) 因果关系

因果关系是指由于某一事件的发生而导致另一事件的发生，通常用 Causality 联系，表示两个节点间的因果关系。

(6) 占有关系

占有关系是事物或属性之间的“具有”关系。常用的占有关系有 Have，含义为“有”，表示一个节点拥有另一个节点所表示的事物。

(7) 组成关系

组成关系是一种一对多联系，用于表示某一事物由其他一些事物构成，通常用 Composed-of 联系表示。Composed-of 联系所连接的节点间不具有属性继承性。

(8) 时空关系

在描述一个事物时，经常需要指出它发生的时间、位置等。时间关系是指不同事件在其发生时间方面的先后次序关系，节点间的属性不具有继承性。位置关系是指不同事物在位置方面的关系，节点间的属性不具有继承性。

语义网络中最灵活的因素是 ISA 链。这里只列出了 8 种类型的语义联系，在使用语义网络进行知识表示时，可根据需要随时对事物间的各种联系进行人为定义，这里就不再多列举了。

语义网络的一个重要特性是属性继承。凡用有向弧连接起来的两个节点有上位与下位关系。例如，“兽”是“动物”的下位概念，又是“虎”的上位概念。所谓“属性继承”指的是凡上位概念具有的属性均可由下位概念继承。在属性继承的基础上可以方便地进行推理是语义网络的优点之一。

语义网络表示方法还有以下一些优点：结构性好，具有联想性和自然性。由节点和弧组成的网络结构，抓住了符号计算中符号和指针这两个本质的东西，而且具有记忆心理学中关于联想的特性。但是试图用节点代表世界上的各种事物，用弧代表事物间的任何关系，恐怕也过于简单，因而受到限制。

与逻辑系统相比，语义网络能表示各种事实和规则，具有结构化的特点；逻辑方法把事实与规则当作独立的事实处理，语义网络则从整体上进行处理；逻辑系统有特定的演绎结构，而语义网络不具有特定的演绎结构；语义网络推理是知识的深层次推理，是知识的整体表示与推理。

2.5 框架表示法

1975 年，美国麻省理工学院明斯基（Minsky M）提出了框架理论，作为理解视觉、自然语言对话以及其他复杂行为的一种基础。明斯基指出：当一个人遇到新的情况（或其看待问题的观点发生实质性变化）时，他会从记忆中选择一种结构，即“框架”。

框架表示法是一种适应性强、概括性高、结构化良好、推理方式灵活，又能把陈述性知识与过程性知识相结合的知识表示方法。它是一种理想的知识的结构化表示方法。

相互关联的框架连接起来组成框架系统，或称为框架网络。不同的框架网又可通过信息检索网络组成更大的系统，代表一块完整的知识。框架理论把知识看作是相互关联的成块组织，它与把知识表示为独立的简单模块有很大的不同。

2.5.1 框架结构

框架有一个框架名，指出所表达知识的内容；下一个层次设若干个槽，用来说明该框架的具体性质。每个槽设有槽名，槽名下面有对应的取值，称为槽值，即表示该属性的值。在较为复杂的框架中，槽的下面还可进一步区分层次，槽的下面可设几个侧面，每个侧面又可以有各自的取值。所以框架是一种层次的数据结构，框架下层的槽可以看成是一种子框架，子框架本身还可以进一步分层次。

一般框架结构如下：

FRAME <框架名>

槽名$_1$：侧面名$_{11}$　　值$_{11}$

　　　侧面名$_{12}$　　值$_{12}$

　　　　⋮　　　　⋮

　　　侧面名$_{1m}$　　值$_{1m}$

槽名$_2$：侧面名$_{21}$　　值$_{21}$

　　　侧面名$_{22}$　　值$_{22}$

　　　　⋮　　　　⋮

　　　侧面名$_{2m}$　　值$_{2m}$

⋮　　　⋮　　　　⋮

槽名$_n$：侧面名$_{n1}$　　值$_{n1}$

　　　侧面名$_{n2}$　　值$_{n2}$

　　　　⋮　　　　⋮

　　　侧面名$_{nm}$　　值$_{nm}$

约束：约束条件$_1$

　　　约束条件$_2$

　　　　⋮

　　　约束条件$_n$

例 2.3　教师框架结构。

框架名：<教师>

姓名：单位（姓，名）

年龄：单位（岁）

性别：范围（男，女）

职称：范围（教授、副教授、讲师、助教）

缺省：讲师

部门：单位（系、教研室）

住址：<adr-1>

工资：<sal-1>

开始工作时间：单位（年、月）

截止时间：单位（年、月）

缺省：现在

2.5.2 框架网络

框架之间相互有联系，主要表现在以下两个方面：首先是层次的结构，即各个框架之间通过 ISA 链表现了框架之间特殊与一般的继承关系；除了纵向联系之外，框架中的槽值还可以表示框架之间的关系，形成框架之间的横向联系。

例 2.4 宾馆房间的框架如图 2-4 所示。

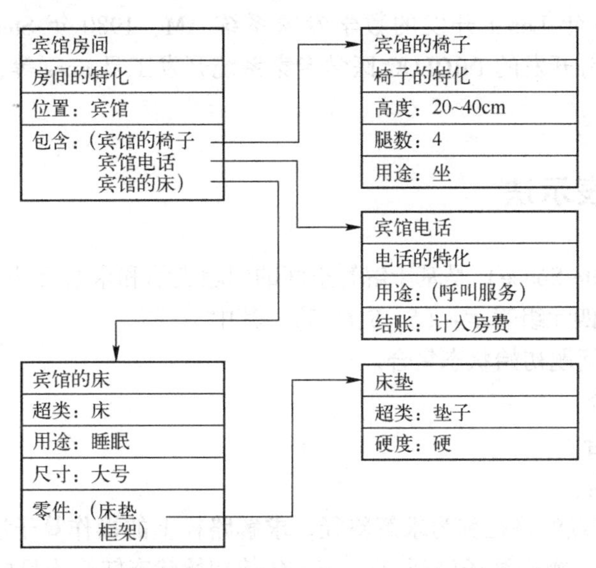

图 2-4 宾馆房间的框架描述（部分）

在图 2-4 中，把宾馆房间较高层结构直接表示为语义网络，组织为多个独立网络的汇集，每个网络表示一种典型的情况。框架（以及面向对象系统）为我们提供了一种组织工具，利用其可以将实体表示为结构化的对象，对象可以带有命名槽和相应的值。因此可以把框架或模式看成是一种简单的复合体。框架在很多重要方面扩展了语义网络。通过框架更容易层次化地组织知识。在网络中，所有概念被表示为同一个层上的节点和边。

框架系统支持类继承。一个类框架的槽和默认值可以通过类/子类和类/成员层次继承。例如，宾馆电话是常规电话的子类，除了拨打所有外线要通过宾馆总机（为了记账），可以直接拨打宾馆的服务。只要没有其他的信息可以使用，那么默认值便被赋给所选择的槽，例如，宾馆房间中有床，因此是睡眠的合适地方；如果不知道如何拨打宾馆的前台，那么可以试一下拨“0”。

当创建类框架的实例时，系统会尽可能填写它的各个槽，采用的方法可以通过向用户查询、从类框架中接受默认值，或者执行某个过程或守护程序来得到实例值。和语义网络的情况一样，槽和默认值可以跨类/子类层次继承。

框架表示法最突出的特点是它善于表达结构性的知识，能够把知识的内容结构关系及知识间的联系表示出来，因此它是一种结构化的知识表示方法。框架表示法的知识单位是框架，而框架是由槽组成，槽又可分为若干侧面，这样就可把知识的内部结构显式地表示出来。

框架表示法通过使槽值为另一个框架的名字来实现框架间的联系，建立起表示复杂知识的框架网络。在框架网络中，下层框架可以继承上层框架的槽值，也可以进行补充和修改，这样不仅减少了知识的冗余，而且较好地保证了知识的一致性。

框架表示法体现了人们在观察事物时的思维活动，当遇到新事物时，通过从记忆中调用类似事物的框架，并将其中某些细节进行修改、补充，就形成了对新事物的认识，这与人们的认识活动是一致的。

框架表示法提出后得到了广泛应用，因为它在一定程度上体现了人的心理反应，又适用于计算机处理。1976 年 Lenat 开发的数学专家系统 AM，1980 年 Stefik 开发的专家系统 UNITS，1985 年田中等开发的 PROLOG 医学专家系统开发工具 apes 等，都采用框架作为知识表示的基础。

2.6　状态空间表示法

状态空间法（State Space）是基于解答空间的问题表示和求解方法，它是以状态和操作符为基础的。一般用四元组表示：(S_0,S,O,G)，其中

S_0：所有可能的问题初始状态集合。

S：所有状态集合。

O：操作符的集合。

G：目标状态集合。

从 S_0 节点到 G 节点的路径称为求解路径。求解路径上的操作算子序列是状态空间的一个解。如图 2-5 所示，操作算子序列 O_1，…，O_k 使初始状态转换为目标状态：

$$S_0 \xrightarrow{O_1} S_1 \xrightarrow{O_2} S_2 \xrightarrow{O_3} \cdots \xrightarrow{O_k} G$$

图 2-5　状态空间的解

则 $O_1,\cdots,O_k$ 即为状态空间的一个解。

例 2.5　钱币翻转问题。

设有三枚硬币，其初始状态为（反，正，反），允许每次翻转一个硬币（只翻一个硬币，必须翻一个硬币），必须连翻三次。问是否可以达到目标状态（正，正，正）或（反，反，反）？

问题求解过程如下：用数组表示时，显然每一硬币需占一维空间，则用三维数组状态变量表示这个知识：$Q=(q_1,q_2,q_3)$。取 $q=0$ 表示钱币的正面，$q=1$ 表示钱币的反面，构成的问题状态空间显然为 $Q_0=(0,0,0)$，$Q_1=(0,0,1)$，$Q_2=(0,1,0)$，$Q_3=(0,1,1)$，$Q_4=(1,0,0)$，$Q_5=(1,0,1)$，$Q_6=(1,1,0)$，$Q_7=(1,1,1)$。

引入操作 f_1：把 q_1 翻一面。f_2：把 q_2 翻一面。f_3：把 q_3 翻一面。显然 $F=\{f_1,f_2,f_3\}$。目标状态（找到的答案）：$Q_g=(0,0,0)$ 或 $(1,1,1)$。

例 2.6　猴子和香蕉问题。

在一个房间内有一只猴子（可把这只猴子看作一个机器人）、一个箱子和一束香蕉。香蕉挂在天花板下方，但猴子的高度不足以碰到它。那么这只猴子怎样才能摘到香蕉呢？图 2-6 显示了猴子、香蕉和箱子在房间内的相对位置。

用一个四元组 (W,x,y,z) 来表示这个问题的状态，其中

W：猴子的水平位置。

x：当猴子在箱子顶上时，取 $x=1$；否则取 $x=0$。

y：箱子的水平位置。

z：当猴子摘到香蕉时，取 $z=1$；否则取 $z=0$。

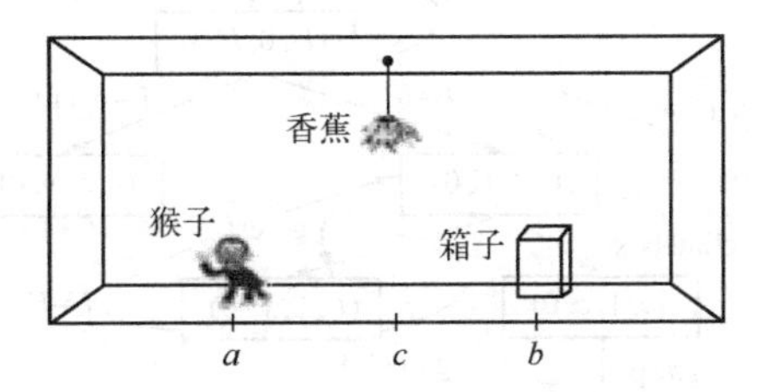

图 2-6　猴子和香蕉问题

这个问题的操作（算符）如下：

1）goto(U)猴子走到水平位置 U，或者用产生式规则表示为

$$(W,0,y,z)\xrightarrow{\text{gato}(U)}(U,0,y,z)$$

即应用操作 goto(U)，能把状态($W,0,y,z$)变换为状态($U,0,y,z$)。

2）pushbox(V)猴子把箱子推到水平位置 V，即有

$$(W,0,W,z)\xrightarrow{\text{pushbox}(V)}(V,0,V,z)$$

应当注意的是，要应用算符 pushbox(V)，就要求产生式规则的左边，猴子与箱子必须在同一位置上，并且，猴子不是在箱子顶上。这种强加于操作的适用性条件，叫作产生式规则的先决条件。

3）climbbox 猴子爬上箱顶，即有

$$(W,0,W,z)\xrightarrow{\text{climbbox}}(W,1,W,z)$$

在应用算符 climbbox 时也必须注意到，猴子和箱子应当在同一位置上，而且猴子不在箱顶上。

4）grasp 猴子摘到香蕉，即有

$$(c,1,c,0)\xrightarrow{\text{grasp}}(c,1,c,1)$$

其中，c 是香蕉正下方的地板位置。在应用算符 grasp 时，要求猴子和箱子都在位置 c 上，并且猴子已在箱子顶上。

应当说明的是，在这种情况下，算符（操作）的适用性及作用均由产生式规则表示。例如，对于规则 2)，只有当算符 pushbox(V)的先决条件，即猴子与箱子在同一位置上而且猴子不在箱顶上这些条件得到满足时，算符 pushbox(V)才是适用的。这一操作算符的作用是猴子把箱子推到位置 V。在这一表示中，目标状态的集合可由任何最后元素为 1 的表列来描述。

令初始状态为（$a,0,b,0$）。这时，goto(U)是唯一适用的操作，并导致下一状态（$U,0,b,0$）。现在有 3 个适用的操作，即 goto(U)、pushbox(V)和 climbbox(若 $U=b$)。把所有适用的操作继续应用于每个状态，就能够得到状态空间图，如图 2-7 所示。从图 2-7 不难看出，把该初始状态变换为目标状态的操作序列为

$$\{\text{goto}(b),\text{pushbox}(c),\text{climbbox},\text{grasp}\}$$

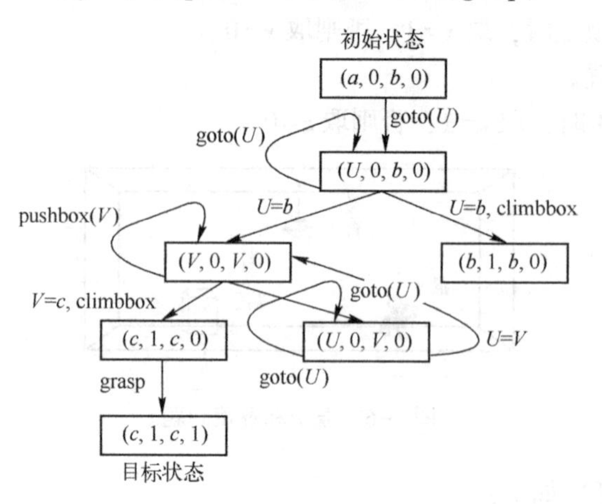

图 2-7　猴子和香蕉问题的状态空间图

2.7　本体表示法

本体（Ontology）原是一个哲学术语，称作本体论，意义为“关于存在的理论”，特指哲学的分支学科，研究自然存在以及现实的组成结构。它试图回答“什么是存在”“存在的性质是什么”等。从这个观点出发，本体论是指这样一个领域，它确定客观事物总体上的可能的状态，确定每个客观事物的结构所必须满足的个性化的需求。本体论可以定义为有关存在的一切形式和模式的系统。

在信息科学领域，本体可定义为被共享的概念化的一个形式的规格说明。本体是用于描述或表达某一领域知识的一组概念或术语。它可以用来组织知识库较高层次的知识抽象，也可以用来描述特定领域的知识。把本体看作描述某个领域的知识实体，而不是描述知识的途径。一个本体不仅仅是词汇表，而是整个上层知识库（包括用于描述这个知识库的词汇）。这种定义的典型应用是 Cyc 工程，它以本体定义其知识库，为其他知识库系统所用。Cyc 是一个超大型的、多关系型知识库和推理引擎。

在人工智能领域，本体研究特定领域知识的对象分类、对象属性和对象间的关系，它为领域知识的描述提供术语，本体应该包含如下的含义：

1）本体描述的是客观事物的存在，代表了事物的本质。

2）本体独立于对本体的描述。任何对本体的描述，包括人对事物在概念上的认识，人对事物用语言的描述，都是本体在某种媒介上的投影。

3）本体独立于个体对本体的认识。本体不会因为个人认识的不同而改变，它反映的是一种能够被群体所认同的一致的“知识”。

4）本体本身不存在与客观事物的误差，因为它就是客观事物的本质所在。但对本体的描述，即任何以形式或自然语言写出的本体，作为本体的一种投影，可能会与本体本身存在误差。

5）描述的本体代表了人们对某个领域的知识的公共观念。这种公共观念能够被共享、重用，进而消除不同人对同一事物理解的不一致性。

6）对本体的描述应该是形式化的、清晰的、无二义的。

根据本体在主题上的不同层次，将本体分为顶层本体（Top-level Ontology）、领域本体（Domain Ontology）、任务本体（Task Ontology）和应用本体（Application Ontology），如图2-8所示。其中，顶层本体研究通用的概念，例如，空间、时间、事件、行为等，这些概念独立于特定的领域，可以在不同的领域中共享和重用。处于第二层的领域本体则研究特定领域（如图书、医学等）下的词汇和术语，对该领域进行建模。与其同层的任务本体则主要研究可共享的问题求解方法，其定义了通用的任务和推理活动。领域本体和任务本体都可以引用顶层本体中定义的词汇来描述自己的词汇。处于第三层的应用本体描述具体的应用，它可以同时引用特定的领域本体和任务本体中的概念。

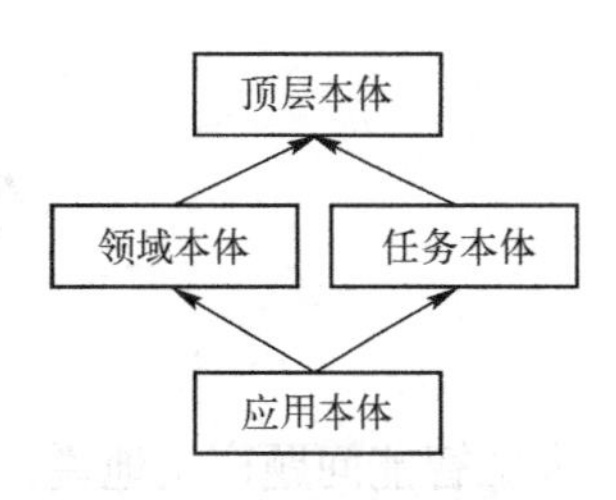

图2-8 本体的层次模型

2.8 本章小结

知识是有关信息关联在一起形成的信息结构，具有相对正确性、不确定性、可表示性和可利用性等特点。对知识的表示可以分为符号表示法和连接机制表示法。本章讨论的都是面向符号的知识表示方法。这些表示方法各有各的长处，分别适用于不同的情况。

知识表示对构建知识系统十分重要。知识表示方法一般都是从具体应用中提出的，后来虽然不断发展变化，但是仍然偏重于实际应用，缺乏严格的知识表示理论。而且由于这些知识表示方法都是面向领域知识的，对于常识性知识的表示仍没有取得大的进展，是一个亟待解决的问题。

习题

2-1 人工智能对知识表示有什么要求？

2-2 用一阶谓词逻辑表示下面的句子：

a）并不是所有的学生选修了历史和生物。

b）历史考试中只有一个学生不及格。

c）只有一个学生历史和生物考试都不及格。

d）历史考试的最高分比生物考试的最高分要高。

2-3 产生式表示法中事实和规则怎么表示？用产生式表示法设计一个医学知识库。

2-4 以一所大学人员状况为例，说明语义网络的基本描述格式。

2-5 框架表示法有什么特点？试构造一个描述你的卧室的框架系统。

2-6 八数码问题也称为九宫问题。在3×3的棋盘，摆有八个棋子，每个棋子上标有1~8的某一数字，不同棋子上标的数字不相同。棋盘上还有一个空格，与空格相邻的棋子可以移到空格中。要求解决的问题是，给出一个初始状态和一个目标状态，找出一种从初始状态转变成目标状态的移动序列。

第3章 搜索算法

人工智能问题广义地说，都可以看作是一个问题求解过程，它通常是通过在某个可能的解答空间中寻找一个解来进行的。在问题求解过程中，人们所面临的大多数现实问题往往没有确定性的算法，通常需要用搜索算法来解决。本章首先介绍通用的盲目搜索算法，如宽度优先、深度优先，然后介绍启发式算法，最后介绍博弈问题的智能搜索算法。

3.1 引言

人类求解问题的过程可以看作是一个搜索的过程。对于给定的问题，智能系统的行为一般是找到能够达到所希望目标状态的动作序列，并使其所付出的代价最小、性能最好。智力游戏常常能锻炼游戏者的脑、眼、手等，使人们获得身心健康。如“传教士和野人”问题：有3个传教士和3个野人来到一条河边，准备渡河。河边只有一条小船，每次最多可供两个人过河。传教士如何规划方案，使任何时刻在河的两岸以及船上的野人数目绝不会超过传教士的数目。如果让你来做这个游戏，在每次渡河之后会有几种渡河方案供你选择，究竟哪种方案能顺利过河？这就是搜索问题。而求解这类搜索问题就要采用相关的搜索算法。常用的搜索算法一般包括盲目搜索、启发式搜索和博弈搜索。

在人工智能中，搜索技术包括两个重要的问题：搜索什么，在哪里搜索。搜索什么通常指的就是目标，而在哪里搜索就是“搜索空间”。搜索空间通常是指一系列状态的汇集，因此称为状态空间。

一般搜索可以根据是否使用启发式信息分为盲目搜索和启发式搜索，也可以根据问题的表示方式分为状态空间搜索和与/或树搜索。状态空间搜索是指用状态空间法来求解问题所进行的搜索。与/或树搜索是指用问题归约法来求解问题时所进行的搜索。状态空间法和问题归约法是人工智能中最基本的两种问题求解方法，状态空间表示法和与/或树表示法则是人工智能中最基本的两种问题表示方法。

盲目搜索一般是指从当前的状态到目标状态需要走多少步或者每条路径的花费并不知道，所能做的只是可以区分出哪个是目标状态。因此，它一般是按预定的搜索策略进行搜索。由于这种搜索总是按预定的路线进行，没有考虑到问题本身的特性，所以这种搜索具有很大的盲目性，效率不高，不便于复杂问题的求解。启发式搜索是在搜索过程中加入了与问题有关的启发性信息，用于指导搜索朝着最有希望的方向前进，加速问题的求解并找到最优解。显然盲目搜索不如启发式搜索效率高，但是由于启发式搜索需要和问题本身特性有关的信息，而对于很多问题这些信息很少，或者根本就没有，或者很难抽取，所以盲目搜索仍然是很重要的搜索策略。

在搜索问题中，主要的工作是找到好的搜索算法。一般搜索算法的评价准则如下：

1）完备性。如果存在一个解答，该策略是否保证能够找到？

2）时间复杂性。需要多长时间可以找到解答？

3）空间复杂性。执行搜索需要多大存储空间？

4）最优性。如果存在不同的几个解答，该策略是否可以发现最高质量的解答？

3.2 盲目搜索

如果在搜索过程中没有利用任何与问题有关的知识或启发式信息，则称为盲目搜索。深度优先搜索和宽度优先搜索是常用的两种盲目搜索方法。

3.2.1 深度优先搜索

深度优先搜索的基本思想是优先扩展深度最深的节点。下面以 N 皇后问题为例，介绍深度优先搜索方法的过程。

N 皇后问题：这是一个以国际象棋为背景的问题，如何能够在 $N\times N$ 的国际象棋棋盘上放置 N 个皇后，使得任何一个皇后都无法直接吃掉其他的皇后。为了达到此目的，任两个皇后都不能处于同一条横行、纵行或斜线上。图 3-1 给出了 4 皇后问题的一个解。

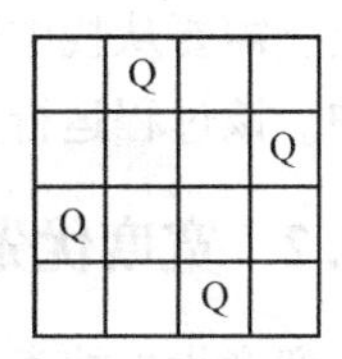

图 3-1　4 皇后问题

生成节点并与目标节点进行比较是沿着树的最大深度方向进行的，只有当上次访问的节点不是目标节点，而且没有其他节点可以生成的时候，才转到上次访问节点的父节点。转移到父节点后，该算法会搜索父节点的其他子节点，如图 3-2 所示。深度优先搜索总是首先扩展树的最深层次上的某个节点，只有当搜索遇到一个死亡节点（非目标节点而且不可扩展）时，搜索方法才会返回并扩展浅层次的节点。

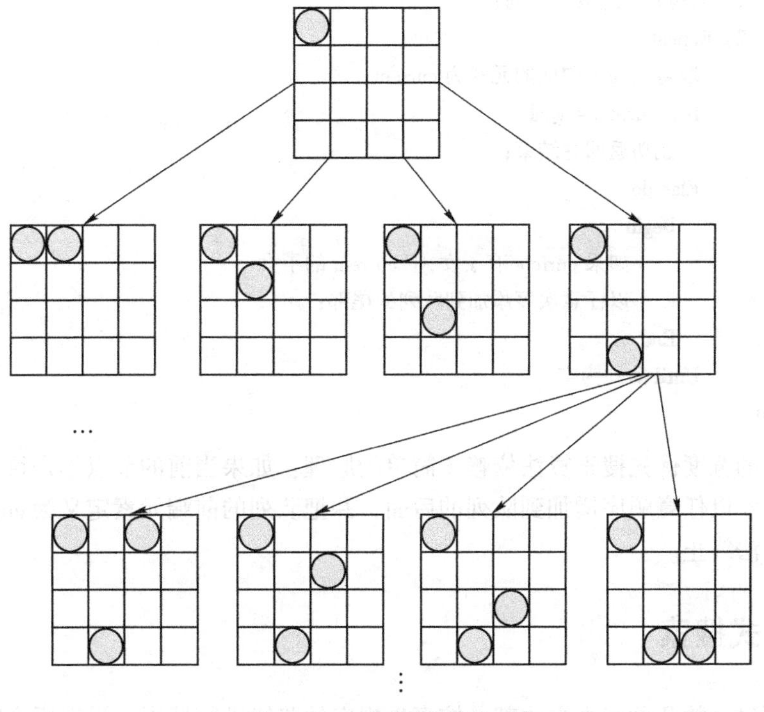

图 3-2　4 皇后问题搜索图

算法 3.1 深度优先搜索算法

```
ProcedureDepth First Search
  Begin
      1) 把初始节点压入栈,并设置栈顶指针;
      2) While 栈不空 do
         Begin
           弹出栈顶元素;
           If   栈顶元素 = goal, 成功返回并结束;
           Else 以任意次序把栈顶元素的子女压入栈中;
           End while
  End.
```

在上述算法中，初始节点放到栈中，栈指针指向栈的最上边的元素。为了对该节点进行检测，需要从栈中弹出该节点，如果是目标，该算法结束，否则把其子节点以任何顺序压入栈中。该过程运行直到栈变为空为止。

3.2.2 宽度优先搜索

宽度优先搜索算法是沿着树的宽度遍历节点，它从深度为 0 的层开始，直到最深的层次。它可以很容易地用队列实现。宽度优先算法可以表示如下：

算法 3.2 宽度优先搜索算法

```
Procedure Breadth-first-search
  Begin
      1) 把初始节点放入队列;
      2) Repeat
           取得队列最前面的元素为 current;
           If   current = goal
             成功返回并结束;
           Else do
             Begin
                如果 current 有子女,把 current 的子女
                以任意次序添加到队列的尾部;
             End
           Until 队列为空
  End.
```

上面给出的宽度优先搜索算法依赖于简单的原理：如果当前的节点不是目标节点，则把当前节点的子女以任意顺序增加到队列的后面，并把队列的前端元素定义为 current。如果目标发现，则算法终止。

3.3 启发式搜索

本章前面讨论的几种搜索方法都是按事先规定的路线进行搜索，没有用到问题本身的特

征信息，具有较大的盲目性，产生的无用节点较多，搜索空间较大，效率不高。如果能够利用搜索过程所得到的问题自身的一些特征信息来指导搜索过程，则可以缩小搜索范围，提高搜索效率。像这样利用问题自身特征信息来引导搜索过程的方法称为启发式方法。

3.3.1 启发性信息和评估函数

在搜索过程中，关键的一步就是如何选择下一个要考查的节点，选择的方法不同就形成了不同的搜索策略。如果在选择节点时能充分利用与问题有关的特征信息，估计出节点的重要性，就能在搜索时选择重要性较高的节点，以利于求得最优解。我们称这个过程为启发式搜索。“启发式”实际上代表了“大拇指准则（Thumb Rules）”：在大多数情况下是成功的，但不能保证一定成功的准则。

用来评估节点重要性的函数称为评估函数。评估函数 $f(x)$ 定义为从初始节点 S_0 出发，中间经过节点 x 到达目标节点 S_g 的所有路径中最小路径代价的估计值。其一般形式为

$$f(x)=g(x)+h(x)$$

其中，$g(x)$ 表示从初始节点 S_0 到节点 x 的实际代价；$h(x)$ 表示从 x 到目标节点 S_g 的最优路径的评估代价，它体现了问题的启发式信息，其形式要根据问题的特性确定，$h(x)$ 称为启发式函数。因此，启发式方法把对问题状态的描述转换成了对问题解决程度的描述，这一程度用评估函数的值来表示。

图 3-3 给出了八数码问题。对于八数码问题，评估函数可以表示为

$$f(x)=d(x)+W(x)$$

其中，$d(x)$ 表示节点 x 在搜索树中的深度；$W(x)$ 表示节点 x 中不在目标状态中相应位置的数码个数。则 $W(x)$ 就包含了问题的启发式信息。一般来说，某节点 $W(x)$ 越大，即“不在目标位”的数码个数越多，说明它离目标节点越远。

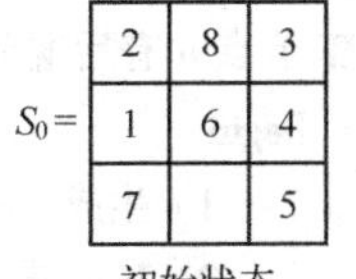

初始状态

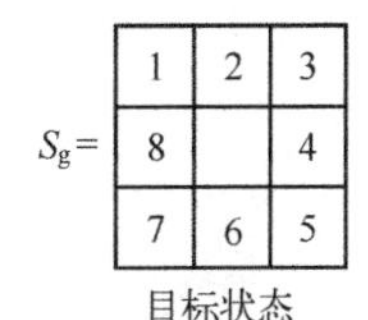

目标状态

图 3-3　八数码问题

对初始节点 S_0，由于 $d(S_0)=0$，$W(S_0)=4$，因此，$f(S_0)=4$。

这里只是说明了评估函数的含义及如何选择评估函数和计算评估函数值。在搜索过程中，除了需要计算初始节点的评估函数外，更多的是需要计算新生成节点的评估函数。

大多数前向推理问题可以表示为 OR 图，其中，图中的节点表示问题的状态，弧表示应用于当前状态的规则，该规则引起状态的转换。当有多个规则可用于当前状态的时候，可以从该状态的各个子状态中选择一个比较好的状态作为下一个状态。

3.3.2 通用图搜索算法

在介绍 A* 算法之前，先阐述通用的图搜索算法。在图搜索策略中，明确保存所有的试探路径，使得任何一条路径可被候选作为进一步的扩展。在图搜索算法中，记录状态空间中那些被搜索过的状态，它们组成一个搜索图，称为 G。G 由两种节点组成。

定义 3.1　一个节点称为 open，如果该节点已经生成，而且启发式函数值 $h(x)$ 已经计算出来，但是它还没有扩展。这些节点也称为未考查节点。

定义 3.2　一个节点称为 closed，如果该节点已经扩展并生成了其子女。closed 节点是已经考查过的节点。

因此可以给出两个数据结构**OPEN**和**CLOSED**表，分别存放open节点和closed节点。

根据前面的讨论，节点x总的费用函数$f(x)$是$g(x)$和$h(x)$之和。

生成费用$g(x)$可以比较容易地得到，例如，如果节点x是从初始节点经过m步得到，则$g(x)$应该和m成正比（或者就是m）。但是如何计算$h(x)$呢？显然$h(x)$只是一个预测值。

算法3.3 图搜索算法

Procedure graph-Search

Begin

建立一个只含有初始节点S_0的搜索图G,把S_0放入**OPEN**表;计算$f(S_0)=g(S_0)+h(S_0)$;假定初始时**CLOSED**表为空。

While OPEN 表不空 **do**

Begin

从**OPEN**表中取出f值最小的节点(第一个节点),并放入**CLOSED**表中。假设该节点的编号为n。

If n是目标,则停止;返回n,并根据n的反向指针指出从初始节点到n的路径。

Else do

Begin

扩展节点n

IF 节点n有后继节点

Begin

1) 生成n的子节点集合$\{m_i\}$,把m_i作为n的后继节点加入G中,并计算$f(m_i)$。

2) **If** m_i未曾在G中出现过(即未曾在**OPEN**和**CLOSED**表中出现过),**then** 将它们配上刚计算过的f值,设置返回到n的指针,并把它们放入**OPEN**表中。

3) **If** m_i已经在**OPEN**表中,则该节点一定有多个父节点。在这种情况下,计算当前的路径g值,并和原有路径的g值相比较:若前者大于后者,则不做任何更改;如果前者小于后者,则将**OPEN**表中该节点的f值更改为刚计算的f值,返回指针更改为n。

4) **If** m_i已经存在于**CLOSED**表中,则该节点一样也有多个父节点。在这种情况下,同样计算当前路径的g值和原来路径的g值。如果当前的g值小于原来的g值,则将表中该节点的g、f值及返回指针进行类似3)步的修改。并要考虑修改表中通过该节点的后裔节点的g、f值及其返回指针。

5) 按f值从小到大的次序,对**OPEN**表中的节点进行重新排序。

End if;

End else;

End while;

End.

上述图搜索算法生成一个明确的图G（称为搜索图）和一个G的子集T（称为搜索树），图G中的每个节点也在树T上。搜索树是由返回指针来确定的。G中的每一个节点（除了初始节点S_0外）都有一个指向G中一个父辈节点的指针。该父辈节点就是树中那个节点的唯一父辈节点。

算法中 3)、4) 步保证对每一个扩展的新节点，其返回指针的指向是已产生的路径中代价最小的。

对于初始状态和目标状态如图 3-3 所示的八数码问题，$d(x)$表示节点 x 在搜索树中的深度，$W(x)$表示节点 x 中不在目标状态中相应位置的数码个数，则根据$f(x)=d(x)+w(x)$，可以得到如图 3-4 所示的搜索过程。

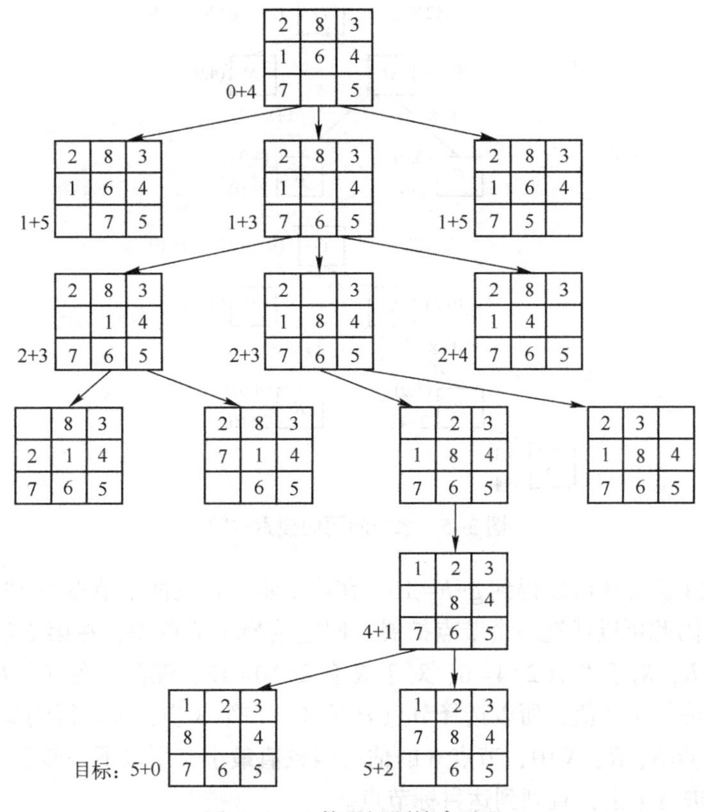

图 3-4　八数码问题搜索过程

下面再通过一个例子来说明该算法的使用问题。

例 3.1　给定 4 L 和 3 L 的水壶各一个。水壶上没有刻度，可以向水壶中加水。如何在 4 L 的壶中准确地得到 2 L 水？

图 3-5 给出了水壶问题的搜索空间。这里用(x,y)表示 4 L 壶里的水有 x 和 3 L 壶里的水有 y，n 表示搜索空间中的任一节点。则给出下面的启发式函数：

$h(n)=2$，　如果 $0<x<4$ 并且 $0<y<3$

$=4$，　如果 $0<x<4$ 或者 $0<y<3$

$=10$，　如果　i) $x=0$ 并且 $y=0$

　　　　或者　ii) $x=4$ 并且 $y=3$

$=8$，　如果　i) $x=0$ 并且 $y=3$

　　　　或者　ii) $x=4$ 并且 $y=0$

假定 $g(n)$表示搜索树中搜索的深度。则根据图搜索策略可以得到如图 3-5 的搜索空间。

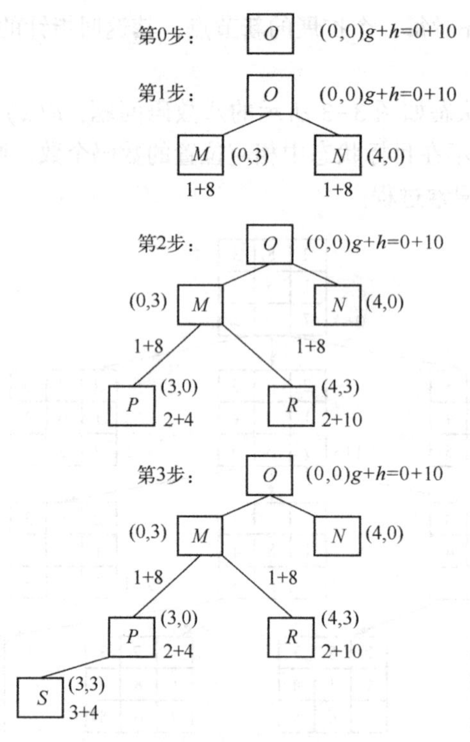

图 3-5 水壶问题的搜索空间

在第 0 步，由节点 O 可以得到 $g+h=10$。在第 1 步，得到两个节点 M 和 N，其估价函数值都为 1+8=9，因此可以任选一个节点扩展。假定选择了节点 M，在第 2 步扩展 M 得到两个后继节点 P 和 R，对于 P 有 2+4=6，对于 R 有 2+10=12。现在，在节点 P、R、N 中，节点 P 具有最小的估价函数值，所以选择节点 P 扩展。在第 3 步，可以得到节点 S，其中 3+4=7。现在，在节点 S、R、N 中，节点 S 的估价函数值最小，所以下一步就会选择 S 节点扩展。该过程一直进行下去，直到到达目标节点。

3.3.3 A*算法

在图搜索技术的基础上，下面给出 A*算法。

定义评估函数 f^*：

$$f^*(n)=g^*(n)+h^*(n)$$

其中，$g^*(n)$为起始节点到节点 n 的最短路径的代价；$h^*(n)$是从节点 n 到目标节点的最短路径的代价。

这样 $f^*(n)$就是从起始节点出发通过节点 n 到达目标节点的最佳路径的总代价的估值。

把估价函数 $f(n)$ 和 $f^*(n)$相比较，$g(n)$是对 $g^*(n)$的估计，$h(n)$是对 $h^*(n)$的估计。在这两个估计中，尽管 $g(n)$容易计算，但它不一定就是从起始节点 S_0 到节点 n 的真正最短路径的代价，很可能从初始节点 S_0 到节点 n 的真正最短路径还没有找到，所以一般都有 $g(n)\geqslant g^*(n)$。

有了 $g^*(n)$和 $h^*(n)$的定义，如果对最好优先的启发式搜索算法中的 $g(n)$和 $h(n)$做如下的限制：

1) $g(n)$是对$g^*(n)$的估计，且$g(n)>0$。

2) $h(n)$是$h^*(n)$的下界，即对任意节点n均有$h(n) \leqslant h^*(n)$。

则称这样得到的算法为A*算法。

$h(n) \leqslant h^*(n)$的限制十分重要，它保证A*算法能够找到最优解。

在图3-4所示的八数码问题中，假定$h(n)=w(n)$。尽管我们并不知道$h^*(n)$具体为多少，但当采用单位代价时，通过对“不在目标状态中相应位置的数码个数”的估计，可以得出至少需要移动$w(n)$步才能够到达目标，显然$w(n) \leqslant w^*(n)$。因此它满足A*算法的要求，所以图3-6中所示的路径是最短路径。

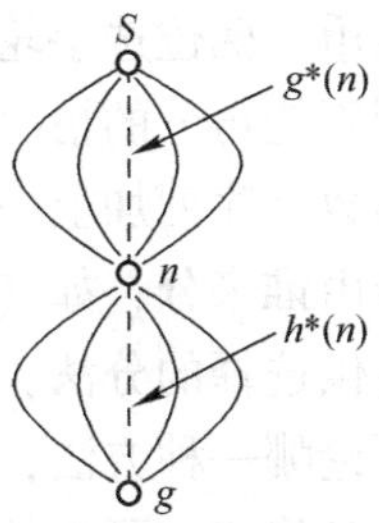

图3-6　从起始点经过节点n到目标节点的搜索空间

应当指出，同一问题启发函数$h(n)$可以有多种设计方法。在八数码问题中，还可以定义启发函数$h(n)=p(n)$为节点n的每一数码与其目标位置之间的距离总和。显然有$w(n) \leqslant p(n) \leqslant w^*(n)$，相应的搜索过程也是A*算法。然而，$p(n)$比$w(n)$有更强的启发性信息，因为由$h(n)=p(n)$构造的启发式搜索树，比由$h(n)=w(n)$构造的启发式搜索树节点数要少。

A*算法的主要特点如下：

1) A*算法的完备性。一个算法是完备的，即如果存在解答，则它一定能找到该解答，并结束。

2) A*算法的可纳性。一个算法是可纳的，即如果存在解答，则一定能够找到最优的解答。

在A*算法中计算时间不是主要的问题。由于A*算法把所有生成的节点保存在内存中，所以A*算法在耗尽计算时间之前一般早已经把空间耗尽了。因此，目前开发了一些新的算法，它们的目的是克服空间问题，但是一般不满足最优性或完备性。

3.4 博弈搜索

博弈一向被认为是富有挑战性的智力活动，如下棋、打牌、作战和游戏等。博弈的研究不断为人工智能提出新的课题，可以说博弈是人工智能研究的起源和动力之一。博弈之所以是人们探索人工智能的一个很好的领域，一方面是因为博弈提供了一个可构造的任务领域，在这个领域中，具有明确的胜利和失败；另一方面是因为博弈问题对人工智能研究提出了严峻的挑战，例如，如何表示博弈问题的状态、博弈过程和博弈知识等。

这里讲的博弈是二人博弈，二人零和、全信息、非偶然博弈，博弈双方的利益是完全对立的：

1) 对垒的双方MAX和MIN轮流采取行动，博弈的结果只能有三种情况，即MAX胜，MIN败；MAX败，MIN胜；和局。

2) 在对垒过程中，任何一方都了解当前的格局和过去的历史。

3) 任何一方在采取行动前都要根据当前的实际情况，进行得失分析，选择对自己最为有利而对对方最不利的对策，不存在“碰运气”的偶然因素，即双方都很理智地决定自己的行动。

这类博弈如一字棋、象棋和围棋等。

另外一种博弈是机遇性博弈，是指不可预测性的博弈，如掷币游戏等。对于机遇性博弈，由于不具备完备信息，所以在此不做讨论。

先来看一个例子，假设有七枚钱币，任一选手只能将已分好的一堆钱币分成两堆个数不等的钱币，两位选手轮流进行，直到每一堆都只有一个或两个钱币，不能再分为止，哪个选手遇到不能再分的情况，则为输。

用数字序列加上一个说明表示一个状态，其中数字表示不同堆中钱币的个数，说明表示下一步由谁来分，如（7，MIN）表示只有一个由七枚钱币组成的堆，由 MIN 来分，MIN 有三种可供选择的分法，即(6,1,MAX)、(5,2,MAX)、(4,3,MAX)，其中 MAX 表示另一选手，不论哪一种方法，MAX 在它的基础上再做符合要求的划分，整个过程如图 3-7 所示。在图中已将双方可能的分法完全表示出来了，而且从中可以看出，无论 MIN 开始时怎么分法，MAX 总可以获胜，取胜的策略用双箭头表示。

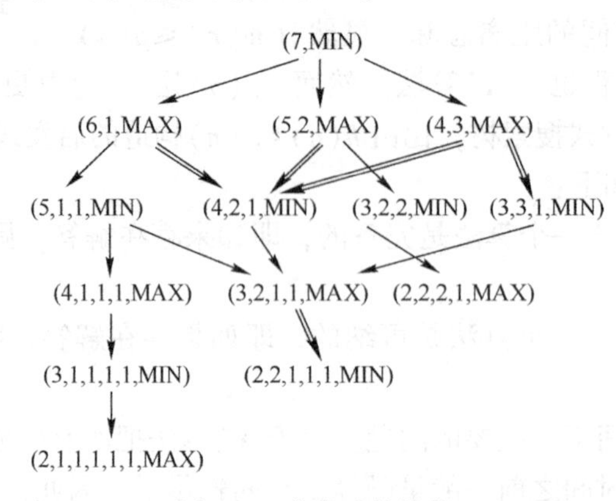

图 3-7　分钱币的博弈

实际的情况没有这么简单，任何一种棋都不可能将所有情况列尽，因此，只能模拟人“向前看几步”，然后做出决策，决定自己走哪一步最有利，也就是说，只能给出几层走法，然后按照一定的估算方法，决定走哪一步棋。

在双人完备信息博弈过程中，双方都希望自己能够获胜。因此当一方走步时，都是选择对自己最有利，而对对方最不利的走法。假设博弈双方为 MAX 和 MIN。在博弈的每一步，可供他们选择的方案都有很多种。从 MAX 的观点看，可供自己选择的方案之间是“或”的关系，原因是主动权在自己手里，选择哪个方案完全由自己决定，而对那些可供 MIN 选择的方案之间是“与”的关系，这是因为主动权在 MIN 手中，任何一个方案都可能被 MIN 选中，MAX 必须防止那种对自己最不利的情况出现。

图 3-7 是把双人博弈过程用图的形式表示出来，这样就可以得到一棵 AND-OR 树，这种 AND-OR 树称为博弈树。在博弈树中，那些下一步该 MAX 走的节点称为 MAX 节点，而下一步该 MIN 走的节点称为 MIN 节点。博弈树具有如下的特点：

1）博弈的初始状态是初始节点。

2）博弈树的“与”节点和“或”节点是逐层交替出现的。

3）整个博弈过程始终站在某一方的立场上，所以能使自己一方获胜的终局都是本原问题，相应的节点也是可解节点，所有使对方获胜的节点都是不可解节点。

在人工智能中可以采用搜索方法来求解博弈问题，下面来讨论博弈中两种最基本的搜索方法。

3.4.1 极大极小过程

极大极小过程是考虑双方对弈若干步之后，从可能的走法中选一步相对好的走法来走，即在有限的搜索深度范围内进行求解。

为此需要定义一个静态估价函数f，以便对棋局的态势做出评估。这个函数可以根据棋局的态势特征进行定义。假定对弈双方分别为 MAX 和 MIN，规定：

1）有利于 MAX 方的态势，$f(p)$取正值。

2）有利于 MIN 方的态势，$f(p)$取负值。

3）态势均衡的时候，$f(p)$取零。

其中p代表棋局。

MINMAX 的基本思想如下：

1）当轮到 MIN 走步的节点时，MAX 应考虑最坏的情况（即$f(p)$取极小值）。

2）当轮到 MAX 走步的节点时，MAX 应考虑最好的情况（即$f(p)$取极大值）。

3）评价往回倒推时，相应于两位棋手的对抗策略，交替使用 1）和 2）两种方法传递倒推值。

所以这种方法称为极大极小过程。

图 3-8 表示了向前看两步，共四层的博弈树，用□表示 MAX，用○表示 MIN，端节点上的数字表示它对应的估价函数的值。在 MIN 处用圆弧连接，0 用以表示其子节点取估值最小的格局。

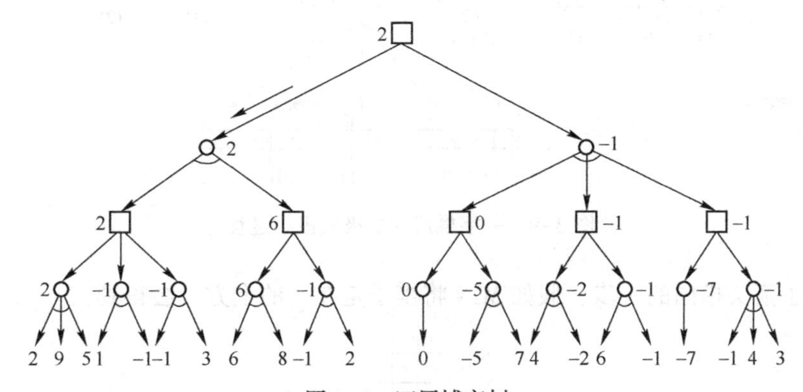

图 3-8 四层博弈树

图中节点处的数字，在端节点是估价函数的值，称它为静态值，在 MIN 处取最小值，在 MAX 处取最大值，最后 MAX 选择箭头方向的走步。

利用一字棋来具体说明一下极大极小过程，不失一般性，设只进行两层，即每方只走一步（实际上，多看一步将增加大量的计算和存储）。

估价函数$e(p)$规定如下：

1）若格局p对任何一方都不是获胜的，则

$$e(p)=(\text{所有空格都放上 MAX 的棋子之后三子成一线的总数})-$$

（所有空格都放上 MIN 的棋子后三子成一线的总数）

2）若 p 是 MAX 获胜，则

$$e(p)=+\infty$$

3）若 p 是 MIN 获胜，则

$$e(p)=-\infty$$

因此，若 p 为

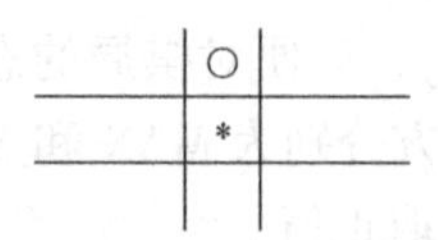

就有 $e(p)=6-4=2$，其中 * 表示 MAX 方，○表示 MIN 方。

在生成后继节点时，可以利用棋盘的对称性，省略了从对称上看是相同的格局。

图 3-9 给出了 MAX 最初一步走法的搜索树，由于 * 放在中间位置有最大的倒推值，故 MAX 第一步就选择它。

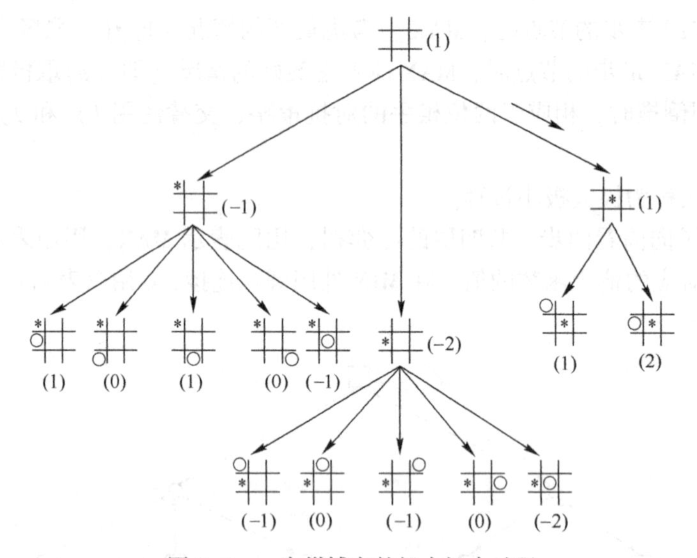

图 3-9　一字棋博弈的极大极小过程

MAX 走了箭头指向的一步，假如 MIN 将棋子走在 * 的上方，会得到：

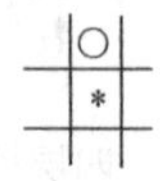

据此，可继续后面的走法。

3.4.2　α-β 过程

上面讨论的极大极小过程先生成一棵博弈搜索树，而且会生成规定深度内的所有节点，然后再进行估值的倒推计算，这样使得生成博弈树和估计值的倒推计算两个过程完全分离，因此搜索效率较低。如果能边生成博弈树，边进行估值的计算，则可能不必生成规定深度内的所有节点，以减少搜索的次数，这就是下面要讨论的 α-β 过程。

α-β 过程就是把生成后继和倒推值估计结合起来，及时剪掉一些无用分支，以此来提高算法的效率。

下面仍然用一字棋进行说明。现将图 3-9 的左边一部分重画在图 3-10 中。

前面的过程实际上类似于宽度优先搜索，将每层格局均生成，现在用深度优先搜索来处理，比如在节点 A 处，若已生成 5 个子节点，并且 A 处的倒推值等于-1，将此下界叫作 MAX 节点的 α 值，即 $\alpha \geq -1$。现在轮到节点 B，产生它的第一个后继节点 C，C 的静态值为-1，可知 B 处的倒推值≤-1，此为上界 MIN 节点的 β 值，即 B 处 $\beta \leq -1$，这样 B 节点最终的倒推值可能小于-1，但绝不可能大于-1，因此，B 节点的其他后继节点的静态值不必计算，自然不必再生成，反正 B 决不会比 A 好，所以通过倒推值的比较，就可以减少搜索的工作量。在图 3-10 中即作为 MIN 节点 B 的 β 值小于或等于 B 的先辈 MAX 节点 S 的 α 值，则 B 的其他后继节点可以不必再生成。

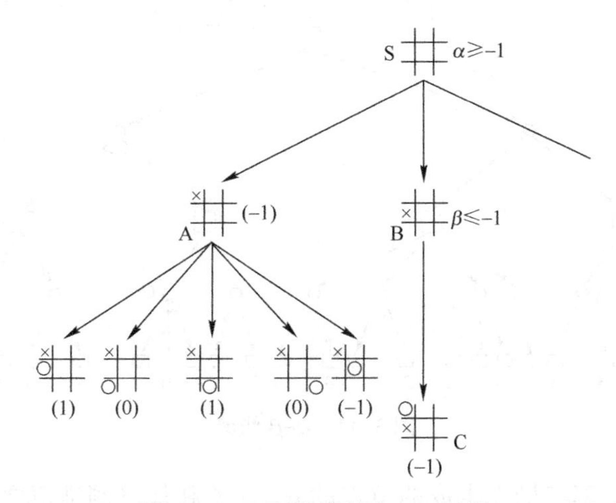

图 3-10　一字棋博弈的 α-β 过程

图 3-10 表示了 β 值小于或等于父节点的 α 值的情况，实际上当某个 MIN 节点的 β 值不大于它先辈的 MAX 节点（不一定是父节点）的 α 值时，则 MIN 节点就可以终止向下搜索。同样，当某个节点的 α 值大于或等于它的先辈 MIN 节点的 β 值时，则该 MAX 节点就可以终止向下搜索。

通过上面的讨论可以看出，α-β 过程首先使搜索树的某一部分达到最大深度，这时计算出某些 MAX 节点的 α 值，或者是某些 MIN 节点的 β 值。随着搜索的继续，不断修改个别节点的 α 或 β 值。对任一节点，当其某一后继节点的最终值给定时，就可以确定该节点的 α 或 β 值。当该节点的其他后继节点的最终值给定时，就可以对该节点的 α 或 β 值进行修正。注意 α、β 值修改有如下规律：

1）MAX 节点的 α 值永不下降。

2）MIN 节点的 β 值永不增加。

因此可以利用上述规律进行剪枝，一般来说可把停止对某个节点搜索，即剪枝的规则表述如下：

1）若任何 MIN 节点的 β 值小于或等于任何它的先辈 MAX 节点的 α 值，则可停止该 MIN 节点以下的搜索，然后这个 MIN 节点的最终倒推值即为它已得到的 β 值。该值与真正的极大极小搜索结果的倒推值可能不相同，但是对开始节点而言，倒推值是相同的，使用它选择的走步也是相同的。

2）若任何 MAX 节点的 α 值大于或等于它的 MIN 先辈节点的 β 值，则可以停止该 MAX 节点以下的搜索，然后这个 MAX 节点处的倒推值即为它已得到的 α 值。

当满足规则 1）而减少了搜索时，称进行了 α 剪枝；而当满足规则 2）而减少了搜索时，称进行了 β 剪枝。保存 α 和 β 值，并且当可能的时候就进行剪枝的整个过程通常称为 α-β 过程，当初始节点的全体后继节点的最终倒推值全都给出时，上述过程便结束。在搜索深度相同的条件下，采用这个过程所获得的走步总跟简单的极大极小过程的结果是相同的，区别只在于 α-β 过程通常只用少得多的搜索便可以找到一个理想的走步。

图 3-11 给出了一个 α-β 过程的应用例子。图中节点 A、B、C、D 处都进行了剪枝，剪枝处用两横杠标出。实际上，凡减去的部分，搜索时是不生成的。

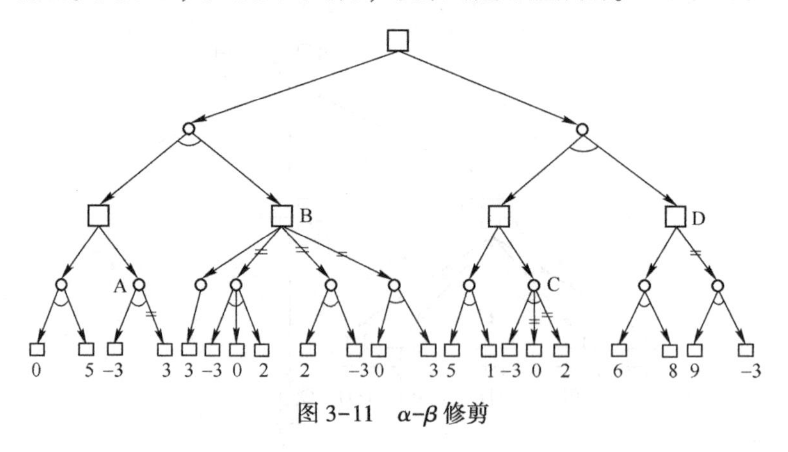

图 3-11　α-β 修剪

α-β 过程的搜索效率与最先生成的节点的 α、β 值和最终倒推值之间的近似程度有关。初始节点最终倒推值将等于某个叶节点的静态估值。如果在深度优先的搜索过程中，第一次就碰到了这个节点，则剪枝数最大，搜索效率最高。

假设一棵树的深度为 d，且每个非叶节点的分支系数为 b。对于最佳情况，即 MIN 节点先扩展出最小估值的后继节点，MAX 节点先扩展出最大估值的后继节点。这种情况可使得修剪的枝数最大。设叶节点的最少个数为 N_{d}，则有

$$N_{\mathrm{d}}=\begin{cases}2b^{\frac{d}{2}}-1, & d\text{ 为偶数}\\ b^{\frac{(d+1)}{2}}+b^{\frac{(d-1)}{2}}-1, & d\text{ 为奇数}\end{cases}$$

这说明，在最佳情况下，α-β 搜索生成深度为 d 的叶节点数目大约相当于极大极小过程所生成的深度为 $d/2$ 的博弈树的节点数。也就是说，为了得到最佳的走步，α-β 过程只需要检测 $O(b^{d/2})$ 节点，而不是极大极小过程的 $O(b^{d})$。这样有效的分枝系数是 $\sqrt{b}$，而不是 b。假设国际象棋可以有 35 种走步的选择，则现在是 6 种。从另一个角度看，在相同的代价下，α-β 过程向前看的走步数是极大极小过程向前看走步数的两倍。

3.5　本章小结

本章介绍了问题求解中一些重要搜索算法。首先介绍了深度优先和宽度优先算法，并分

析了它们的复杂性。当状态空间比较大的时候，由于宽度优先需要很大的存储空间，所以宽度优先是不合适的。在很多典型的人工智能问题中，深度优先有着很多的应用。但是深度优先不是一种完备的方法，而且，人们常常也不是要沿着某一分枝不断地扩展下去。

在本章给出的启发式方法中，最流行的是 A* 算法。A* 算法用于状态空间中寻找目标，以及从起始结点到目标结点的最优路径问题。本章还介绍了博弈问题的极大极小方法和 α-β 剪枝技术。

习题

3-1 用熟悉的语言实现深度优先、宽度优先搜索算法。

3-2 请用 A* 算法求解图 3-12 所示的八数码问题。

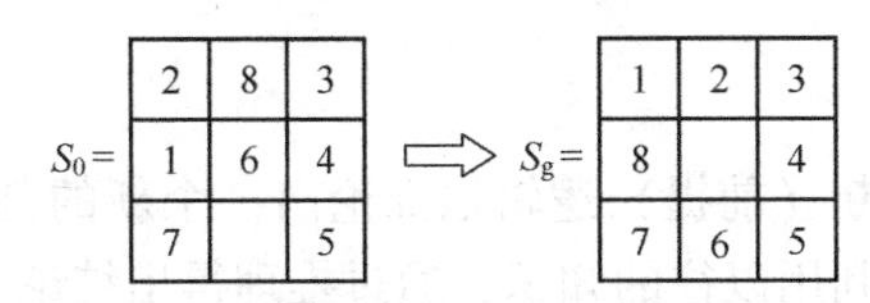

图 3-12 习题 3-2 图

3-3 对图 3-13 所示的博弈树，其中最后一行的数字是假设的估计值。

1）计算各节点的倒推值。

2）利用剪枝剪去不必要的分枝。

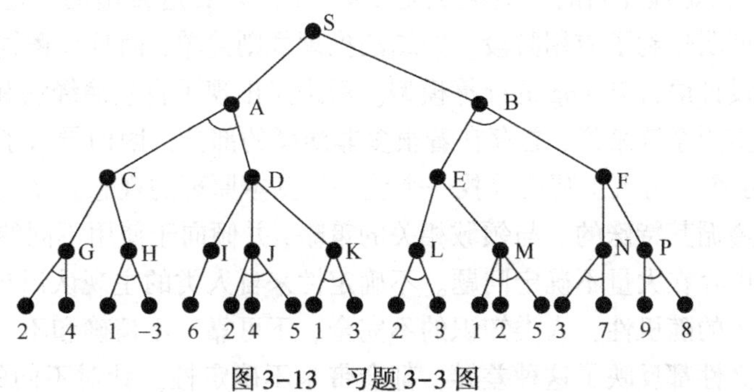

图 3-13 习题 3-3 图

第4章 自动推理

推理是由已知判断推出另一判断的思维过程。自动推理是通过计算机程序实现推理的过程。自动推理是人工智能研究的核心内容之一，是专家系统、程序推导、程序正确性证明和智能机器人等领域的重要基础。本章首先介绍三段论推理和演绎推理，然后介绍归结演绎推理和产生式系统。

4.1 引言

从一个或几个已知的判断（前提）逻辑地推论出一个新的判断（结论）的思维形式称为推理。人们解决问题就是利用以往的知识，通过推理得出结论。自动推理是通过计算机程序实现推理的过程。自动推理的理论和技术是程序推导、程序正确性证明、专家系统和智能机器人等领域的重要基础。

自动推理早期的工作主要集中在机器定理证明。1930年，希尔伯特为定理证明建立了一种重要方法，他的方法奠定了机器定理证明的基础。开创性的工作是西蒙和纽厄尔的Logic Theorist。机器定理证明的主要突破是1965年由鲁宾逊做出的，他建立了所谓归结原理，使机器定理证明达到了应用阶段。归结法推理规则简单，而且在逻辑上是完备的，因而成为逻辑式程序设计语言Prolog的计算模型。后来又出现了自然演绎法和等式重写式等。

从任何一个实用系统来说，总存在着很多非演绎的部分，因而导致了各种各样推理算法的兴起，并削弱了企图为人工智能寻找一个统一的基本原理的观念。从实际的观点来看，每一种推理算法都遵循其特殊的、与领域相关的策略，并倾向于使用不同的知识表示技术。

在现实世界中存在大量不确定问题。不确定性来自人类的主观认识与客观实际之间存在的差异。事物发生的随机性，人类知识的不完全、不可靠、不精确和不一致，自然语言中存在的模糊性和歧义性都反映了这种差异，都会带来不确定性。针对不同的不确定性的起因，人们提出了不同的理论和推理方法。在人工智能和知识工程中，代表性的不确定性理论和推理方法有概率论、证据理论、模糊集和粗糙集等。

本章主要介绍三段论推理、自然演绎推理、归结演绎推理和产生式系统。

4.2 三段论推理

三段论推理是演绎推理中的一种简单推理判断。它包括：一个包含大项和中项的命题（大前提）、一个包含小项和中项的命题（小前提）以及一个包含小项和大项的命题（结论）三部分。基本规则：第一，它只能有三个概念；第二，每个概念分别在两个判断中出现；第三，大前提是一般性的结论，小前提是一个特殊陈述。

三段论实际上是**以一个一般性的原则（大前提）以及一个特殊化陈述（小前提），由此**

引申出一个符合一般性原则的特殊化陈述（结论）的过程。

例如：

1）所有的推理系统都是智能系统。

2）专家系统是推理系统。

3）所以，专家系统是智能系统。

这就是一个三段论推理的例子。它由三个简单命题1）、2）和3）组成。1）是大前提，2）是小前提，3）是结论。三段论包含三个不同的概念，分别叫作大项、小项与中项。大项就是作为结论的谓项的那个概念，用 P 表示。小项就是作为结论的主项的那个概念，用 S 表示。中项就是在两个前提中都出现的那个概念，用 M 表示。上例中“智能系统”是大项，“专家系统”是小项，“推理系统”是中项。

由于大项、中项与小项在前提中位置不同而形成各种不同的三段论形式，叫作三段论的**格**。也可以认为是由于中项在前提中位置不同而形成的各种三段论形**式**。任何一个三段论推理都有其自身的**格**、**式**结构。

在古典三段论中，四种可能的**格**见表4-1。前面所举的例子属于第一格的三段论。

表4-1　三段论推理中四种可能的格

第　一　格	第　二　格	第　三　格	第　四　格
$M-P$	$P-M$	$M-P$	$P-M$
$S-M$	$S-M$	$M-S$	$M-S$
所以，$S-P$	所以，$S-P$	所以，$S-P$	所以，$S-P$

三段论的**式**是指构成前提和结论的命题的质、量的不同而形成的不同形式的三段论。命题的质是指该命题的肯定或否定的性质；命题的量是指命题中的量项是全称的还是特称的。所谓全称是指对某项进行界定时包含事物的全部；所谓特称是指对某项进行界定时只包含事物的部分。由质和量的结合就构成四种命题形式：

1）全称肯定命题，通常用字母A表示，其语言表达形式为“所有的……都是……”。

2）全称否定命题，通常用字母E表示，其语言表达形式为“所有的……都不是……”。

3）特称肯定命题，通常用字母I表示，其语言表达形式为“有些……是……”。

4）特称否定命题，通常用字母O表示，其语言表达形式为“有些……不是……”。

上述A、E、I、O四种命题在两个前提、一个结论中的各种不同组合的形式就称为三段论的式。比如，大小前提和结论都是由全称肯定命题所构成，则这种三段论就是AAA式三段论；如果大前提是全称肯定命题，小前提和结论是特称肯定命题，就叫作AII式三段论。

在三段论中，大小前提以及结论都可能是A、E、I、O四种命题。因此，按前提和结论的质、量不同排列，可有 $4\times4\times4=64$ 种式。每种式又可能有四种不同的格。结合式和格，则共有 $64\times4=256$ 种可能的三段论推理格、式的结合。但是，根据形式逻辑的有关定理，能推出正确结论的格、式只有24种。根据现代逻辑理论，去掉弱式（指能得出全称结论却得出特称结论的三段论推理）和考虑反映空类和全类等因素，则只有15种有效式。如果推理者在推理时，认为无效的推理格、式中所推出的结论是正确的，就要犯逻辑推理错误。

4.3 自然演绎推理

自然演绎推理是从一组已知为真的事实出发，直接运用经典逻辑的推理规则，推出结论的过程。其中，基本的推理规则有 P 规则、T 规则、假言推理和拒取式推理等。

P 规则是指在推理的任何步骤上都可以引入前提，继续进行推理。

T 规则是指在推理时，如果前面步骤中有一个或多个公式永真蕴涵 S，则可以把 S 引入推理过程中。

假言推理的一般形式：P，$P \rightarrow Q => Q$。它表示：由 $P \rightarrow Q$ 及 P 为真，可推出 Q 为真。例如，由“如果 x 是水果，则 x 能吃”及“苹果是水果”可推出“苹果能吃”的结论。

拒取式推理的一般形式：$P \rightarrow Q$，$\sim Q => \sim P$。它表示：由 $P \rightarrow Q$ 为真及 Q 为假，可推出 P 为假。例如，由“如果下雨，则地上湿”及“地上不湿”可推出“没有下雨”的结论。

这里，应注意避免如下两类错误：一是肯定后件（Q）的错误；另一是否定前件（P）的错误。所谓肯定后件是指，当 $P \rightarrow Q$ 为真时，希望通过肯定后件 Q 为真来推出前件 P 为真，这是不允许的。例如，伽利略在论证哥白尼的日新说时，曾使用了如下推理：

1）如果行星系统是以太阳为中心的，则金星会显示出位相变化。

2）金星显示出位相变化。

3）所以，行星系统是以太阳为中心的。

这就是使用了肯定后件的推理，违反了经典逻辑的逻辑规则，他为此曾遭到非难。所谓否定前件是指，当 $P \rightarrow Q$ 为真时，希望通过否定前件 P 来推出后件 Q 为假，这也是不允许的。例如，下面的推理就是使用了否定前件的推理，违反了逻辑规则：

1）如果上网，则能知道新闻。

2）没有上网。

3）所以，不知道新闻。

这显然是不正确的，因为通过收听广播，也会知道新闻。事实上，只要仔细分析关于 $P \rightarrow Q$ 的定义，就会发现当 $P \rightarrow Q$ 为真时，肯定后件或否定前件所得的结论既可能为真，也可能为假，不能确定。

一般来说，由已知事实推出的结论可能有多个，只要其中包含了待证明的结论，就认为问题得到了解决。自然演绎推理的优点是定理证明过程自然，容易理解；它拥有丰富的推理规则，推理过程灵活，便于在它的推理规则中嵌入领域启发式知识。其缺点是容易产生组合爆炸，推理过程中得到的中间结论一般呈指数形式递增，这对于一个大的推理问题来说是十分困难的，甚至是不可能实现的。

4.4 归结演绎推理

归结演绎推理本质上就是一种反证法，它是在归结推理规则的基础上实现的。为了证明一个命题 P 恒真，它证明其反命题 $\neg P$ 恒假，即不存在使得 $\neg P$ 为真的解释。

由于量词，以及嵌套的函数符号，使得谓词公式往往有无穷的指派，不可能一一测试

$\neg P$ 是否为真或假。那么如何来解决这个问题呢？幸运的是存在一个域，即 Herbrand 域，它是一个可数无穷的集合，如果一个公式基于 Herbrand 解释为假，则就在所有的解释中取假值。基于 Herbrand 域，埃尔布朗（Herbrand D）给出了重要的定理，为不可满足的公式判定过程奠定了基础。鲁宾逊（Robinson）给出了用于从不可满足的公式推出假的归结推理规则，为机器定理证明取得了重要的突破，使其达到了应用的阶段。

4.4.1 子句型

归结证明过程是一种反驳程序，即，不是证明一个公式是有效的，而是证明公式之非是不一致的。这完全是为了方便，并且不失一般性。归结推理规则所应用的对象是命题或谓词合式公式的一种特殊形式，称为子句。因此在使用归结推理规则进行归结之前需要把合式公式化为子句式。

在数理逻辑中，我们知道如何把一个公式化成前束标准型$(Q_1x_1)\cdots(Q_nx_n)M$，由于 M 中不含量词，因此总可以把它变换成合取范式。无论是前束标准型还是合取范式都是与原来的合式公式等值的。

对于前束范式

$$(Q_1x_1)\cdots(Q_nx_n)M(x_1,\cdots,x_n)$$

其中 $M(x_1,\cdots,x_n)$ 表示 M 中含有变量 $x_1,\cdots,x_n$，并且 M 是合取标准型。使用下述方法可以消去前缀中的所有存在量词：

令 Q_r 是$(Q_1x_1)\cdots(Q_nx_n)$中出现的存在量词（$1\leqslant r\leqslant n$）。

1）若在 Q_r 之前不出现全称量词，则选择一个与 M 中出现的所有常量都不相同的新常量 c，用 c 代替 M 中出现的所有 x_r，并且由前缀中删去（Q_rx_r）。

2）若 $Q_{s1},\cdots,Q_{sm}$ 是在 Q_r 之前出现的所有全称量词（$1\leqslant s_1\leqslant s_2\leqslant\cdots\leqslant s_m<r$），则选择一个与 M 中出现的任一函数符号都不相同的新 m 元函数符号 f，用 $f(x_{s1},\cdots,x_{sm})$ 代替 M 中的所有 x_r，并且由前缀中删去（Q_rx_r）。

按上述方法删去前缀中的所有存在量词之后得出的公式，称为合式公式的 Skolem 标准型。替代存在量化变量的常量 c（视为 0 元函数）和函数 f 称为 Skolem 函数。

例 4.1 化公式

$$\exists x\ \forall y\ \forall z\ \exists u\ \forall v\ \exists w\ P(x,y,z,u,v,w)$$

为 Skolem 标准型。

在公式中，（$\exists x$）的前面没有全称量词，在（$\exists u$）的前面有全称量词（$\forall y$）和（$\forall z$），在（$\exists w$）的前面有全称量词（$\forall y$）、（$\forall z$）和（$\forall v$）。所以，在 $P(x,y,z,u,v,w)$ 中，用常数 a 代替 x，用二元函数 $f(y,z)$ 代替 u，用三元函数 $g(y,z,v)$ 代替 w，去掉前缀中的所有存在量词之后得出 Skolem 标准型：

$$\forall y\ \forall z\ \forall v\ P(a,y,z,f(y,z),v,g(y,z,v))$$

Skolem 标准型的一个重要性质如下：

定理 4.1 令 S 为公式 G 的 Skolem 标准型，则 G 是不一致的，当且仅当 S 是不一致的。

证明 不妨假定 G 已经是前束范式，即

$$G=(Q_1x_1)\cdots(Q_nx_n)M(x_1,\cdots,x_n)$$

设 Q_rx_r 为前缀中的第一个存在量词。令

$$G_1=(\forall x_1)\cdots(\forall x_{r-1})(Q_{r+1}x_{r+1})\cdots(Q_nx_n)M(x_1,\cdots,x_{r-1},f(x_1,\cdots,x_{r-1}),x_{r+1},\cdots,x_n)$$

其中，$f(x_1,\cdots,x_{r-1})$是对应x_r的Skolem函数。这里希望证明G是不一致的，当且仅当G_1是不一致的。

设G是不一致的。若G_1是一致的，则存在某定义域D上的解释I使G_1按I为真。即对任意$x_1\in D,\cdots,x_{r-1}\in D$

$$(Q_{r+1}x_{r+1})\cdots(Q_nx_n)M(x_1,\cdots,x_{r-1},f(x_1,\cdots,x_{r-1}),x_{r+1},\cdots,x_n)$$

按I为真，所以，对任意$x_1\in D,\cdots,x_{r-1}\in D$，都存在元素$f(x_1,\cdots,x_{r-1})=x_r\in D$使

$$(Q_{r+1}x_{r+1})\cdots(Q_nx_n)M(x_1,\cdots,x_{r-1},x_r,x_{r+1},\cdots,x_n)$$

按I为真，那么G按I为真。这与G是不一致的假设相矛盾。所以G_1必是不一致的。

另一方面，设G_1是不一致的。若G是一致的，则存在某定义域D上的解释I使G按I为真。即对任意$x_1\in D,\cdots,x_{r-1}\in D$，存在元素$x_r\in D$使

$$(Q_{r+1}x_{r+1})\cdots(Q_nx_n)M(x_1,\cdots,x_{r-1},x_r,x_{r+1},\cdots,x_n)$$

按I为真。扩充解释I，使得包括对任意$x_1\in D,\cdots,x_{r-1}\in D$，把$(x_1,\cdots,x_{r-1})$映射成$x_r\in D$的函数$f$，即

$$f(x_1,\cdots,x_{r-1})=x_r$$

扩充后的解释用I_1表示。显然，对任意$x_1\in D,\cdots,x_{r-1}\in D$

$$(Q_{r+1}x_{r+1})\cdots(Q_nx_n)M(x_1,\cdots,x_{r-1},f(x_1,\cdots,x_{r-1}),x_{r+1},\cdots,x_n)$$

按I_1为真。即$G_1\mid I_1=T$，这与G_1是不一致的假设相矛盾。所以G必是不一致的。

假设G中有m个存在量词。令$G_0=G$。设G_k是在G_{k-1}中用Skolem函数代替其中第一个存在量词所对应的所有变量，并且去掉第一个存在量词而得出的公式($k=1,\cdots,m$)。显然$S=G_m$。与上面的证明相似，可以证明G_{k-1}是不一致的，当且仅当G_k是不一致的($k=1,\cdots,m$)。所以可以断定，G是不一致的，当且仅当S是不一致的。

例4.2 将合式公式化为子句形

$$\forall x[P(x)\rightarrow[\forall y[P(y)\rightarrow P(f(x,y))]\wedge\neg\forall y[Q(x,y)\rightarrow P(y)]]]$$

解： 1）消去蕴涵符号。

这利用等价式：　$P\rightarrow Q\Leftrightarrow\neg P\vee Q$

得到　$\forall x[\neg P(x)\vee[\forall y[\neg P(y)\vee P(f(x,y))]\wedge\neg\forall y[\neg Q(x,y)\vee P(y)]]]$

2）减少否定符号的辖域，把“¬”移到紧靠谓词的位置上。

这可以利用下述等价式：

$\neg(\neg P)\Leftrightarrow P$

$\neg(P\wedge Q)\Leftrightarrow\neg P\vee\neg Q$　　$\neg(P\vee Q)\Leftrightarrow\neg P\wedge\neg Q$

$\neg(\forall x)P\Leftrightarrow(\exists x)\neg P$　　$\neg(\exists x)P\Leftrightarrow(\forall x)\neg P$

这样有　$\forall x[\neg P(x)\vee[\forall y[\neg P(y)\vee P(f(x,y))]\wedge\exists y[Q(x,y)\wedge\neg P(y)]]]$

3）变量标准化：重新命名变元名，使不同量词约束的变元有不同的名字。

$$\forall x[\neg P(x)\vee[\forall y[\neg P(y)\vee P(f(x,y))]\wedge\exists w[Q(x,w)\wedge\neg P(w)]]]$$

4）消去存在量词。

$$\forall x[\neg P(x)\vee[\forall y[\neg P(y)\vee P(f(x,y))]\wedge[Q(x,g(x))\wedge\neg P(g(x))]]]$$

5）化为前束形。

$$\forall x\forall y[\neg P(x)\vee[[\neg P(y)\vee P(f(x,y))]\wedge[Q(x,g(x))\wedge\neg P(g(x))]]]$$

6）把母式化为合取范式。

$$\forall x\forall y[[\neg P(x)\vee\neg P(y)\vee P(f(x,y))]\wedge[\neg P(x)\vee Q(x,g(x))]\wedge[\neg P(x)\vee\neg P(g(x))]]$$

7）消去全称量词和连接词∧。

$$[\neg P(x)\vee\neg P(y)\vee P(f(x,y))]$$
$$[\neg P(x)\vee Q(x,g(x))]$$
$$[\neg P(x)\vee\neg P(g(x))]$$

8）更改变量名，有时称为变量分离标准化。于是有

$$\neg P(x1)\vee\neg P(y)\vee P(f(x1,y))$$
$$\neg P(x2)\vee Q(x2,g(x2))$$
$$\neg P(x3)\vee\neg P(g(x3))$$

必须指出，一个子句内的文字可以含有变量，但这些变量总是被理解为全称量词量化了的变量。

若 $G=G_1\wedge\cdots\wedge G_n$，假设 G 的子句集为 S_G。用子句集合 S_i 表示公式 $G_i(1\leqslant i\leqslant n)$ 的 Skolem 标准型，令 $S=S_1\cup\cdots\cup S_n$，与定理 4.1 的证明方法相似，可以证明 G 是不一致的，当且仅当 S 是不一致的。这样对 S_G 讨论，可以用较为简单的 S 来代替，为了方便也称 S 为 G 的子句集。

例 4.3 用 Skolem 标准型表达下述定理：

若对群 G 中的所有 x 有 $x\cdot x=e$，则 G 是交换群，其中“·”为二元运算符，e 为 G 中的幺元。

首先与群论中的某些基本公理一起对上述定理进行符号化。群 G 满足下述四个公理：

A_1：$x,y\in G$，则 $x\cdot y\in G$（封闭性）。

A_2：$x,y,z\in G$，则 $x\cdot(y\cdot z)=(x\cdot y)\cdot z$（结合律）。

A_3：对所有的 $x\in G$，$x\cdot e=e\cdot x=x$（幺元的性质）。

A_4：对任意的 $x\in G$，存在元素 $x^{-1}\in G$，使得 $x\cdot x^{-1}=x^{-1}\cdot x=e$（逆元的性质）。

令 $P(x,y,z)$ 表示 $x\cdot y=z$，$i(x)$ 表示 x^{-1}，则上述公式可表示为

A_1：$\forall x\ \forall y\ \exists z\ P(x,y,z)$

A_2：$\forall x\ \forall y\ \forall z\ \forall u\ \forall w[(P(x,y,u)\wedge P(y,z,v)\wedge P(u,z,w)\rightarrow P(x,v,w))$
$\wedge(P(x,y,u)\wedge P(y,z,v)\wedge P(x,v,w)\rightarrow P(u,z,w))]$

A_3：$\forall x\ P(x,e,x)\wedge\forall x\ P(e,x,x)$

A_4：$\forall x\ P(x,i(x),e)\wedge\forall x\ P(i(x),x,e)$

用 B 表示“若对所有 $x\in G$ 有 $x\cdot x=e$，则 G 是可交换的，即对所有 $u,v\in G$，$u\cdot v=v\cdot u$”。B 可表示为

B：$\forall xP(x,x,e)\rightarrow(\forall u\forall v\forall w(P(u,v,w)\rightarrow P(v,u,w)))$

这样所要证明的定理就是

$$A_1\wedge A_2\wedge A_3\wedge A_4\rightarrow B$$

那么首先求出 $A_i(i=1,2,3,4)$ 和 $\neg B$ 的子句形，再求它们的并，便得到子句集合 S。

S_1：$\{P(x,y,f(x,y))\}$

S_2：$\{\neg P(x,y,u)\vee\neg P(y,z,v)\vee\neg P(u,z,w)\vee P(x,v,w),$
$\neg P(x,y,u)\vee\neg P(y,z,v)\vee\neg P(x,v,w)\vee P(u,z,w)\}$

S_3：$\{P(x,e,x), P(e,x,x)\}$

S_4：$\{P(x,i(x),x), P(i(x),x,x)\}$

$S_{\neg B}$：$\{P(x,x,e), P(a,b,c), \neg P(b,a,c)\}$

那么子句集 $S=S_1 \cup S_2 \cup S_3 \cup S_4 \cup S_{\neg B}$。

4.4.2 置换和合一

置换和合一是为了处理谓词逻辑中子句之间的模式匹配而引进的。

定义 4.1 置换是形为

$$\{t_1/v_1, t_2/v_2, \cdots, t_n/v_n\}$$

的有限集合，其中 $v_1, \cdots, v_n$ 是互不相同的变量，t_i 是不同于 v_i 的项（可以为常量、变量或函数）$(1 \leqslant i \leqslant n)$。$t_i/v_i$ 表示用 t_i 置换 v_i，不允许 t_i 与 v_i 相同，也不允许 v_i 循环地出现在另一个 t_j 中。

不含任何元素的置换称为空转换，用 ε 表示。

定义 4.2 令 $\theta=\{t_1/v_1, \cdots, t_n/v_n\}$ 为置换，E 为表达式。设 $E\theta$ 是用项 t_i 同时代换 E 中出现的所有变量 $v_i(1 \leqslant i \leqslant n)$ 而得出的表达式。称 $E\theta$ 为 E 的特例或例。

例 4.4 令 $\theta=\{a/x, f(b)/y, g(c)/z\}$，$E=P(x,y,z)$

则有 $$E\theta=P(a,f(b),g(c))$$

定义 4.3 令 $\theta=\{t_1/x_1, \cdots, t_n/x_n\}$，$\lambda=\{u_1/y_1, \cdots, u_m/y_m\}$ 为两个置换。θ 和 λ 复合也是一个置换，用 $\theta \circ \lambda$ 表示，它由在集合

$$\{t_1\lambda/x_1, \cdots, t_n\lambda/x_n, u_1/y_1, \cdots, u_m/y_m\}$$

中删除下面两类元素得出：

$$u_i/y_i, \quad 当\ y_i \in \{x_1, \cdots, x_n\}$$

$$t_i\lambda/v_i \quad 当\ t_i\lambda=v_i$$

例 4.5 令 $\theta=\{f(y)/x, z/y\}$，$\lambda=\{a/x, b/y, y/z\}$，在构造 $\theta \circ \lambda$ 时，首先建立集合

$$\{f(y)\lambda/x, z\lambda/y, a/x, b/y, y/z\}$$

由于 $z\lambda=y$，所以要删除 $z\lambda/y$。上述集合中的第三、四元素中的变量 x、y 都出现在 $\{x,y\}$ 中，所以还应删除 a/x、b/y。最后得出

$$\theta \circ \lambda=\{f(b)/x, y/z\}$$

不难验证置换有下述性质：

1）空置换 ε 是左幺元和右幺元，即对任意置换 θ，恒有

$$\varepsilon \circ \theta=\theta \circ \varepsilon=\theta$$

2）对任意表达式 E，恒有 $E(\theta \circ \lambda)=(E\theta)\lambda$。

3）若对任意表达式 E 恒有 $E\theta=E\lambda$，则 $\theta=\lambda$。

4）对任意置换 θ, λ, μ，恒有

$$(\theta \circ \lambda) \circ \mu=\theta \circ (\lambda \circ \mu)$$

即置换的合成满足结合律。

5）设 A 和 B 为表达式集合，则

$$(A \cup B)\theta=A\theta \cup B\theta$$

注意，置换的合成不满足交换律。

定义 4.4 若表达式集合$\{E_1,\cdots,E_k\}$存在一个置换θ，使得

$$E_1\theta=\cdots=E_k\theta$$

则称集合$\{E_1,\cdots,E_k\}$是可合一的，置换θ称为合一置换。

例 4.6 集合$\{P(a,y),P(x,f(b))\}$是可合一的，因为$\theta=\{a/x,f(b)/y\}$是它的合一置换。

例 4.7 集合$\{P(x),P(f(y))\}$是可合一的，因为$\theta=\{f(a)/x,a/y\}$是它的合一置换。另外，$\theta'=\{f(y)/x\}$也是一个合一置换。所以合一置换是不唯一的。但是θ'比θ更一般，因为用任意常量置换y都可以得到无穷个基置换。

定义 4.5 表达式集合$\{E_1,\cdots,E_k\}$的合一置换σ是最一般的合一置换（MGU），当且仅当对该集合的每个合一置换θ都存在置换λ使得$\theta=\sigma\circ\lambda$。

例如，在例4.7中，MGU $\sigma=\theta'=\{f(y)/x\}$，但$\theta=\{f(a)/x,a/y\}$不是MGU，并存在置换$\lambda=\{a/y\}$，有$\sigma\circ\lambda=\{f(a)/x,a/y\}=\theta$。

在人工智能中，合一起着非常重要的作用，它是区别专家系统和简单的判定树的特征之一。没有合一，规则的条件元素只能匹配常数，这样就必须为每一个可能的事实写一条专门的规则。

4.4.3 合一算法

本节将对有限非空可合一的表达式集合给出求取最一般合一置换的合一算法。当集合不可合一时，算法也能给出不可合一的结论，并且结束。

研究集合$\{P(a),P(x)\}$。集合中的两个表达式是不同的，差别是在$P(a)$中出现a，而在$P(x)$中出现x。为了求出该集合的合一置换，首先找出两个表达式的不一致之处而后试图消除之。对$P(a)$和$P(x)$，不一致之处可用集合$\{a,x\}$表示。由于x是变量，可以取$\theta=\{a/x\}$，于是有

$$P(a)\theta=P(x)\theta=P(a)$$

即θ是$\{P(a),P(x)\}$的合一置换。这就是合一算法所依据的思想。在讨论合一算法之前先讨论**差异集**的概念。

定义 4.6 表达式的非空集合W的差异集是按下述方法得出的子表达式的集合：

1）在W的所有表达式中找出对应符号不全相同的第一个符号（自左算起）。

2）在W的每个表达式中，提取出占有该符号位置的子表达式。这些子表达式的集合便是W的差异集D。

例 4.8 研究

$$W=\{P(x,f(y,z),P(x,a),P(x,g(h(k(x))))\}$$

在W的三个表达式中，前四个对应符号——“$P(x,$”是相同的，第五个符号不全相同，所以W的不一致集合为

$$\{f(y,z),a,g(h(k(x)))\}$$

假设D是W的差异集，显然有下面的结论：

1）若D中无变量符号，则W是不可合一的。

例如
$$W=\{P(a),P(b)\}$$
$$D=\{a,b\}$$

2）若 D 中只有一个元素，则 W 是不可合一的。

例如
$$W=\{P(x),P(x,y)\}$$
$$D=\{y\}$$

3）若 D 中有变量符号 x 和项 t，且 x 出现在 t 中，则 W 是不可合一的。

例如
$$W=\{P(x),P(f(x))\}$$
$$D=\{x,f(x)\}$$

下面给出合一算法。

算法 4.1 合一算法

1) 置 $k=0,W_k=W,\sigma_k=\varepsilon$。

2）若 W_k 中只有一个元素，终止，并且 σ_k 为 W 的最一般合一；否则求出 W_k 的差异集 D_k。

3）若 D_k 中存在元素 v_k 和 t_k，并且 v_k 是不出现在 t_k 中的变量，则转向第 4）步；否则终止，并且 W 是不可合一的。

4）置 $\sigma_{k+1}=\sigma_k\circ\{t_k/v_k\},W_{k+1}=W_k\{t_k/v_k\}$（注意 $W_{k+1}=W\sigma_{k+1}$）。

5）置 $k=k+1$，转向第 2)步。

注意：在第 3)步，要求 v_k 不出现在 t_k 中，这称为 occur 检查，算法的正确性依赖于它。例如，假设 $W=\{P(x,x),P(y,f(y))\}$，执行合一算法：

1）$D_0=\{x,y\}$。

2）$\sigma_1=\{y/x\},W\sigma_1=\{P(y,y),P(y,f(y))\}$。

3）$D_1=\{y,f(y)\}$，因为 y 出现在 $f(y)$ 中，S 不可合一。但是如果不做 occur 检查，则算法不能停止。

但是由于 occur 检查，使上述合一算法在最坏的情况下运行时间是输入长度的指数函数，因此在多数逻辑程序设计语言 Prolog 的实现中都省略了 occur 检查。

例 4.9 求出
$$W=\{P(a,x,f(g(y))),P(z,f(z),f(u))\}$$
的最一般合一。

1）$\sigma_0=\varepsilon,W_0=W$。

2）W_0未合一，差异集合为 $D_0=\{a,z\}$。

3）D_0 中存在变量 $v_0=z$ 和常量 $t_0=a$。

4）令 $\sigma_1=\sigma_0\circ\{a/z\}=\{a/z\}$。

4.1）$W_1=\{P(a,x,f(g(y))),P(z,f(z),f(u))\}\{a/z\}$
$=\{P(a,x,f(g(y))),P(a,f(a),f(u))\}$。

4.2）W_1未合一，差异集合为 $D_1=\{x,f(a)\}$。

4.3）D_1 中存在元素 $v_1=x,t_1=f(a)$，并且变量 x 不出现在 $f(a)$ 中。

4.4）令 $\sigma_2=\sigma_1\circ\{f(a)/x\}=\{a/z,f(a)/x\}$。

4.4.1）$W_2=\{P(a,x,f(g(y))),P(a,f(a),f(u))\}\{f(a)/x\}$
$=\{P(a,f(a),f(g(y))),P(a,f(a),f(u))\}$。

4.4.2）W_2未合一，差异集合为 $D_2=\{g(y),u\}$。

4.4.3）D_2 中的变量 $v_2=u$ 不出现在 $t_2=g(y)$ 中。

4.4.4）令 $\sigma_3=\sigma_2\circ\{g(y)/u\}=\{a/z,f(a)/x,g(y)/u\}$。

4.4.4.1) $W_3=\{P(a,f(a),f(g(y))),P(a,f(a),f(u))\}\{g(y)/u\}$
$=\{P(a,f(a),f(g(y)))\}$。

4.4.4.2) W_3 中只含一个元素，所以

$$\sigma_3=\{a/z,f(a)/x,g(y)/u\}$$

是 W 的最一般合一，终止。

注意，上述合一算法对任意有限非空的表达式集合总是能终止的。否则将会产生出有限非空表达式集合的一个无穷序列 $\sigma_0,W\sigma_1,W\sigma_2,\cdots$，该序列中的任一集合 $W\sigma_{k+1}$ 都比相应的集合 $W\sigma_k$ 少含一个变量（即，$W\sigma_k$ 含有 v_k，但 $W\sigma_{k+1}$ 不含 v_k）。由于 W 中只含有限个不同的变量，所以上述情况不会发生。这里不加证明地给出下述定理。

定理 4.2 若 W 为有限非空可合一表达式集合，则合一算法总能终止在第 2) 步上，并且最后的 σ_k 便是 W 的最一般合一（MGU）。

4.4.4 归结式

定义 4.7 若由子句 C 中的两个或多个文字构成的集合存在最一般合一置换 σ，则称 $C\sigma$ 为 C 的因子。若 $C\sigma$ 是单位子句，则称它为 C 的单位因子。

例 4.10 令

$$C=P(x)\vee P(f(y))\vee\neg Q(x)$$

由 C 中前两个文字构成的集合 $\{P(x),P(f(y))\}$ 存在最一般合一置换 $\sigma=\{f(y)/x\}$，所以

$$C\sigma=P(f(y))\vee\neg Q(f(y))$$

是 C 的因子。

定义 4.8 令 C_1 和 C_2 为两个无公共变量的子句，L_1 和 L_2 分别为 C_1 和 C_2 中的两个文字。若集合 $\{L_1,\neg L_2\}$ 存在最一般合一置换 σ，则子句

$$(C_1\sigma-\{L_1\sigma\})\cup(C_2\sigma-\{L_2\sigma\})$$

称为 C_1 和 C_2 的二元归结式。文字 L_1 和 L_2 称为被归结的文字。

例 4.11 令

$$C_1=P(x)\vee Q(x)\qquad C_2=\neg P(a)\vee R(x)$$

因为 C_1 和 C_2 中都出现变量 x，所以重新命名 C_2 中的变量，取

$$C_2:\ \neg P(a)\vee R(y)$$

选择 $L_1=P(x)$，$L_2=\neg P(a)$，则 $\{L_1,\neg L_2\}=\{P(x),P(a)\}$ 存在最一般合一置换 $\sigma=\{a/x\}$。于是有

$$\begin{aligned}&(C_1\sigma-\{L_1\sigma\})\cup(C_2\sigma-\{L_2\sigma\})\\&=(\{P(a),Q(a)\}-\{P(a)\})\cup(\{\neg P(a),R(y)\}-\{\neg P(a)\})\\&=\{Q(a)\}\cup\{R(y)\}\\&=\{Q(a),R(y)\}\end{aligned}$$

$Q(a)\vee R(y)$ 便是 C_1 和 C_2 的二元归结式。$P(x)$ 和 $\neg P(x)$ 称为被归结的文字。

定义 4.9 子句 C_1 和 C_2 的归结式是下述某个二元归结式：

1) C_1 和 C_2 的二元归结式。

2) C_1 的因子和 C_2 的二元归结式。

3) C_2 的因子和 C_1 的二元归结式。

4）C_1 的因子和 C_2 的因子的二元归结式。

例 4.12 令

$$C_1=P(x)\vee P(f(y))\vee R(g(y)) \qquad C_2=\neg P(f(g(a)))\vee Q(b)$$

$C_1'=P(f(y))\vee R(g(y))$是 C_1 的因子，C_1'和 C_2 的二元归结式为 $R(g(g(a)))\vee Q(b)$，所以 C_1 和 C_2 的归结式为 $R(g(g(a)))\vee Q(b)$。

此外，若取 C_1 中的文字 $L_1=P(x)$，C_2 中的文字 $L_2=\neg P(f(g(a)))$，则$\{L_1,\neg L_2\}$存在最一般合一置换

$$\sigma=\{f(g(a))/x\}$$

于是 $P(f(y))\vee R(g(y))\vee Q(b)$也是 C_1 和 C_2 的归结式。

4.4.5 归结反演

谓词逻辑的归结反演是仅有一条推理规则的问题求解方法，为证明$\vdash A\rightarrow B$，其中 A、B 是谓词公式。使用反演过程，先建立合式公式：

$$G=A\wedge\neg B$$

进而得到相应的子句集 S，只需证明 S 是不可满足的即可。

例 4.13 证明“由梯形的对角线形成的内错角是相等的”，如图 4-1 所示。

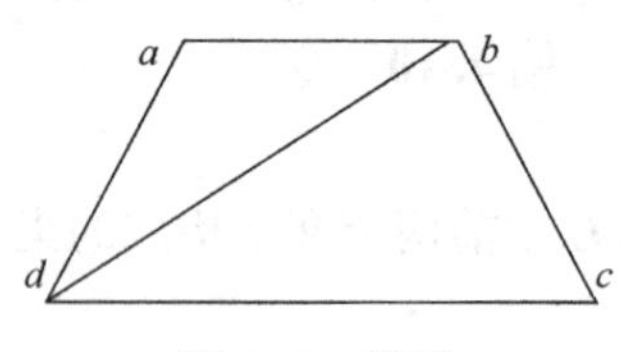

图 4-1 梯形

首先定义谓词，并描述该问题所包含的知识。

定义：用谓词 $T(x,y,u,v)$表示“$xyuv$ 是左上顶点为 x，右上顶点为 y，右下顶点为 u，左下顶点为 v 的梯形”；

用谓词 $P(x,y,u,v)$表示“线段 xy 平行于线段 uv”；

用谓词 $E(x,y,z,u,v,w)$表示“角 xyz 等于角 uvw”。

于是由几何知识，有下述公理：

A_1：$(\forall x)(\forall y)(\forall u)(\forall v)[T(x,y,u,v)\rightarrow P(x,y,u,v)]$ （由梯形的定义）

A_2：$(\forall x)(\forall y)(\forall u)(\forall v)[P(x,y,u,v)\rightarrow E(x,y,v,u,v,y)]$ （由平行线性质）

A_3：$T(a,b,c,d)$

由上述公理应该能够断定 $E(a,b,d,c,d,b)$为真，即

$$A_1\wedge A_2\wedge A_3\rightarrow E(a,b,d,c,d,b)$$

为有效的公式。根据归结反演过程，否定该结论并且证明

$$A_1\wedge A_2\wedge A_3\wedge\neg E(a,b,d,c,d,b)$$

是不可满足的。把它化成下述子句集：

$$\begin{aligned}S=\{&\neg T(x,y,u,v)\vee P(x,y,u,v),\\&\neg P(x,y,u,v)\vee E(x,y,v,u,v,y),\\&T(a,b,c,d),\ \neg E(a,b,d,c,d,b)\}\end{aligned}$$

现在用归结证明 S 是不可满足的：

$$\left.\begin{array}{l}1)\ \neg T(x,y,u,v)\vee P(x,y,u,v)\\2)\ \neg P(x,y,u,v)\vee E(x,y,v,u,v,y)\\3)\ T(a,b,c,d)\\4)\ \neg E(a,b,d,c,d,b)\end{array}\right\}\ S$$

5) $\neg P(a,b,c,d)$　　　　　　2)和4)的归结式

6) $\neg T(a,b,c,d)$　　　　　　5)和1)的归结式

7) □　　　　　　　　　　　　3)和6)的归结式

最后一个子句是由 S 导出的空子句，可以断定 S 是不可满足的。

例 4.14 “有些患者喜欢任一医生。没有任一患者喜欢任一庸医。所以没有庸医的医生。”

定义谓词：$P(x)$表示“x 是患者”，$D(x)$表示“x 是医生”，$Q(x)$表示“x 是庸医”，$L(x,y)$表示“x 喜欢 y”。前提和结论可以符号化为

A_1：$(\exists x)(P(x) \wedge (\forall y)(D(y) \rightarrow L(x,y)))$

A_2：$(\forall x)(P(x) \rightarrow (\forall y)(Q(y) \rightarrow \neg L(x,y)))$

G：$(\forall x)(D(x) \rightarrow \neg Q(x))$

目的是证明 G 是 A_1 和 A_2 的逻辑结论，即证明 $A_1 \wedge A_2 \wedge \neg G$ 是不可满足的。首先求出子句集合：

A_1：$(\exists x)(P(x) \wedge (\forall y)(D(y) \rightarrow L(x,y)))$

$=>(\exists x)(\forall y)(P(x) \wedge (\neg D(y) \vee L(x,y)))$

$=>(\forall y)(P(a) \wedge (\neg D(y) \vee L(a,y)))$

A_2：$(\forall x)(P(x) \rightarrow (\forall y)(Q(y) \rightarrow \neg L(x,y)))$

$=>(\forall x)(\neg P(x) \vee (\forall y)(\neg Q(y) \vee \neg L(x,y)))$

$=>(\forall x)(\forall y)(\neg P(x) \vee (\neg Q(y) \vee \neg L(x,y)))$

$\neg G$：$\neg(\forall x)(D(x) \rightarrow \neg Q(x))$

$=>(\exists x)(D(x) \wedge Q(x))$

$=>(D(b) \wedge Q(b))$

因此 $A_1 \wedge A_2 \wedge \neg G$ 的子句集合 S 为

$$S=\{P(a), \neg D(y) \vee L(a,y), \neg P(x) \vee \neg Q(y) \vee \neg L(x,y), D(b), Q(b)\}$$

归结证明 S 是不可满足的：

1) $P(a)$
2) $\neg D(y) \vee L(a,y)$
3) $\neg P(x) \vee \neg Q(y) \vee \neg L(x,y)$　　} S
4) $D(b)$
5) $Q(b)$

6) $L(a,b)$　　　　　　　　　　2)和4)的归结式

7) $\neg Q(y) \vee \neg L(a,y)$　　　　1)和3)的归结式

8) $\neg L(a,b)$　　　　　　　　　5)和7)的归结式

9) □　　　　　　　　　　　　6)和8)的归结式

注意：有的时候在两个子句中会同时出现两组可以进行归结的文字，例如

$$\{P \vee \neg Q \vee M, \neg P \vee Q \vee N\}$$

这一般称为双归结问题。对上述子句两次使用归结规则，得到 $M \vee N$，这是不正确的。

可以把上述子句表示成蕴涵形式：

$$Q \rightarrow P \vee M \qquad P \rightarrow Q \vee N$$

把第二个子句代入第一个子句得到

$$Q \rightarrow Q \vee N \vee M$$

这说明 Q 为真，则或者 Q 或者 M 或者 N 为真，这并不说明仅仅 $M \vee N$ 为真。

4.4.6 答案的提取

归结反演不仅可以用于定理证明，而且可以用来求取问题的答案，其思想与定理证明类似。方法是在目标公式的否定形式中加上该公式否定的否定，得到重言式；或者再定义一个新的谓词 ANS，加到目标公式的否定中，把新形成的子句加到子句集中进行归结。

例 4.15 已知张和李是同班同学，如果 x 和 y 是同班同学，则 x 的教室也是 y 的教室。现在张在 J1-3 上课，问李在哪里上课？

解：首先定义谓词

$C(x,y)$：x 和 y 是同班同学；

$At(x,u)$：x 在 u 教室上课。

则已知前提可表示为

$$C(\text{Zhang},\text{Li})$$

$$\forall x \forall y \forall u (C(x,y) \wedge At(x,u) \rightarrow At(y,u))$$

$$At(\text{Zhang},\text{J1-3})$$

目标公式的否定为 $\neg \exists v At(\text{Li},v)$。

目标采用重言式的方式，得到子句集合：

$$S = \{C(\text{Zhang},\text{Li}), \neg C(x,y) \vee \neg At(x,u) \vee At(y,u), At(\text{Zhang},\text{J1-3}), \neg At(\text{Li},v) \vee At(\text{Li},v)\}$$

归结过程如下：

1）$C(\text{Zhang},\text{Li})$
2）$\neg C(x,y) \vee \neg At(x,u) \vee At(y,u)$
3）$At(\text{Zhang},\text{J1-3})$
4）$\neg At(\text{li},v) \vee At(\text{li},v)$

（1）～4）为 S）

5）$At(\text{Li},v) \vee \neg C(x,\text{Li}) \vee \neg At(x,v)$　　2）和 4）　$\{\text{Li}/y, v/u\}$
6）$At(\text{Li},v) \vee \neg At(\text{Zhang},v)$　　1）和 5）　$\{\text{Zhang}/x\}$
7）$At(\text{Li},\text{J1-3})$　　3）和 6）　$\{\text{J1-3}/v\}$

最后就是所得到的答案：李在 J1-3。

另外，如果定义一个新的谓词：$Ans(x)$，则子句集合可为

$$S' = \{C(\text{Zhang},\text{Li}), \neg C(x,y) \vee \neg At(x,u) \vee At(y,u), At(\text{Zhang},\text{J1-3}), \neg At(\text{Li},v) \vee Ans(v)\}$$

采用同样的归结方法最后得到 $Ans(\text{J1-3})$。

例 4.16 给定下面一段话：

Tony、Mike 和 John 都是 Alpineclub 的会员。每个会员或者是一个滑雪爱好者，或者是一个登山爱好者，或者都是。没有一个登山爱好者喜欢下雨，所有的滑雪爱好者都喜欢雪。Tony 喜欢的所有东西 Mike 都不喜欢，Tony 不喜欢的所有东西 Mike 都喜欢。Tony 喜欢雨和雪。

用谓词演算表达上述信息。把问题“谁是该俱乐部的会员，他是一个登山爱好者，但不是滑雪爱好者”表达为一个谓词表达式，用归结反驳提取答案。

解：首先定义谓词

$Member(x,y)$：x是y俱乐部的会员；

$Skier(x)$：x是滑雪爱好者；

$MC(x)$：x是登山爱好者；

$Likes(x,y)$：x喜欢y。

将上述段落转换为句子：

$Member(\text{Tony},\text{Alpineclub})$

$Member(\text{Mike},\text{Alpineclub})$

$Member(\text{John},\text{Alpineclub})$

$(\forall x)[Member(x,\text{Alpineclub})\rightarrow(Skier(x)\vee MC(x))]$

$\neg(\exists x)[MC(x)\wedge Likes(x,\text{Rain})]$

$(\forall x)[Skier(x)\rightarrow Likes(x,\text{Snow})]$

$(\forall x)[Likes(\text{Tony},x)\leftrightarrow\neg Likes(\text{Mike},x)]$

$Likes(\text{Tony},\text{Rain})\wedge Likes(\text{Tony},\text{Rain})$

所求解的问题表示为

$(\exists x)[Member(x,\text{Alpineclub})\wedge MC(x)\wedge\neg Skier(x)]$

将上述句子转换为子句形式，得到

1） $Member(\text{Tony},\text{Alpineclub})$

2） $Member(\text{Mike},\text{Alpineclub})$

3） $Member(\text{John},\text{Alpineclub})$

4） $\neg Member(x,\text{Alpineclub})\vee Skier(x)\vee MC(x)$

5） $\neg[MC(x)\vee\neg Likes(x,\text{Rain})]$

6） $\neg Skier(x)\vee Likes(x,\text{Snow})$

7a） $\neg Likes(\text{Tony},x)\vee\neg Likes(\text{Mike},x)$

7b） $Likes(\text{Tony},x)\vee Likes(\text{Mike},x)$

8a） $Likes(\text{Tony},\text{Rain})$

8b） $Likes(\text{Tony},\text{Rain})$

目标的否定，加上Ans谓词后得到

9） $\neg Member(x,\text{Alpineclub})\vee\neg MC(x)\vee Skier(x)\vee Ans(x)$

归结过程如下：

10） $\neg Member(x,\text{Alpineclub})\vee Skier(x)\vee Ans(x)$	9)和4)归结
11） $Skier(\text{Mike})\vee Ans(\text{Mike})$	10)和2)归结
12） $Likes(\text{Mike},\text{Snow})\vee Ans(\text{Mike})$	11)和6)归结
13） $\neg Likes(\text{Tony},\text{Snow})\vee Ans(\text{Mike})$	12)和7a)归结
14） $Ans(\text{Mike})$	13)和8a)归结

因此，可以知道Mike是该俱乐部会员，他是登山爱好者，但不是滑雪爱好者。

4.4.7 归结反演的搜索策略

归结反演过程可以很容易地被描述为“运用归结规则直到产生空子句为止”，但是对子句集进行归结时，一个关键问题是决定选取哪两个子句做归结。如果对任意一对可以归结的子句都做归结，这样不仅消耗很多的时间，而且会产生许多无用的归结式，占用了很多空间，降低了效率，为此需要研究有效的归结控制或搜索策略。

1. 排序策略

按什么序列执行归结，这个问题与在状态空间中下一步将要扩展哪个节点的问题类似。例如，可以使用宽度优先或者深度优先策略。

在这里，把原始子句（包括待证明合式公式的否定的子句形）叫作 0 层归结式。$(i+1)$ 层的归结式是一个 i 层归结式和一个 $j(j \leqslant i)$ 层归结式进行归结所得到的归结式。

宽度优先就是先生成第 1 层所有的归结式，然后是第 2 层所有的归结式，依次类推，直到产生空子句结束，或不能再进行归结为止。深度优先是产生一个第 1 层的归结式，然后用第 1 层的归结式和第 0 层的归结式进行归结，得到第 2 层的归结式，依次类推，直到产生空子句结束，或者不能归结，则回溯到其他的上层子句继续归结。

排序策略的另一个策略是单元优先（Unit Preference）策略，即在归结过程中优先考虑仅由一个文字构成的子句，这样的子句称为单元子句。

2. 精确策略

精确策略不涉及被归结子句的排序，它们只允许某些归结发生。这里主要介绍三种精确归结策略。

（1）支持集（Set of Support）策略

支持集策略是指，每次归结时，参与归结的子句中至少应有一个是由目标公式的否定所得到的子句，或者是它们的后裔。

所谓后裔是指，如果（Ⅰ）α_2是α_1与另外某子句的归结式，或者（Ⅱ）α_2是α_1的后裔与其他子句的归结式，则称α_2是α_1的后裔，α_1是α_2的祖先。

支持集策略是完备的，即假如对一个不可满足的子句集合运用支持集策略进行归结，那么最终会导出空子句。

在图 4-2 中，如果将子句 $P \vee Q$ 作为目标公式的否定所得到的子句，则该图所示的归结过程满足支持集策略。

（2）线性输入（Linear Input）策略

线性输入策略是指，参与归结的两个子句中至少有一个是原始子句集中的子句（包括那些待证明的合式公式的否定）。

线性输入策略是不完备的。例如，对于子句集合$\{P \vee Q, P \vee \neg Q, \neg P \vee Q, \neg P \vee \neg Q\}$。该集合是不可满足的，但是无法用线性输入归结得到结果。

（3）祖先过滤（Ancestry Filtering）策略

由于线性输入策略是不完备的，改进该策略得到祖先过滤策略：参与归结的两个子句中至少有一个是初始子句集中的句子，或者是另一个子句的祖先。该策略是完备的。对于上面的子句集合，可以有如图 4-2 所示的归结树。

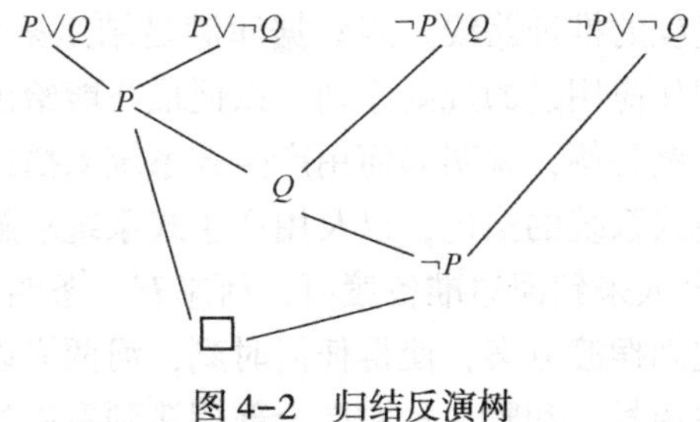

图 4-2　归结反演树

4.5　产生式系统

产生式系统模拟人类求解问题的思维过程，是最典型最普遍的一种推理形式。目前大多数专家系统都采用产生式系统的结构来建造。

4.5.1　产生式系统的基本结构

产生式系统的基本结构由综合数据库、产生式规则库和控制系统构成。综合数据库也称作语境，是人工智能产生式系统所使用的主要数据结构，它用来表述问题状态或有关事实，即它含有所求解问题的信息，其中有些部分可以是不变的，有些部分则可能只与当前问题的解有关。规则库中每条产生式左侧所提的条件必须出现在语境数据结构之中，产生式才能发生动作。语境数据结构可以是简单的表、非常大的数组，或者更典型的是具有本身某种内部结构的中等大小的缓冲器。现代产生式系统的一个工作循环通常包含匹配、选择和动作三个阶段。匹配通过的产生式组成一个竞争集，必须根据选优策略在其中选用一条，被选的产生式规则除了执行规定动作外，还要修改全局数据库的有关条款。

产生式规则库中每条规则是一个“条件-动作”的产生式，且各规则之间的相互作用（调用关系）不大。产生式规则的一般形式为

　　条件──→动作

或　　前提──→结论

即表示为

```
IF      <触发事实 1 是真>
        <触发事实 2 是真>
          ⋮
        <触发事实 n 是真>

THEN    <结论事实 1>
        <结论事实 2>
          ⋮
        <结论事实 n>
```

一条产生式规则满足了应用的先决条件之后，就可对综合数据库进行操作，使其发生变化。如综合数据库代表当前状态，则应用规则后就使状态发生转换，生成出新状态。

控制系统或策略是规则的解释程序。它规定了如何选择一条可应用的规则对数据库进行

操作，即决定了问题求解过程的推理路线。当数据库满足结束条件时，系统就应停止运行，还要使系统在求解过程中记住应用过的规则序列，以便最终能给出解的路径。

下面以传教士和野人问题为例，说明如何用产生式系统来描述或表示求解的问题，即如何对具体的问题建立起产生式系统的描述，以及用产生式系统求解问题的基本思想。

有 N 个传教士和 N 个野人来到河边准备渡河，河岸有一条船，每次最多可供 k 人乘渡。问为了安全起见，应如何规划摆渡方案，使得任何时刻，河两岸以及船上的野人数目总是不超过传教士的数目。即求解传教士和野人从左岸全部摆渡到右岸的过程中，任何时刻满足 M（传教士数）$\geqslant C$（野人数）和 $M+C\leqslant k$ 的摆渡方案。

设 $N=3$，$k=2$，则给定的问题可用图 4-3 表示，图中 L 和 R 表示左岸和右岸，$B=1$ 或 0 分别表示有船或无船。约束条件是两岸上 $M\geqslant C$，船上 $M+C\leqslant 2$。

	L	R
M	**3**	0
C	**3**	0
B	**1**	0

初始状态

$\Rightarrow$

	L	R
M	**0**	3
C	**0**	3
B	0	1

目标状态

图 4-3　M-C 问题实例

1）综合数据库：用三元组表示，即

(M_L, C_L, B_L)，其中 $0\leqslant M_L, C_L\leqslant 3, B_L\in\{0,1\}$

此时问题描述简化为

$(3,3,1)\longrightarrow(0,0,0)$

$N=3$ 的 M-C 问题，状态空间的总状态数为 $4\times4\times2=32$，根据约束条件的要求，可以看出只有 20 个合法状态。再进一步分析后，又发现有 4 个合法状态实际上是不可能达到的。因此实际的问题空间仅由 16 个状态构成。下面列出分析的结果：

(M_L,C_L,B_L)	(M_L,C_L,B_L)	(M_L,C_L,B_L)	(M_L,C_L,B_L)
(0 0 1)达不到	(0 0 0)	(0 1 1)	(0 1 0)
(0 2 1)	(0 2 0)	(0 3 1)	(0 3 0)达不到
(1 0 1)不合法	(1 0 0)不合法	(1 1 1)	(1 1 0)
(1 2 1)不合法	(1 2 0)不合法	(1 3 1)不合法	(1 3 0)不合法
(2 0 1)不合法	(2 0 0)不合法	(2 1 1)不合法	(2 1 0)不合法
(2 2 1)	(2 2 0)	(2 3 1)不合法	(2 3 0)不合法
(3 0 1)达不到	(3 0 0)	(3 1 1)	(3 1 0)
(3 2 1)	(3 2 0)	(3 3 1)	(3 3 0)达不到

2）规则集：由摆渡操作组成。该问题主要有两种操作，p_{mc} 操作（规定为从左岸划向右岸）和 q_{mc} 操作（从右岸划向左岸）。每次摆渡操作，船上人数有 5 种组合，因而组成有 10 条规则的集合。

If $(M_L, C_L, B_L=1)$ then (M_L-1, C_L, B_L-1);　　(p_{10}操作)
If $(M_L, C_L, B_L=1)$ then (M_L, C_L-1, B_L-1);　　(p_{01}操作)
If $(M_L, C_L, B_L=1)$ then (M_L-1, C_L-1, B_L-1);　　(p_{11}操作)
If $(M_L, C_L, B_L=1)$ then (M_L-2, C_L, B_L-1);　　(p_{20}操作)
If $(M_L, C_L, B_L=1)$ then (M_L, C_L-2, B_L-1);　　(p_{02}操作)
If $(M_L, C_L, B_L=0)$ then (M_L+1, C_L, B_L+1);　　(q_{10}操作)
If $(M_L, C_L, B_L=0)$ then (M_L, C_L+1, B_L+1);　　(q_{01}操作)
If $(M_L, C_L, B_L=0)$ then (M_L+1, C_L+1, B_L+1);　　(q_{11}操作)
If $(M_L, C_L, B_L=0)$ then (M_L+2, C_L, B_L+1);　　(q_{20}操作)

If $(M_L,C_L,B_L=0)$ then (M_L,C_L+2,B_L+1);　　　(q_{02}操作)

3）初始和目标状态：即(3,3,1)和(0,0,0)。建立了产生式系统描述之后，就可以通过控制策略，对状态空间进行搜索，求得一个摆渡操作序列，使其能够实现目标状态。

在讨论用产生式系统求解问题时，引入状态空间图的概念很有帮助。状态空间图是一个有向图，其节点可表示问题的各种状态（综合数据库），节点之间的弧线代表操作（产生式规则），它们可把一种状态导向另一种状态。这样建立起来的状态空间图，描述了问题所有可能出现的状态及状态和操作之间的关系，因而可以较直观地看出问题的解路径及其性质。实际上只有问题空间规模较小的问题才可能绘出状态空间图，例如，$N=3$ 的 M-C 问题，其状态空间图如图 4-4 所示。由于每个摆渡操作都有对应的逆操作，即 p_{mc} 对应 q_{mc}。所以该图也可表示成具有双向弧的形式。

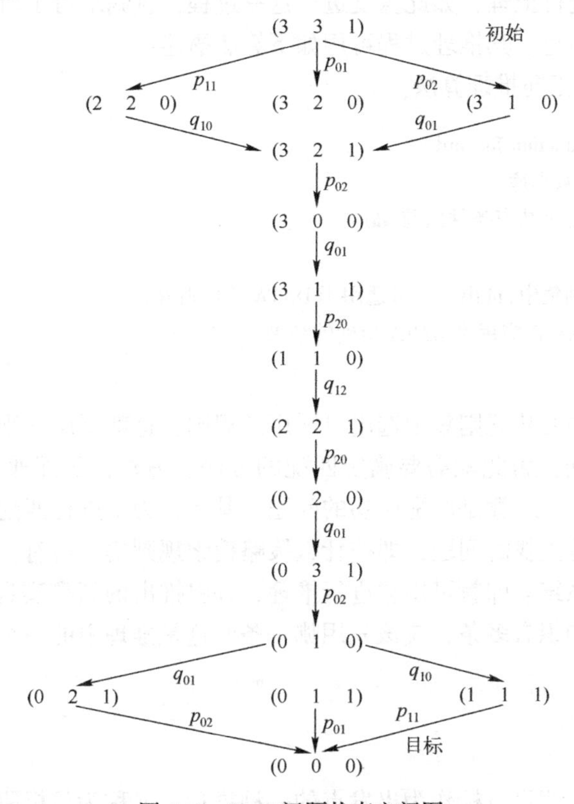

图 4-4　M-C 问题状态空间图

从状态空间图看出解序列相当之多，但最短解序列只有 4 个，均由 11 次摆渡操作构成。若给定其中任意两个状态分别作为初始和目标状态，就可立即找出对应的解序列来。在一般情况下，求解过程就是对状态空间搜索出一条解路径的过程。

上述例子说明了建立产生式系统描述的过程，也就是所谓问题的表示。对问题表示的好坏，往往对求解过程的效率有很大影响。一种较好的表示法会简化状态空间和规则集表示，例如，M-C 问题中，用 3×2 的矩阵给出左、右岸的情况来表示一种状态当然可以，但显然仅用左岸的三元组描述就足以表示出整个情况，因此必须十分重视选择较好的问题表示法，提高求解的效率。

推理的控制策略主要包括推理方向、搜索策略、求解策略及限制策略等。搜索策略在第3章中已做了专门的讨论。关于推理的求解策略是指，推理是只求一个解，还是求所有解以及最优解等。限制策略是指为了防止无穷的推理过程，以及由于推理过程太长增加时间及空间的复杂性，可在控制策略中指定推理的限制条件，以对推理的深度、宽度、时间和空间等进行限制。推理方向用于确定推理的驱动方式，分为正向推理、反向推理及混合推理等。

4.5.2 正向推理

正向推理又称为数据驱动推理，是从初始状态出发，使用规则，到达目标状态。正向推理的基本思想是，从用户提供的初始已知事实出发，在规则集 *RS* 中选出一条可适用的规则进行推理，并将推出的新事实加入数据库中作为下一步推理的已知事实。在此之后再在规则集中选取可适用规则进行推理，如此重复进行这一过程，直到求得了所要求的解或者规则集中再无可适用的规则为止。其推理过程可用如下算法描述：

算法 4.2 产生式正向推理算法

Procedure Production forward
1) DATA←初始数据库
2) **Until** DATA 满足结束条件以前, **do**：
3) **Begin**
4) 在规则集中，选出一条可适用于 DATA 的规则 *R*
5) DATA←R 应用到 DATA 得到的结果
6) **End**

在以上推理过程中要从规则集中选出可适用的规则，这就要用规则集中的规则与数据库中的已知事实进行匹配，为此就需要确定匹配的方法。另外，匹配通常都难以做到完全一致，因此还需要解决怎样才算是匹配成功的问题。其次，为了进行匹配，就要查找规则，这就涉及按什么路线进行查找的问题，即按什么策略搜索规则集。再有，如果适用的知识只有一条，这比较简单，系统立即就可用它进行推理，并将推出的新事实送入数据库 DB 中。但是，如果当前适用的知识有多条，应该先用哪一条？这是推理中的一个重要问题，称为冲突消解策略。

4.5.3 反向推理

反向推理是以某个假设目标作为出发点的一种推理，又称为目标驱动推理。反向推理的基本思想是，首先选定一个假设目标，然后寻找支持该假设的证据，若所需的证据都能找到，则说明原假设是成立的；若无论如何都找不到所需要的证据，则说明原假设不成立，此时需要另做新的假设。其推理过程可用如下算法描述：

算法 4.3 产生式反向推理算法

Procedure Production backward verify
Begin
1) 提出要求证的目标 *G*(假设)。
2) 检查该目标 *G* 是否已在数据库 DATA 中，若在，则该目标 *G* 成立，成功地退出推理或者对下一个假设目标进行验证；否则，转下一步。

3) 判断该目标 G 是否是证据,即它是否为应由用户证实的原始事实 F,若是,则询问用户;否则转下一步。

4) 在知识库中找出所有能导出该目标 G 的规则,形成适用规则集 RS,然后转下一步。

5) 从 RS 中选出一条规则,并将该知识的运用条件作为新的假设目标 G,然后转步骤 2)。

End

与正向推理相比，反向推理更复杂一些。如何判断一个假设是否是证据？当导出假设的知识有多条时，如何确定先选哪一条？另外，一条知识的运用条件一般都有多个，当其中的一个经验证成立后，如何自动地换为对另一个的验证？其次，在验证一个运用条件时，需要把它当作新的假设，并查找可导出该假设的知识，这样就又会产生一组新的运用条件，如此不断地向纵深方向发展，就会产生处于不同层次上的多组运用条件，形成一个树状结构，当到达叶节点（即数据库中有相应的事实或者用户可肯定相应事实存在等）时，又需逐层向上返回，返回过程中有可能又要下到下一层，这样上上下下重复多次，才会导出原假设是否成立的结论。这是一个比较复杂的推理过程。

反向推理的主要优点是不必使用与目标无关的知识，目的性强，同时它还有利于向用户提供解释。其主要缺点是初始目标的选择有盲目性，若不符合实际，就要多次提出假设，影响到系统的效率。

4.5.4 混合推理

正向推理具有盲目、效率低等缺点，推理过程中可能会推出许多与问题求解无关的子目标；反向推理中，若提出的假设目标不符合实际，也会降低系统的效率。为解决这些问题，可把正向推理与反向推理结合起来，使其各自发挥自己的优势，取长补短，像这样既有正向又有反向的推理称为混合推理。另外，在下述几种情况下，通常也需要进行混合推理。

1）已知的事实不充分。当数据库中的已知事实不够充分时，若用这些事实与知识的运用条件进行匹配来正向推理，可能连一条适用知识都选不出来，这就使推理无法进行下去。此时，可通过正向推理先把其运用条件不能完全匹配的知识都找出来，并把这些知识可导出的结论作为假设，然后分别对这些假设进行反向推理。由于在反向推理中可以向用户询问有关证据，这就有可能使推理进行下去。

2）由正向推理推出的结论可信度不高。用正向推理进行推理时，虽然推出了结论，但可信度可能不高，达不到预定的要求。此时为了得到一个可信度符合要求的结论，可用这些结论作为假设，然后进行反向推理，通过向用户询问进一步的信息，有可能会得到可信度较高的结论。

3）希望得到更多的结论。在反向推理过程中，由于要与用户进行对话，有针对性地向用户提出询问，这就有可能获得一些原来不掌握的有用信息，这些信息不仅可用于证实要证明的假设，同时还可能有助于推出其他结论。因此，在用反向推理证实了某个假设之后，可以再用正向推理推出另外一些结论。例如，在医疗诊断系统中，先用反向推理证实了某病人患有某种病，然后再利用反向推理过程中获得的信息进行正向推理，就有可能推出该病人还患有其他什么病。

由以上讨论可以看出，混合推理分为两种情况：一种是先进行正向推理，帮助选择某个目标，即从已知事实演绎出部分结果，然后再用反向推理证实该目标或提高其可信度；另一种情况是先假设一个目标进行反向推理，然后再利用反向推理中得到的信息进行正向推理，以推出更多的结论。

4.6 本章小结

自动推理是人工智能领域重要的研究问题。本章介绍了三段论推理、经典逻辑中的推理问题和产生式系统。三段论推理是一种常用的推理形式，反映了人们推理的本质过程。

经典逻辑推理是通过运用经典逻辑规则，从已知事实中演绎出逻辑上蕴涵的结论的过程。本章介绍了自然演绎推理，并重点介绍了归结演绎推理。通过引入新的推理规则：归结推理规则，介绍了基于该规则的归结演绎推理过程。归结推理过程实际上是一种反证法，它的理论基础是 Herbrand 理论。产生式系统模拟人类求解问题的思维过程，是最典型最普遍的一种推理形式。

习题

4-1　什么是三段论推理？

4-2　什么是自然演绎推理？

4-3　判断下列表达式对是否可以合一？如果可以合一，给出 MGU。

1）$P(x,b,b),P(a,y,z)$

2）$P(x,f(x)),P(y,y)$

3）$2+3=x,x=3+3$

4-4　对所有的 x、y、z 来说，如果 y 是 x 父亲，z 是 y 的父亲，则 z 是 x 的祖父。又知道每个人都有父亲，试问是否会有这样的个人 X 和 Y，使得 X 是 Y 的祖父？

第5章 机器学习

学习能力是人类智能的根本特征。人类通过学习来提高和改进自己的能力。学习的基本机制是设法把在一种情况下是成功的表现行为转移到另一类似的新情况中。人的认识能力和智慧才能就是在毕生的学习中逐步形成、发展和完善的。任何具有智能的系统必须具备学习的能力。

本章讨论经典机器学习的方法和算法，主要包括归纳学习、类比学习、统计学习、聚类、强化学习、进化计算和群体智能。

5.1 引言

5.1.1 简单的学习模型

1983年，西蒙定义学习为，能够让系统在执行同一任务或同类的另外一个任务时比前一次执行得更好的任何改变［Simon 1983］。这个定义虽然简洁，却指出了设计学习程序要注意的问题。学习包括对经验的泛化：不仅是重复同一任务，而且是域中相似的任务都要执行得更好。在有限的经验中，学习者必须能够泛化并对域中未见的数据正确地推广，这是归纳问题也是学习的中心问题。可以认为学习是一个有特定目的的知识获取过程，通过获取知识、积累经验和发现规律，使系统性能得到改进、系统实现自我完善和自适应环境。图5-1给出了简单的学习模型。

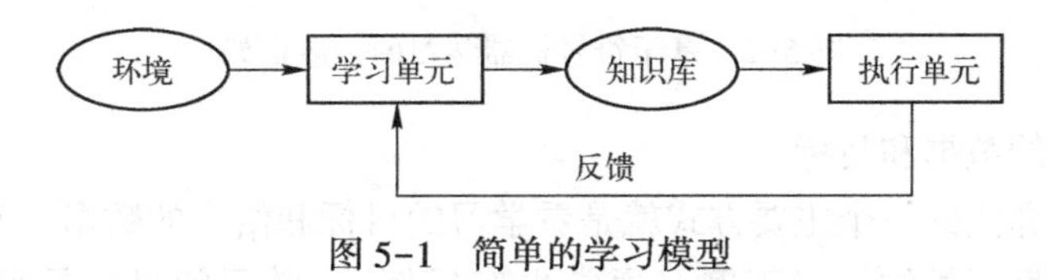

图5-1 简单的学习模型

（1）环境

环境是指系统外部信息的来源，它可以是系统的工作对象，也可以包括工作对象和外界条件。例如，在控制系统中，环境就是生产流程或受控的设备。环境就是为学习系统提供获取知识所需的相关对象的素材或信息，如何构造高质量、高水平的信息，将对学习系统获取知识的能力有很大影响。

（2）学习单元

学习单元处理环境提供的信息，相当于各种学习算法。学习单元通过对环境的搜索获得外部信息，并将这些信息与执行环节所反馈回的信息进行比较。一般情况下，环境提供的信息水平与执行环节所需的信息水平之间往往有差距，经分析、综合、类比和归纳等思维过程，学习单元要从这些差距中获取相关对象的知识，并将这些知识存入知识库中。

(3) 知识库

知识库用于存放由学习环节所学到的知识。知识库中常用的知识表示方法有谓词逻辑、产生式规则、语义网络、特征向量、过程和框架等。

(4) 执行单元

执行单元处理系统面临的现实问题，即应用知识库中所学到的知识求解问题，如智能控制、自然语言理解和定理证明等，并对执行的效果进行评价，将评价的结果反馈回学习环节，以便系统进一步的学习。

5.1.2 什么是机器学习

机器学习是研究机器模拟人类的学习活动，获取知识和技能的理论和方法，改善系统性能的学科。图 5-2 给出了基于符号机器学习的一般框架 [Luger 2005]。

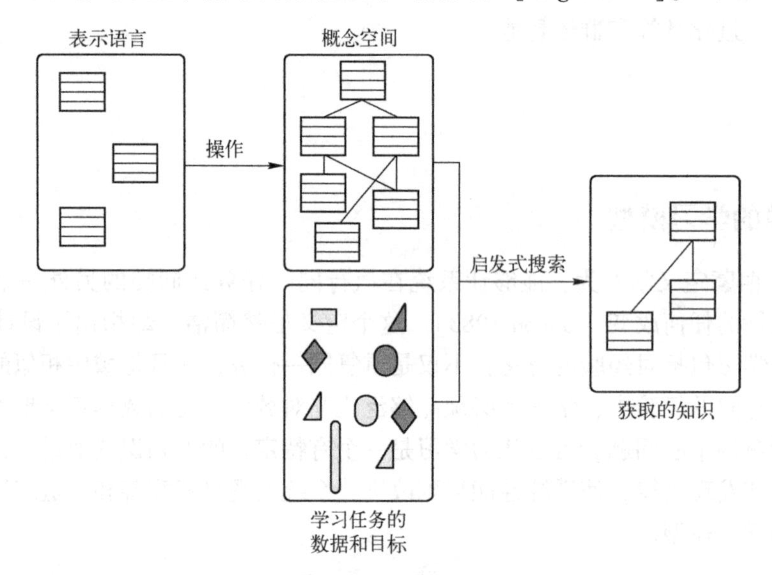

图 5-2 基于符号机器学习的一般框架

(1) 学习任务的数据和目标

我们表征学习算法的一个主要方式就是看学习的目标和给定的数据。例如，概念学习算法中，初始状态是目标类的一组正例（通常也有反例），学习的目标是得出一个通用的定义，它能够让学习程序辨识该类的未来实例。

(2) 获取的知识

机器学习程序利用各种知识表示方法，描述学到的知识。例如，对物体分类的学习程序可能把这些概念表示为谓词演算的表达式，或者它们可能用结构化的表示，如框架或对象。

(3) 操作

给定训练实例集，学习程序必须建立满足目标的泛化、启发式规则或者计划。这就需要对表示进行操作的能力。典型的操作包括泛化或者特化符号表达式，调整神经网络的权值，或者其他方式对程序表示的修改。

(4) 概念空间

上面讨论的表示语言和操作定义了潜在概念定义的空间。学习程序必须搜索这个空间来寻找所期望的概念。概念空间的复杂度是学习问题困难程度的主要度量。

(5) 启发式搜索

学习程序必须给出搜索的方向和顺序，并且要用好可用的训练数据和启发式信息来有效地搜索。

5.1.3 机器学习的研究概况

自从20世纪50年代以来，机器学习的研究大致经历了三个阶段。早期研究是无知识的学习，主要研究神经元模型和基于决策论方法的自适应和自组织系统。但是神经元模型和决策论方法当时只取得非常有限的成功，局限性很大，研究热情大大降低。20世纪60年代处于低潮，主要研究符号概念获取。1975年，温斯顿（Winston P H）发表了从实例学习结构描述的文章，人们对机器学习的兴趣开始恢复，出现了许多有特色的学习算法。更重要的是人们普遍认识到，一个学习系统在没有知识的条件下是不可能学到高级概念的，因而把大量知识引入学习系统作为背景知识，使机器学习理论的研究出现了新的局面和希望。

20世纪80年代至今，随着互联网大数据以及硬件GPU的出现，机器学习研究脱离了瓶颈期。机器学习开始爆炸式发展，开始成为一门独立热门学科并且被应用到各个领域。机器学习的研究开始进入新的高潮。1984年，瓦伦特（Valiant L G）提出"大概近似正确（Probably Approximately Correct，PAC）"机器学习理论［Valiant 1984］，他引入了类似在数学分析中的ε-δ语言来评价机器学习算法。PAC理论对近代机器学习研究产生了重要的影响，如统计学习、集群学习（Ensemble）、贝叶斯网络和关联规则等。1995年，瓦普尼克（Vapnik V N）出版了《统计学习理论的本质》，提出结构风险最小归纳原理和支持向量机学习方法［Vapnik 1995］。2006年，加拿大多伦多大学的欣顿（Hinton G）及其学生提出了深度学习［Hinton and Salakhutdinov 2006］，迎来人工智能的第三次高潮。

机器学习主要有归纳学习、类比学习、统计学习、连接学习、强化学习和进化学习等［Shi 1992］。从目前来看，机器学习今后主要研究方向有：①人类学习机制的研究；②发展和完善现有学习方法，同时开展新的学习方法的研究；③建立实用的学习系统，特别是开展多种学习方法协同工作的集成化系统的研究；④认知机器学习有关理论的研究，把机器学习与心智模型结合起来，不仅获取知识，而且改变认知结构，提高推理功能。

本章主要介绍符号学习，第6章介绍以神经网络为基础的连接学习和深度学习。

5.2 归纳学习

归纳学习是符号学习中研究得最为广泛的一种方法。给定关于某个概念的一系列已知的正例和反例，其任务是从中归纳出一个一般的概念描述。归纳学习能够获得新的概念，创立新的规则，发现新的理论。它的一般操作是泛化（Generalization）和特化（Specialization）。泛化用来扩展一个假设的语义信息，以使其能够包含更多的正例，应用于更多的情况。特化是泛化的相反操作，用于限制概念描述的应用范围。

1966年，亨特（Hunt）等提出概念学习系统（Concept Learning System，CLS），这是一种早期的基于决策树的归纳学习系统。1979年，昆兰（Quinlan J R）基于CLS系统提出了ID3算法［Quinlan 1986］。该算法不仅能方便地表示概念的属性-值信息的结构，而且能从大量实例数据中有效地生成相应的决策树模型。

在 CLS 的决策树中，节点对应于待分类对象的属性，由某一节点引出的弧对应于这一属性可能取的值，叶节点对应于分类的结果。下面考虑如何生成决策树。

一般地，设给定训练集为 *TR*，*TR* 的元素由特征向量及其分类结果表示，分类对象的属性表 *AttrList* 为 $[A_1, A_2, \cdots, A_n]$，全部分类结果构成的集合 *Class* 为 $\{C_1, \cdots, C_m\}$，一般 $n \geqslant 1$ 和 $m \geqslant 2$。对于每一属性 A_i，其值域为 $ValueType(A_i)$。值域可以是离散的，也可以是连续的。这样，*TR* 的一个元素就可以表示成 $<X, C>$ 的形式，其中 $X=(a_1, \cdots, a_n)$，a_i 对应于实例第 i 个属性的取值，$C \in Class$ 为实例 X 的分类结果。

记 $V(X, A_i)$ 为特征向量 X 的属性 A_i 的值，则决策树的构造算法 CLS 可递归地描述如下：

算法 5.1 决策树的构造算法 CLS

1）如果 *TR* 中所有实例分类结果均为 C_i，则返回 C_i。

2）从属性表中选择某一属性 A 作为检测属性。

3）不妨假定 $|ValueType(A_i)|=k$，根据 A 取值不同，将 *TR* 划分为 k 个集 $TR_1, \cdots, TR_k$，其中

$$TR_i=\{<X, C> \mid <X, C> \in TR \text{ 且 } V(X, A) \text{ 为属性 } A \text{ 的第 } i \text{ 个值}\}$$

4）从属性表中去掉已做检验的属性 A。

5）对每一个 $i(1 \leqslant i \leqslant k)$，用 TR_i 和新的属性表递归调用 CLS 生成 TR_i 的决策树 DTR_i。

6）返回以属性 A 为根，DTR_1，…，DTR_k 为子树的决策树。

现考虑鸟是否能飞的实例，设属性表为

AttrList = {No-of- Wings, Broken-Wings, Status, Area/Weight}

各属性的值域分别为

ValueType(No-of-Wings) = {0, 1,2}　　*ValueType*(Broken-Wings) = {0,1,2}

ValueType(Status) = (Alive, Dead)　　*ValueType*(Area/Weight) ∈ 实数且大于等于 0

系统分类结果集合为 *Class* = {T, F}。

训练集 *TR* 共有 9 个实例，见表 5-1。

表 5-1 训练实例

Instances	No-of-Wings	Broken-Wings	Living-Status	Wing Area/Weight	Fly
1	2	0	Alive	2.5	T
2	2	1	Alive	2.5	F
3	2	2	Alive	2.6	F
4	2	0	Alive	3.0	T
5	2	0	Dead	3.2	F
6	0	0	Alive	0	F
7	1	0	Alive	0	F
8	2	0	Alive	3.4	T
9	2	0	Alive	2.0	F

根据决策树构造算法，*TR* 的决策树如图 5-3 所示。每个叶节点表示鸟是否能飞的描述。从该决策树可以看出：

$$Fly = (No\text{-}of\text{-}Wings=2) \wedge (Broken\text{-}Wings=0) \wedge (Status=Alive) \wedge (Area/Weight \geq 2.5)$$

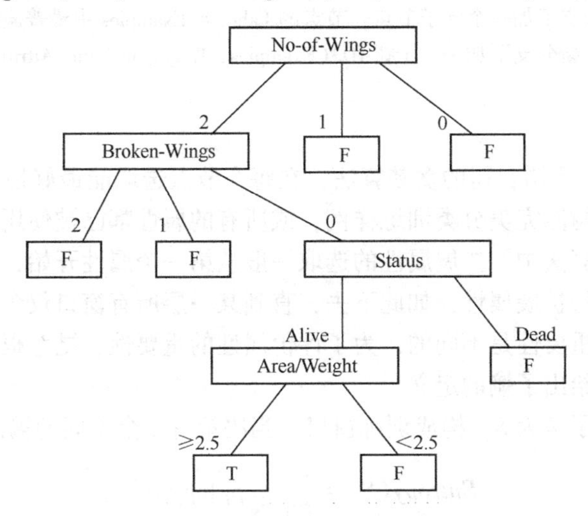

图 5-3　鸟是否能飞的决策树

大多数决策树算法是一种核心算法的变体。该算法采用自顶向下的贪婪搜索遍历可能的决策树空间［周志华 2015］。

基本的决策树学习算法 ID3 通过自顶向下构造决策树来进行学习。构造过程是从“哪一个属性将在树的根节点被测试?”这个问题开始的。为了回答这个问题，使用统计测试来确定每一个实例属性单独分类训练样例的能力。分类能力最好的属性被选作树的根节点的测试。然后为根节点属性的每个可能值产生一个分支，并把训练样例排列到适当的分支之下。然后重复整个过程，用每个分支节点关联的训练样例来选取在该点被测试的最佳属性。这形成了对合格决策树的贪婪搜索，也就是算法从不回溯重新考虑以前的选择。基本的 ID3 算法如下：

算法 5.2　基本的决策树算法 ID3

ID3(Examples，Target_attribute，Attributes)/ * Examples 即训练样例集。Target_attribute 是这棵树要预测的目标属性。Attributes 是除目标属性外供学习到的决策树测试的属性列表。返回一棵能正确分类给定 Examples 的决策树 * /

1）创建树的 Root（根）节点。

2）如果 Examples 都为正，那么返回 Label = + 的单节点树 Root。

3）如果 Examples 都为反，那么返回 Label = - 的单节点树 Root。

4）如果 Attributes 为空，那么返回单节点树 Root，Label = Examples 中最普遍的 Target_attribute 值。

5）否则开始

5.1）A←Attributes 中分类 Examples 能力最好的属性 / * 具有最高信息增益（Information Gain）的属性是最好的属性 * /。

5.2）Root 的决策属性←A。

5.3）对于 A 的每个可能值 v_i

5.3.1）在 Root 下加一个新的分支对应测试 $A = v_i$。

5.3.2）令 Examples_{vi} 为 Examples 中满足 A 属性值为 v_i 的子集。

5.3.3) 如果 Examples_{vi}为空

① 在这个新分支下加一个叶子节点，节点的 Label = Examples 中最普遍的 Target_attribute 值。

② 否则在这个新分支下加一个子树 ID3(Examples, Target_attribute, Attributes-{A})。

6) 结束。

7) 返回 Root。

ID3 是一种自顶向下增长树的贪婪算法，在每个节点选取能最好地分类样例的属性。继续这个过程直到这棵树能完美分类训练样例，或所有的属性都已被使用过。

在决策树的构造算法中，扩展属性的选取一般从第一个属性开始，然后依次取第二个属性作为决策树的下一层扩展属性，如此下去，直到某一层所有窗口仅含同一类实例为止。但是，由于每一属性的重要性是不同的，为了评价属性的重要性，昆兰根据检验对每一属性所得到信息量的多少，给出了熵的定义。

给定正负实例的子集为 S，构成训练窗口。当决策有 k 个不同的输出时，则 S 的熵为

$$Entropy(S) = \sum_{i=1}^{k} -p_i \log_2(p_i) \tag{5-1}$$

式中，p_i表示第 i 类输出所占训练窗口中总的输出数量的比例。如果对于布尔型分类（即只有两类输出），则式（5-1）可以写为

$$Entropy(S) = -Pos\log_2(Pos) - Neg\log_2(Neg) \tag{5-2}$$

Pos 和 Neg 分别表示 S 中正、负实例的比例，并且定义：$0\log_2(0)=0$。

对于表 5-1 给出的例子，选取整个训练集为训练窗口，有 3 个正实例和 6 个负实例，采用记号［3+，6-］表示总的样本数据。则 S 的熵为

$$\begin{aligned} Entropy[3+,6-] &= -\frac{3}{9}\log_2\frac{3}{9} - \frac{6}{9}\log_2\frac{3}{9} \\ &= 0.9179 \end{aligned}$$

如果所有的实例都为正实例或负实例，则熵为 0；当 $Neg=Pos=0.5$ 时，熵为 1。为了检测每个属性的重要性，可以通过每个属性的信息增益 $Gain$ 来评估其重要性。对属性 A，假设其值域为$(v_1, v_2, \cdots, v_n)$，则训练实例 S 中属性 A 的信息增益 $Gain$ 可以定义如下：

$$Gain(S, A) = Entropy(S) - \sum_{i=1}^{n} \frac{|S_i|}{|S|} Entropy(S_i) \tag{5-3}$$

式中，S_i表示 S 中属性 A 的值为 v_i的子集；$|S_i|$表示集合的势。

昆兰建议选取信息量最大的属性作为扩展属性。这一启发式规则又称为最小熵原理，因为使获得的信息量最大等价于使不确定性（或乱序程度）最小，即使得熵最小。

ID3 算法的优点：分类和测试速度快，特别适用于大数据库的分类问题。其缺点：①决策树的知识表示没有规则，难以理解；②两棵决策树比较是否等价问题是子图匹配问题，是 NP 完全的；③不能处理未知属性值的情况，另外对噪声问题也没有好的处理方法。关于决策树归纳的进一步细节，1993 年昆兰写了一本精彩的著作，其中讨论了很多实践问题，并提供了 C4.5 算法的源代码［Quinlan 1993］。

5.3 类比学习

类比学习是根据两个对象之间在某些方面的相同或相似，从而推出它们在其他方面也可

能相同或相似。类比学习是重要的学习方法。归纳学习需要大量的训练实例，而类比学习可以从单个训练实例完成学习，是一种有效的学习方法。

5.3.1 相似性

类比是人类应用过去的经验来求解新问题的一种思维方法。类比学习是把两个或两类事物或情形进行比较，找出它们在某一抽象层上的相似关系，并以这种关系为依据，把某一事物或情形的有关知识加以适当整理（或变换）对应到另一事物或情况，从而获得求解另一事物或情形的知识。在类比学习中，把当前所面临的对象或情况称为目标对象（Target Object），而把记忆的对象或情况称为源对象（Base Object）。

在类比学习中遇到某一问题时，会回忆以前相似的老问题，通过对老问题解法的检索和分析、调整，得出新问题的解决方法。类比学习是一种基于知识（或经验）的学习。类比求解问题的一般模式如图 5-4 所示。

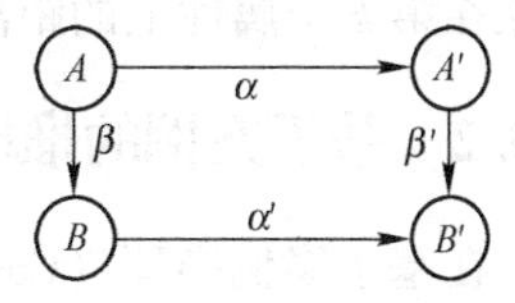

图 5-4　类比求解问题的一般模式

类比问题求解可描述如下：已知问题 A，有求解结果 B，现给定一个新问题 A'，A'与 A 在特定的度量下是相似的，求出问题 A'的求解结果 B'。如图 5-4 所示，β 反映 B 与 A 之间的依赖关系，称作因果关系。α 表示源领域（Source Domain）A 与目标领域（Target Domain）A'之间的相似关系。由此可以推出，B'与 A'之间的依赖关系 β'。

一个类比学习过程可以描述为下述 4 个主要步骤：

1）联想搜索匹配。对于一个给定的新问题，根据问题的描述（已知条件），提取问题的特征，并用特征到问题空间中搜索，找出相似的老问题有关的知识，并对新、老问题进行部分匹配。

2）检验相似程度。判断老问题的已知条件同新问题的相似程度，以检验类比的可行性。如果它们之间的相似度达到规定的阈值，则类比匹配成功。

3）修正变换求解。从老问题的解中抽取有关新问题的知识，经过合理的规则变换与调整，得到新问题的解。当多个老问题经检查都满足时，将会面临冲突求解问题。

4）更新知识库。将新问题及其解加入知识库，将新、老问题之间的共同特征组成泛化的情节知识，而将它们的差异作为检索问题的索引。

类比时对象情境由许多属性组成，对象间的相似性是根据属性（或变量）之间的相似度定义的。目标对象与源对象之间的相似性有语义相似、结构相似、目标相似和个体相似等［史忠植 2011］。一般对象之间的相似性通过相似度测评，相似度经常通过距离来定义。常用的典型距离有如下几种。

（1）绝对值距离（Manhattan）

$$d_{ij} = \sum_{k=1}^{N} |V_{ik} - V_{jk}| \tag{5-4}$$

式中，V_{ik}和 V_{jk}分别表示案例 i 和案例 j 的第 k 个属性值。

（2）欧氏距离（Euclidean）

$$d_{ij} = \sqrt{\sum_{k=1}^{N} (V_{ik} - V_{jk})^2} \tag{5-5}$$

(3) 麦考斯基距离

$$d_{ij} = \left[\sum_{k=1}^{N} \left| V_{ik} - V_{jk} \right|^{q}\right]^{1/q}, \quad q > 0 \tag{5-6}$$

上面的距离定义只是属于平凡的定义，视各属性所起的作用相同。事实上各属性对一个案例整体上的相似度有不同的贡献，因而还需加上权值。即式（5-6）可以写成

$$d_{ij} = \sum_{k=1}^{N} w_k d(V_{ik}, V_{jk}) \tag{5-7}$$

式中，w_k 为第 k 个属性权值大小，一般要求 $\sum_{k=1}^{N} w_k = 1$；$d(V_{ik}, V_{jk})$ 表示第 i 个对象和第 j 个对象在第 k 个属性上的距离，它可以采用前面定义的典型距离。

5.3.2 基于案例的推理

在基于案例推理（Case-based Reasoning）中，最初是由于目标案例的某些特殊性质使我们能够联想到记忆中的源案例。但它是粗糙的，不一定正确。在最初的检索结束后，需证实它们之间的可类比性，这需要进一步地检索两个类似体的更多的细节，探索它们之间的更进一步的可类比性和差异。在这一阶段，事实上，已经初步进行了一些类比映射的工作，只是映射是局部的、不完整的。这个过程结束后，获得的源案例集已经按与目标案例的可类比程度进行了优先级排序。接下来，便进入了类比映射阶段。从源案例集中选择最优的一个源案例，建立它与目标案例之间一致的一一对应。下一步，利用一一对应关系转换源案例的完整的（或部分的）求解方案，从而获得目标案例的完整的（或部分的）求解方案。若目标案例得到部分解答，则把解答的结果加到目标案例的初始描述中，从头开始整个类比过程。若所获得的目标案例的求解方案未能给目标案例以正确的解答，则需解释方案失败的原因，且调用修补过程来修改所获得的方案。系统应该记录失败的原因，以避免以后再出现同样的错误。最后，类比求解的有效性应该得到评价。整个类比过程是递增地进行的。图 5-5 给出了基于案例推理的一般框架。

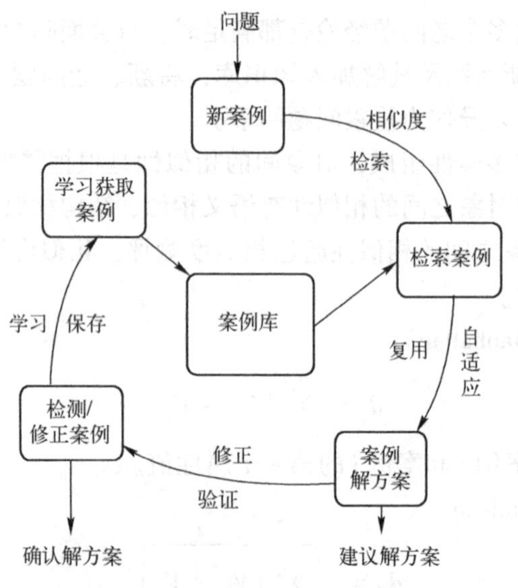

图 5-5　基于案例推理的一般框架

在基于案例的推理中，关心的主要问题如下：

1）案例表示。基于案例推理方法的效率和案例表示紧密相关。案例表示涉及这样几个问题：选择什么信息存放在一个案例中；如何选择合适的案例内容描述结构；案例库如何组织和索引。对于那些数量达到成千上万，而且十分复杂的案例，组织和索引问题尤其重要。

2）分析模型。分析模型用于分析目标案例，从中识别和抽取检索源案例库的信息。

3）案例检索。利用检索信息从源案例库中检索并选择潜在可用的源案例。基于案例推理方法和人类解决问题的方式很相近。碰到一个新问题时，首先是从记忆或案例库中回忆出与当前问题相关的最佳案例。后面所有工作能否发挥出应有的作用，很大程度上依赖于这一阶段得到的案例质量的高低，因此这步非常关键。一般来讲，案例匹配不是精确的，只能是部分匹配或近似匹配。因此，它要求有一个相似度的评价标准。该标准定义得好，会使得检索出的案例十分有用，否则将会严重影响后面的过程。

4）类比映射。类比映射即寻找目标案例同源案例之间的对应关系。

5）类比转换。类比转换即转换源案例中同目标案例相关的信息，以便应用于目标案例的求解过程中。其中，涉及对源案例的求解方案的修改。把检索到的源案例的解答复用于新问题或新案例之中。它们分别是，源案例与目标案例间有何不同之处；源案例中的哪些部分可以用于目标案例。对于简单的分类问题，仅需要把源案例的分类结果直接用于目标案例。它无须考虑它们之间的差别，因为实际上案例检索已经完成了这项工作。而对于问题求解之类的问题，则需要根据它们之间的不同对复用的解进行调整。

6）解释过程。对把转换过的源案例的求解方案应用到目标案例时所出现的失败做出解释，给出失败的因果分析报告。有时对成功也同样做出解释。基于解释的索引也是一种重要的方法。

7）案例修补。案例修补有些类似于类比转换，区别在于修补过程的输入是解方案和一个失败报告，而且也许还包含一个解释，然后修改这个解以排除失败的因素。当复用阶段产生的求解结果不好时，需要对其进行修补。修补的第一步是对复用结果进行评估，如果成功，则不必修补，否则需对错误采取修补。

8）类比验证。类比验证即验证目标案例和源案例进行类比的有效性。

9）案例保存。新问题得到了解决，则形成了一个可能用于将来情形与之相似的问题。这时有必要把它加入案例库中。这是学习也是知识获取。此过程涉及选取哪些信息保留，以及如何把新案例有机集成到案例库中。修改和精化源案例库，其中包括泛化和抽象等过程。

在决定选取案例的哪些信息进行保留时，一般要考虑以下几点：和问题有关的特征描述；问题的求解结果；以及解答为什么成功或失败的原因及解释。

把新案例加入案例库中，需要对它建立有效的索引，这样以后才能对之做出有效的回忆。索引应使得与该案例有关时能回忆得出，与它无关时不应回忆出。为此，可能要对案例库的索引内容甚至结构进行调整。

5.3.3 迁移学习

迁移学习（Transfer Learning）的目标是将从一个环境中学到的知识用来帮助新环境中的学习任务。在传统分类学习中，为了保证训练得到的分类模型具有准确性和高可靠性，都有两个基本的假设：①用于学习的训练样本与新的测试样本满足独立同分布的条件；②必须有足够可利用的训练样本才能学习得到一个好的分类模型。但是，在实际应用中发现要满足这两个条件往往是困难的。迁移学习是运用已有的知识对不同但相关领域问题进行求解。它放宽了传统机器学习中的两个基本假设，目的是迁移已有的知识来解决目标领域中仅有少量有标签样本数据甚至没有的学习问题。

杨强等［Pan et al. 2010］根据源领域和目标领域以及源任务和目标任务是否相同，将迁移学习分为如下 3 类（见图 5-6）：

1）归纳迁移学习（Inductive Transfer Learning）。源任务和目标任务不一致但相关。

2）直推式迁移学习（Transductive Transfer Learning）。源领域和目标领域不一致但相关，源任务及目标任务相同。

3）无监督迁移学习（Unsupervised Transfer Learning）。源领域和目标领域不一致但相关，源任务和目标任务不一致但相关。

在已有的研究中，归纳迁移学习一般采用基于实例的、基于特征、基于参数的、基于关系知识的迁移学习；直推式学习任务通常采用基于实例的和基于特征表示的迁移学习方法；无监督迁移学习常用的方法为基于特征表示的迁移方法。

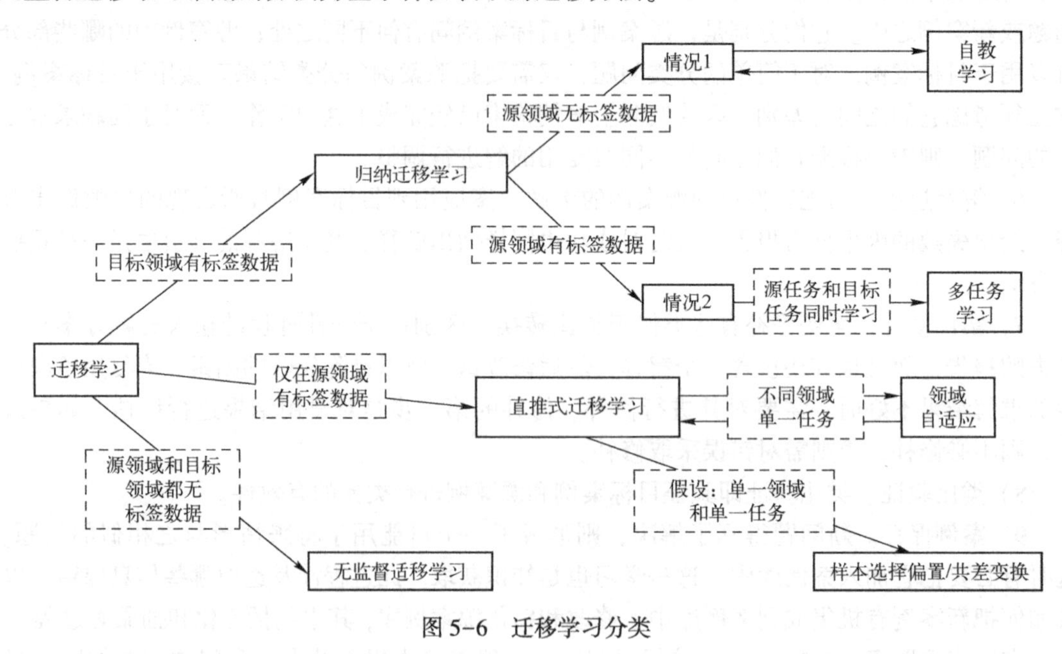

图 5-6　迁移学习分类

5.4　统计学习

统计学习（Statistical Learning）是基于数据构建概率统计模型并运用模型对数据进行预测与分析。统计学习方法包括模型的假设空间、模型选择的准则以及模型学习的算法，它们称为统计学习方法的三要素。统计学习的方法非常丰富，这里仅介绍逻辑回归和支持向量机。

5.4.1 逻辑回归

设向量 $\boldsymbol{X}$ 是连续随机变量，$\boldsymbol{X}=(x_1,x_2,\cdots,x_n)$，并且具有下列分布函数和密度函数（见图 5-7）：

$$F(x)=P(\boldsymbol{X}\supseteq x)=\frac{1}{1+\mathrm{e}^{-(x-\mu)/\gamma}} \tag{5-8}$$

$$f(x)=F'(x)=\frac{\mathrm{e}^{-(x-\mu)/\gamma}}{\gamma\left(1+\mathrm{e}^{-(x-\mu)/\gamma}\right)^2} \tag{5-9}$$

式中，μ 是位置参数；$\gamma>0$ 为形状参数。

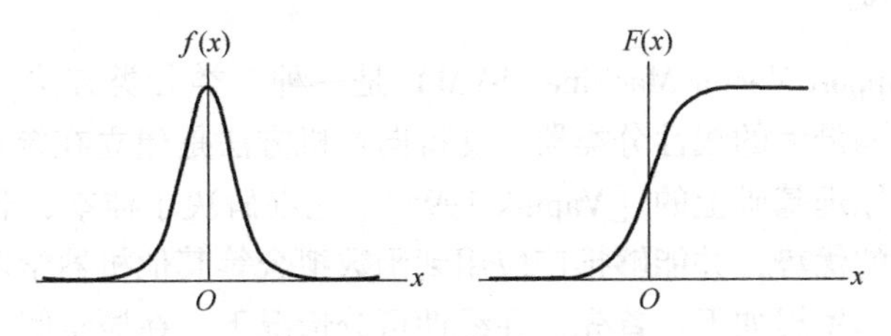

图 5-7　逻辑回归分布的密度函数和分布函数

二项逻辑回归模型是一种分类模型，由条件概率分布 $P(Y|\boldsymbol{X})$ 表示。这里，随机变量 $\boldsymbol{X}$ 取值为实数，随机变量 Y 取值为 1 或 0。可以通过监督学习来估计模型参数。二项逻辑回归模型是如下的条件概率分布：

$$P(Y=1|\boldsymbol{x})=\frac{\exp(\boldsymbol{w}\cdot\boldsymbol{x}+b)}{1+\exp(\boldsymbol{w}\cdot\boldsymbol{x}+b)} \tag{5-10}$$

$$P(Y=0|\boldsymbol{x})=\frac{1}{1+\exp(\boldsymbol{w}\cdot\boldsymbol{x}+b)} \tag{5-11}$$

式中，$\boldsymbol{x}\in\boldsymbol{R}^n$ 是输入，$Y\in\{0,1\}$ 是输出；$\boldsymbol{w}\in\boldsymbol{R}^n$ 和 $b\in R$ 是参数，$\boldsymbol{w}$ 称为权值向量，b 称为偏置，$\boldsymbol{w}\cdot\boldsymbol{x}$ 为 $\boldsymbol{w}$ 和 $\boldsymbol{x}$ 的内积。

对于给定的输入实例 $\boldsymbol{x}$，按照式（5-10）和式（5-11）可以求得 $P(Y=1|\boldsymbol{x})$ 和 $P(Y=0|\boldsymbol{x})$。逻辑回归比较两个条件概率值的大小，将实例 $\boldsymbol{x}$ 分到概率值较大的那一类。

有时为了方便，将权值向量和输入向量加以扩充，仍记作 $\boldsymbol{w}$、$\boldsymbol{x}$，即 $\boldsymbol{w}=(w^{(1)},w^{(2)},\cdots,w^{(n)},b)^{\mathrm{T}}$，$\boldsymbol{x}=(x^{(1)},x^{(2)},\cdots,x^{(n)},1)^{\mathrm{T}}$。这时逻辑回归模型如下：

$$P(Y=1|\boldsymbol{x})=\frac{\exp(\boldsymbol{w}\cdot\boldsymbol{x})}{1+\exp(\boldsymbol{w}\cdot\boldsymbol{x})} \tag{5-12}$$

$$P(Y=0|\boldsymbol{x})=\frac{1}{1+\exp(\boldsymbol{w}\cdot\boldsymbol{x})} \tag{5-13}$$

在逻辑回归中，一个事件的概率（Odds）是指该事件发生的概率与该事件不发生的概率的比值。如果事件发生的概率是 p，那么该事件的概率是 $\frac{p}{1-p}$，该事件的对数概率（Log Odds）或 Logit 函数是

$$\mathrm{Logit}(p)=\log\frac{p}{1-p} \tag{5-14}$$

对逻辑回归而言，由式（5-12）与式（5-13）得

$$\log \frac{P(Y=1 \mid \boldsymbol{x})}{1-P(Y=1 \mid \boldsymbol{x})}=\boldsymbol{w} \cdot \boldsymbol{x} \tag{5-15}$$

这就是说，在逻辑回归模型中，输出 $Y=1$ 的对数概率是输入 $\boldsymbol{x}$ 的线性函数。或者说，输出 $Y=1$ 的对数概率是由输入 $\boldsymbol{x}$ 的线性函数表示的模型，即逻辑回归模型。考虑对输入 $\boldsymbol{x}$ 进行分类的线性函数 $\boldsymbol{w} \cdot \boldsymbol{x}$，其值域为实数域。通过逻辑回归模型定义，式（5-12）可以将线性函数 $\boldsymbol{w} \cdot \boldsymbol{x}$ 转换为概率。线性函数的值越接近正无穷，概率值就越接近 1；线性函数的值越接近负无穷，概率值就越接近 0，如图 5-7 所示。

5.4.2 支持向量机

支持向量机（Support Vector Machine，SVM）是一种二类分类方法，它的基本模型是定义在特征空间上的间隔最大的线性分类器。支持向量机方法是建立在统计学习理论的 VC 维理论和结构风险最小原理基础上的［Vapnik 1995］。它在解决小样本、非线性及高维模式识别中表现出许多特有的优势，并能够推广应用到函数拟合等其他机器学习问题中。

支持向量机的基本思想如下：首先，在线性可分情况下，在原空间寻找两类样本的最优分类超平面。在线性不可分的情况下，加入了松弛变量进行分析，通过使用非线性映射将低维输入空间的样本映射到高维属性空间使其变为线性情况，从而使得在高维属性空间采用线性算法对样本的非线性进行分析成为可能，并在该特征空间中寻找最优分类超平面。

训练样本 $T=\{(x_1,y_1),(x_2,y_2),\cdots,(x_i,y_i),\cdots,(x_n,y_n)\}$，其中$x_i$ 是输入模式的第 i 个样本，$y_i \in \{-1,+1\}$。设用于分离的超平面方程是 $g(\boldsymbol{x})=\boldsymbol{w}^{\mathrm{T}} \cdot \boldsymbol{x}+b=0$；其中 $\boldsymbol{w}$ 是超平面的法向量，b 是超平面的常数项。现在的目的是寻找最优的分类超平面，即寻找最优的 $\boldsymbol{w}$ 和 b。求这样的 $g(\boldsymbol{x})$的过程就是求 $\boldsymbol{w}$（一个 n 维向量）和 b（一个实数）两个参数的过程（但实际上只需要求 $\boldsymbol{w}$，求得以后将某些样本点代入就可以求得 b）。因此在求 $g(\boldsymbol{x})$的时候，$\boldsymbol{w}$ 才是变量。设最优的 $\boldsymbol{w}$ 和 b 为$\boldsymbol{w}_0$ 和 b_0，则最优的分类超平面为$\boldsymbol{w}_0^{\mathrm{T}} \cdot \boldsymbol{x}+b_0=0$；若得到上面的最优分类超平面，就可以用其来对测试集进行预测了，即最优分类超平面等价于求最大间隔。广义最优分类超平面是在保证训练样本被全部正确分类，即经验风险足够低的前提下，通过最大化分类间隔来获得最好的推广性能。

对非线性问题，通过一个非线性变换将输入空间（欧氏空间 $\boldsymbol{R}^n$或离散集）对应于一个特征空间（希尔伯特空间 H），使得在输入空间 $\boldsymbol{R}^n$中的超曲面模型对应于特征空间 H 中的超平面模型（支持向量机）。这样，分类问题的学习任务通过在特征空间中求解线性支持向量机就可以完成。设 $\boldsymbol{X}$ 是输入空间（欧氏空间 $\boldsymbol{R}^n$的子集或离散集合），H 为特征空间（希尔伯特空间），如果存在一个从 $\boldsymbol{X}$ 到 H 的映射

$$\boldsymbol{\Phi}(\boldsymbol{x}):\boldsymbol{X} \rightarrow H \tag{5-16}$$

使得对所有 $\boldsymbol{x}$，$z \in \boldsymbol{X}$，函数 $K(\boldsymbol{x},z)$满足条件

$$K(\boldsymbol{x},z)=\boldsymbol{\Phi}(\boldsymbol{x}) \cdot \boldsymbol{\Phi}(z) \tag{5-17}$$

则称 $K(\boldsymbol{x},z)$为核函数，$\boldsymbol{\Phi}(\boldsymbol{x})$为映射函数，式中，$\boldsymbol{\Phi}(\boldsymbol{x}) \cdot \boldsymbol{\Phi}(z)$为 $\boldsymbol{\Phi}(\boldsymbol{x})$和 $\boldsymbol{\Phi}(z)$的内积。

概括地说，支持向量机就是首先通过用内积函数定义的非线性变换将输入空间变换到一个高维空间，在这个空间中求（广义）最优分类面。SVM 分类函数形式上类似于一个神经网络，输出是中间节点的线性组合，每个中间节点对应一个支持向量，如图 5-8 所示。

目前研究最多的核函数主要有 3 类。

1）多项式核函数

$$K(\boldsymbol{x},\boldsymbol{x}_i)=[(\boldsymbol{x}\cdot\boldsymbol{x}_i)+1]^q \tag{5-18}$$

所得到的是 q 阶多项式分类器。

2）径向基函数（RBF）

$$K(\boldsymbol{x},\boldsymbol{x}_i)=\exp\left\{\frac{\|\boldsymbol{x}-\boldsymbol{x}_i\|^2}{\sigma^2}\right\} \tag{5-19}$$

所得分类器与传统 RBF 方法的重要区别是，这里每个基函数中心对应一个支持向量，它们及输出权值都是由算法自动确定的。

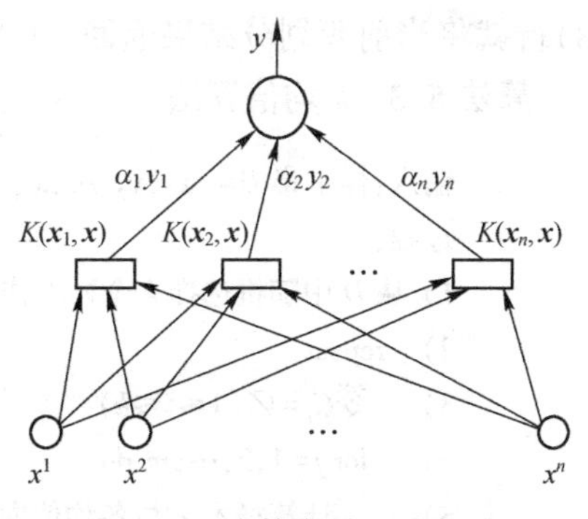

图 5-8　支持向量机示意图

3）采用 Sigmoid 函数作为内积

$$K(\boldsymbol{x},\boldsymbol{x}_i)=\tanh(v(\boldsymbol{x}\cdot\boldsymbol{x}_i)+c) \tag{5-20}$$

这时 SVM 实现的就是包含一个隐层的多层感知器，隐层节点数是由算法自动确定的，而且算法不存在困扰神经网络方法的局部极小点问题。

5.5　聚类

聚类是将物理或抽象对象的集合分成由类似的对象组成的多个类的过程。由聚类所生成的簇是一组数据对象的集合，具有同一个簇中的对象彼此相似，与其他簇中的对象相异的特点。不同于上几节介绍的分类算法，聚类所要求划分的类是未知的。此外，尽管聚类算法可将样本划分到不同簇，但算法是无法揭示簇具体代表的意思。所以，聚类算法仅能形成簇的结构，簇所对应的概念语义需要人为把握和命名。聚类的典型应用包括：在商务上，聚类能帮助市场分析人员从客户基本库中发现不同的客户群，并且用购买模式来刻画不同的客户群的特征；在生物学上，聚类能用于推导植物和动物的分类，对基因进行分类，获得对种群中固有结构的认识。聚类在地球观测数据库中相似地区的确定、汽车保险单持有者的分组，及根据房子的类型、价值和地理位置对一个城市中房屋的分组上也可以发挥作用。聚类也能用于对 Web 上的文档进行分类，以发现信息。本节介绍经典的基于划分的聚类方法和基于密度的聚类方法。

给定一个样本集 $D=\{\boldsymbol{x}_1,\boldsymbol{x}_2,\cdots,\boldsymbol{x}_m\}$，“$k$ 均值”（k-means）算法是针对聚类所得簇划分为 k 类：$C=\{C_1,C_2,\cdots,C_k\}$，最小化平方误差：

$$E=\sum_{i=1}^{k}\sum_{\boldsymbol{x}\in C_i}\|\boldsymbol{x}-\boldsymbol{\mu}_i\|_2^2 \tag{5-21}$$

式中，$\boldsymbol{\mu}_i=\frac{1}{|C_i|}\sum_{\boldsymbol{x}\in C_i}\boldsymbol{x}$ 表示簇 C_i的均值向量。式（5-21）在一定程度上刻画了簇内样本围绕簇均值向量的紧密程度，如果 E 值越小则簇内样本的相似度就越高。最小化式（5-21）并不是很容易，需要找到它的最优解就是需要考查样本集 D 所有可能的簇划分，这是一个 NP 难问题。这里，k 均值算法采用了贪心策略，通过不断地迭代优化来近似求解式（5-21）。算法的具体过程如算法 5.3 所示，其中第 1)行是对均值向量进行初始化，第 4)~8)行与第 9)~16)行表示依次对当前簇划分和均值向量迭代更新，如果迭代更新后聚类结果保持不变，第

18)行就将当前簇划分结果返回。k 均值算法如下：

算法 5.3　k 均值算法

输入：样本集 $D=\{\boldsymbol{x}_1,\boldsymbol{x}_2,\cdots,\boldsymbol{x}_m\}$；聚类簇个数 k。

过程：

1) 从 D 中随机选择 k 个样本作为初始均值向量 $\{\boldsymbol{\mu}_1,\boldsymbol{\mu}_2,\cdots,\boldsymbol{\mu}_k\}$

2) repeat

3) 　令 $C_i=\varnothing(1\leqslant i\leqslant k)$

4) 　for $j=1,2,\cdots,m$ do

5) 　　计算样本 $\boldsymbol{x}_j$ 与各均值向量 $\boldsymbol{\mu}_i(1\leqslant i\leqslant k)$ 的距离：$d_{ji}=\|\boldsymbol{x}_j-\boldsymbol{\mu}_i\|_2$；

6) 　　根据距离最近的均值向量确定 $\boldsymbol{x}_j$ 的簇标记：$\lambda_j=\mathrm{argmin}_{i\in\{1,2,\cdots,k\}}d_{ji}$

7) 　　将样本 $\boldsymbol{x}_j$ 划入相应的簇：$C_{\lambda j}=C_{\lambda j}\cup\{\boldsymbol{x}_j\}$

8) 　end for

9) 　for $i=1,2,\cdots,k$ do

10) 　　计算新均值向量：$\boldsymbol{\mu}'_i=\dfrac{1}{|C_i|}\sum_{\boldsymbol{x}\in C_i}\boldsymbol{x}$

11) 　　if $\boldsymbol{\mu}'_i\neq\boldsymbol{\mu}_i$ then

12) 　　　将当前均值向量 $\boldsymbol{\mu}_i$ 更新为 $\boldsymbol{\mu}'_i$

13) 　　　else

14) 　　　保持当前均值向量不变

15) 　　　end if

16) 　　end for

17) 　until 当前均值向量均为更新

输出：簇划分 $C=\{C_1,C_2,\cdots,C_k\}$。

5.6　强化学习

强化学习（Reinforcement Learning，RL），又称为激励学习，是从环境到行为映射的学习，以使奖励信号函数值最大。强化学习不同于监督学习，是由环境提供的强化信号对产生动作的好坏做出评价，而不是告诉强化学习系统如何去产生正确的动作。由于外部环境提供的信息很少，学习系统必须靠自身的经历进行学习。通过这种方式，学习系统在行动-评价的环境中获得知识，改进行动方案以适应环境。

强化学习技术是从控制理论、统计学和心理学等相关学科发展而来的，最早可以追溯到巴甫洛夫的条件反射实验。但直到20世纪80年代末90年代初，强化学习技术才在人工智能、机器学习和自动控制等领域中得到广泛研究和应用，并被认为是设计智能系统的核心技术之一。特别是随着强化学习的数学基础研究取得突破性进展后，强化学习的研究和应用日益开展起来，成为目前机器学习领域的研究热点之一。近年来，根据反馈信号的状态，研究者们提出了 Q-学习和时差学习等强化学习方法。

5.6.1　强化学习模型

强化学习的模型如图 5-9 所示，通过智能体与环境的交互进行学习。智能体与环境的交互接口包括动作（Action）、奖励（Reward）和状态（State）。交互过程可以表述为如下形式：每一步，智能体根据策略选择一个动作执行，然后感知下一步的状态和即时奖励，通过经验再修改自己的策略。智能体的目标就是最大化长期奖励。

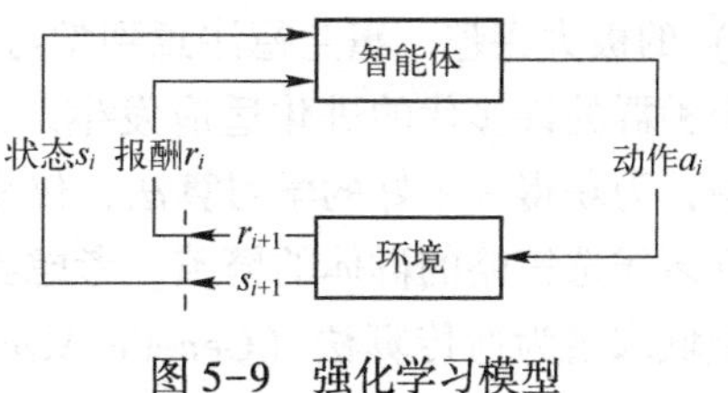

图 5-9　强化学习模型

强化学习系统接收环境状态的输入 s，根据内部的推理机制，系统输出相应的行为动作 a。环境在系统动作作用 a 下，变迁到新的状态 s'。系统接收环境新状态的输入，同时得到环境对于系统的瞬时奖惩反馈 r。对于强化学习系统来讲，其目标是学习一个行为策略 π：$S \to A$，使系统选择的动作能够获得环境奖励的累计值最大。换言之，系统要最大化式（5-22），其中 γ 为折扣因子。在学习过程中，强化学习技术的基本原理是，如果系统某个动作导致环境正的奖励，那么系统以后产生这个动作的趋势便会加强；反之系统产生这个动作的趋势便减弱。这和生理学中的条件反射原理是接近的。

$$\sum_{i=0}^{\infty} \gamma^i r_{t+i}, \quad 0 < \gamma \leqslant 1 \tag{5-22}$$

5.6.2　*Q*-学习

Q-学习是一种基于时差策略的强化学习，它是指在给定的状态下，在执行完某个动作后期望得到的效用函数，该函数为动作-值函数。在 *Q*-学习中，动作-值函数表示为 $Q(a, i)$，它表示在状态 i 执行动作 a 的值，也称为 Q 值。在 *Q*-学习中，使用 Q 值代替效用值，效用值和 Q 值之间的关系如下：

$$U(i) = \max_a Q(a, i)$$

在强化学习中，Q 值起着非常重要的作用：第一，和条件-动作规则类似，它们都可以不需要使用模型就可以做出决策；第二，与条件-动作不同的是，Q 值可以直接从环境的反馈中学习获得。

和效用函数一样，对于 Q 值可以有下面的方程：

$$U(a, i) = R(i) + \sum_{\forall j} M_{ij}^a Q(a', j) \tag{5-23}$$

对应的时差方程为

$$Q(a, i) \leftarrow Q(a, i) + \alpha[R(i) + Q(a', j) - Q(a, i)] \tag{5-24}$$

强化学习方法作为一种机器学习的方法，已取得了很多实际应用，例如，博弈、机器人控制等方面。

5.7　进化计算

进化计算（Evolutionary Computation）是研究利用自然进化和适应思想的计算系统。达尔文进化论是一种稳健的搜索和优化机制，对计算机科学，特别是对人工智能的发展产生了很大的影响。大多数生物体是通过自然选择和有性生殖进行进化。自然选择决定了群体中哪些个体能够生存和繁殖，有性生殖保证了后代基因中的混合和重组。自然选择的法则是适应者生存，不适应者被淘汰，简言之为优胜劣汰。

自然进化的这些特征早在 20 世纪 60 年代就引起了美国密西根大学的霍兰德（Holland

J）的极大兴趣。霍兰德注意到学习不仅可以通过单个生物体的适应实现，而且可以通过一个种群的许多代的进化适应发生。受达尔文进化论思想的影响，他逐渐认识到在机器学习中，为获得一个好的学习算法，仅靠单个策略的建立和改进是不够的，还要依赖于一个包含许多候选策略的群体的繁殖。考虑到他们的研究想法起源于遗传进化，霍兰德就将这个研究领域取名为遗传算法（Genetic Algorithm）。一直到1975年霍兰德出版了专著 Adaptation in Natural and Artificial Systems [Holland 1975]，遗传算法才逐渐为人所知。该书系统地论述了遗传算法的基本理论，为遗传算法的发展奠定了基础。

进化算法中，从一组随机生成的个体出发，仿效生物的遗传方式，主要采用复制（选择）、交叉（杂交/重组）和突变（变异）等操作，衍生出下一代的个体。再根据适应度的大小进行个体的优胜劣汰，提高新一代群体的质量。经过反复多次迭代，逐步逼近最优解。从数学角度讲，进化算法实质上是一种搜索寻优的方法。

习惯上把霍兰德在1975年提出的基本遗传算法称为经典遗传算法或传统遗传算法（Genetic Algorithm，GA）。图5-10给出了基本遗传算法流程图。运用基本遗传算法进行问题求解的过程如下：

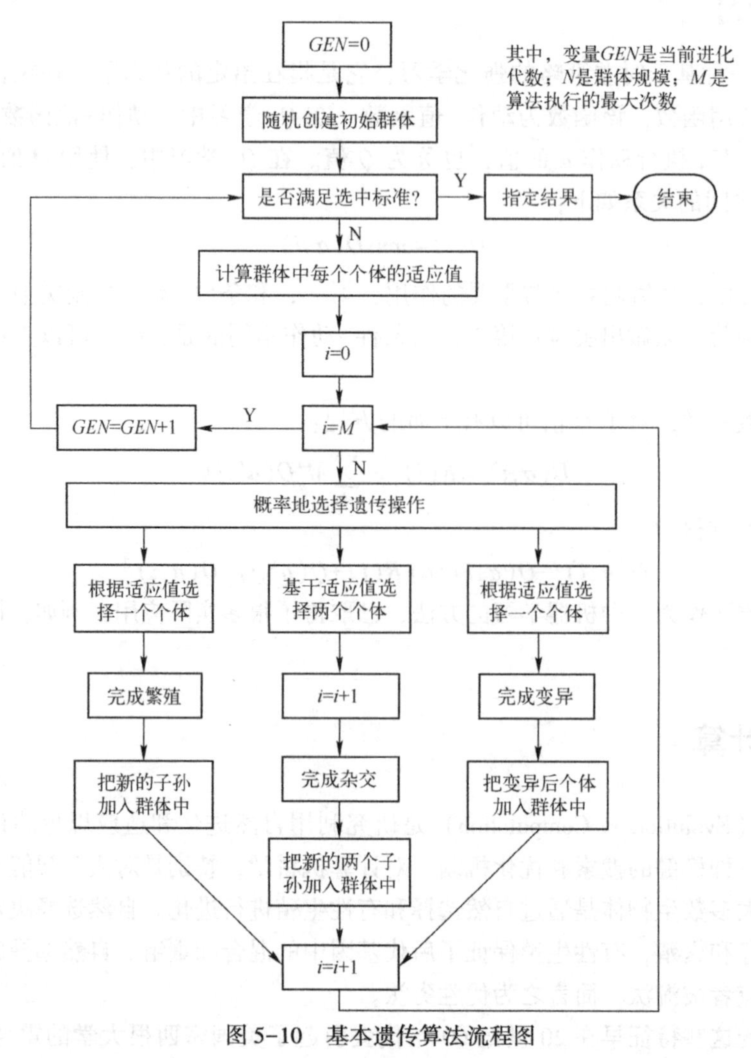

图5-10 基本遗传算法流程图

1）编码。GA在进行搜索之前先将解空间的可行解数据表示成遗传空间的基因型串结构数据，这些串结构数据的不同组合便构成了不同的可行解。

2）初始群体的生成。随机产生 N 个初始串结构数据，每个串结构数据称为一个个体，N 个个体构成了一个群体。GA以这 N 个串结构数据作为初始点开始迭代。

3）适应性值评估检测。适应性函数表明个体或解的优劣性。不同的问题，适应性函数的定义方式也不同。

4）选择。选择的目的是从当前群体中选出优良的个体，使它们有机会作为父代为下一代繁殖子孙。遗传算法通过选择过程体现这一思想，进行选择的原则是适应性强的个体为下一代贡献一个或多个后代的概率大。选择实现了达尔文的适者生存原则。

5）杂交。杂交操作是遗传算法中最主要的遗传操作。通过杂交操作可以得到新一代个体，新个体组合（继承）了其父辈个体的特性。杂交体现了信息交换的思想。

6）变异。变异首先在群体中随机选择一个个体，对于选中的个体以一定的概率随机地改变串结构数据中某个串位的值。同生物界一样，GA中变异发生的概率很低，通常取值在0.001~0.01之间。变异为新个体的产生提供了机会。

基本遗传算法可定义为一个8元组：

$$\mathrm{SGA}=(C,E,P_0,M,\Phi,\Gamma,\psi,T)$$

式中，C 为个体的编码方法；E 为个体适应度评价函数；P_0 为初始群体；M 为群体大小；Φ 为选择算子；Γ 为杂交算子；ψ 为变异算子；T 为遗传运算终止条件。

一般情况下，可以将遗传算法的执行分为两个阶段。它从当前群体开始，通过选择生成中间群体，之后在中间群体上进行重组与变异从而形成下一代新的群体。这一过程可以用算法5.4描述。

算法5.4 基本遗传算法

1）随机生成初始群体。
2）是否满足停止条件？如果满足则转到步骤8）。
3）否则，计算当前群体每个个体的适应度函数。
4）根据当前群体的每个个体的适应度函数进行选择生成中间群体。
5）以概率 P_c 选择两个个体进行染色体交换，产生新的个体替换老的个体，插入群体中。
6）以概率 P_m 选择某一个染色体的某一位进行改变，产生新的个体替换老的个体。
7）转到步骤2）。
8）终止。

与传统的优化算法相比，遗传算法主要有以下几个不同之处：

1）遗传算法不是直接作用在参变量集上，而是利用参变量集的某种编码。

2）遗传算法不是从单个点，而是从一个点的群体开始搜索。

3）遗传算法利用适应值信息，无须导数或其他辅助信息。

4）遗传算法利用概率转移规则，而非确定性规则。

遗传算法的优越性主要表现在：首先，它在搜索过程中不容易陷入局部最优，即使所定义的适应函数是不连续的、非规则的或有噪声的情况下，它也能以很大的概率找到整体最优解；其次，由于它固有的并行性，遗传算法非常适用于大规模并行计算机。

5.8 群体智能

5.8.1 蚁群算法

蚁群算法（Ant Colony Algorithm）是由意大利学者多里科（Dorigo M）等在1991年提出来的。利用蚁群算法来解决组合优化问题。

自然界中的蚂蚁觅食是一种群体行为，并非单只蚂蚁自行寻找食物源。蚂蚁在寻找食物的过程中，会在其经过的路径上释放信息素（Pheromone），信息素是容易挥发的，随着时间推移，遗留在路径上的信息素会越来越少。蚂蚁在从巢穴出发时如果路径上已经有了信息素，那么蚂蚁会随着信息素浓度高的路径运动，然后又使它所经过的路径上的信息素浓度进一步加大，这样会形成一个正向的催化。经过一段时间的搜索后，蚂蚁最终可以找到一条从巢穴到食物源的最短路径。

蚁群算法首先成功应用于旅行商（TSP）问题。下面简单介绍其基本算法。已知一组城市 n，TSP 问题可表述为寻找一条访问每一个城市且仅访问一次的最短长度闭环路径。设 d_{ij} 为城市 i 到 j 之间欧氏距离路径长度。TSP 的实例是已知一个图 $G(N, E)$，N 是一组城市，E 是一组城市间的边。下面以 TSP 问题为例说明蚁群算法流程。

算法 5.5 求解 TSP 问题的蚁群算法

1）$nc=0$（nc 为迭代步数或搜索次数）；将各 τ_{ij} 和 $\Delta\tau_{ij}$ 初始化；将 m 只蚂蚁置于 n 个顶点上。

2）将各蚂蚁的初始出发点置于当前解集中；对每个蚂蚁 k，按伪随机比例规则式（5-25）移至下一顶点 j；将顶点 j 置于当前解集。

$$s=\begin{cases}\operatorname{argmax} u\in allowed_k\{[\tau_{ij}]^{\alpha}\cdot[\eta_{ij}]^{\beta}\}, & 若\ q\leqslant q_0\\ J, & 否则\end{cases} \tag{5-25}$$

式中，$q_0\in[0,1]$ 为常数，$q\in[0,1]$ 为随机数；J 是根据概率公式（5-26）给出的概率分布产生出来的一个随机变量。

$$p_{ij}^{k}(t)=\begin{cases}\dfrac{[\tau_{ij}(t)]^{\alpha}\cdot[\eta_{ij}]^{\beta}}{\sum\limits_{k\in allowed}[[\tau_{ik}(t)]^{\alpha}\cdot[\eta_{ik}]^{\beta}]}, & j\in allowed_k\\ 0, & 其他\end{cases} \tag{5-26}$$

式中，$allowed_k$ 表示蚂蚁 k 下一步允许选择的城市集合；$\eta_{ij}=1/d_{ij}$；α 是信息素启发式因子；当 $\alpha=0$ 时，算法就是传统的贪心算法；而 β 是期望值启发式因子，当 $\beta=0$ 时，算法就成为正反馈的启发式算法。

3）计算各蚂蚁的目标函数值；记录当前的最好解。

4）按更新式（5-27）修改轨迹强度。

$$\tau_{ij}^{new}=(1-\rho)\tau_{ij}^{old}+\rho\sum_{k=1}^{m}\Delta\tau_{ij}^{k} \tag{5-27}$$

$$\tau_{ij}^{k}=\begin{cases}\dfrac{Q}{Z_k}, & 若(i,j)在最优路径上\\ 0, & 其他\end{cases} \tag{5-28}$$

5）对各边弧（i，j），置 $nc=nc+1$。

6）如果 nc 小于预定的迭代次数且无退化行为（即找到的都是相同解），则转步骤 2)。

7）输出目前最好解。

蚁群算法的全局寻优性能，要求信息素启发式因子 α、期望值启发式因子 β 和信息素残留常数 ρ 三个参数的选择对算法性能起主要作用，必须慎重选择。

5.8.2 粒子群优化

粒子群优化（Particle Swarm Optimization，PSO）算法是美国普渡大学的肯尼迪（Kennedy J）和埃伯哈特（Eberhart R C）受到鸟类群体迁徙和群聚行为的启发，于 1995 年提出的一种全局优化算法。该算法将群体中的个体看作是在 D 维搜索空间中没有质量和体积的粒子，每个粒子以一定的速度在解空间运动，并向自身历史最佳位置 ***Pbest*** 和邻域历史最佳位置 ***Nbest*** 聚集，实现对候选解的进化。

在算法开始时，随机初始化粒子的位置和速度构成初始种群，初始种群在解空间中为均匀分布。其中第 i 个粒子在 n 维解空间的位置和速度可分别表示为 $\boldsymbol{X}_i=(x_{i1},x_{i2},\cdots,x_{id})$ 和 $\boldsymbol{V}_i=(v_{i1},v_{i2},\cdots,v_{id})$，然后通过迭代找到最优解。在每一次迭代中，粒子通过跟踪两个极值来更新自己的速度和位置。一个极值是粒子本身到目前为止所找到的最优解，这个极值称为个体极值 $\boldsymbol{Pb}_i=(Pb_{i1},Pb_{i2},\cdots,Pb_{id})$。另一个极值是该粒子的邻域到目前为止找到的最优解，这个极值称为整个邻域的最优粒子 $\boldsymbol{Nbest}_i=(\mathrm{Nbest}_{i1},\mathrm{Nbest}_{i2},\cdots,\mathrm{Nbest}_{id})$。粒子根据如下的式（5-29）和式（5-30）来更新自己的速度和位置：

$$\boldsymbol{V}_i=\boldsymbol{V}_i+c_1\cdot\mathrm{rand}()\cdot(\boldsymbol{Pbest}_i-\boldsymbol{X}_i)+c_2\cdot\mathrm{rand}()\cdot(\boldsymbol{Nbest}_i-\boldsymbol{X}_i) \tag{5-29}$$

$$\boldsymbol{X}_i=\boldsymbol{X}_i+\boldsymbol{V}_i \tag{5-30}$$

其中，c_1 和 c_2 是加速常量，分别调节向全局最好粒子和个体最好粒子方向飞行的最大步长。若太小，则粒子可能远离目标区域；若太大则会导致突然向目标区域飞去，或飞过目标区域。合适的 c_1、c_2 可以加快收敛且不易陷入局部最优。rand()是 0~1 之间的随机数。粒子在每一维飞行的速度不能超过算法设定的最大速度 $\boldsymbol{V}_{\max}$。设置较大的 $\boldsymbol{V}_{\max}$ 可以保证粒子种群的全局搜索能力，$\boldsymbol{V}_{\max}$ 较小则粒子种群优化算法的局部搜索能力加强。

速度更新式（5-29）由三个部分构成：第一部分是 $\boldsymbol{V}_i$，表示粒子在解空间有按照原有方向和速度进行搜索的趋势，这可以用人在认知事物时总是用固有的习惯来解释；第二部分是 $c_1\cdot\mathrm{rand}()\cdot(\boldsymbol{Pbest}_i-\boldsymbol{X}_i)$，表示粒子在解空间有朝着过去曾碰到的最优解进行搜索的趋势，这可以用人在认知事物时总是用过去的经验来解释；第三部分是 $c_2\cdot\mathrm{rand}()\cdot(\boldsymbol{Nbest}_i-\boldsymbol{X}_i)$，表示粒子在解空间有朝着整个邻域过去曾碰到的最优解进行搜索的趋势，这可以用人在认知事物时总可以通过学习其他人的知识，也就是分享别人的经验来解释。粒子种群优化算法如下：

算法 5.6 粒子群优化算法

1)初始化。设 $t=0$，对每个粒子 p_i，在允许范围内随机设置其初始位置 $\boldsymbol{x}_i(t)$ 和速度 $\boldsymbol{v}_i(t)$，每个粒子 p_i 的 $\boldsymbol{Pbest}_i$ 设置为其初始位置适应值，$\boldsymbol{Pbest}_i$ 中的最好值设为 ***Gbest***。

2）计算每个粒子适应值 $\tau(\boldsymbol{x}_i(t))$。

3）评价每个粒子 p_i，如果 $\tau(\boldsymbol{x}_i(t))<\boldsymbol{Pbest}_i$，则 $\boldsymbol{Pbest}_i=\tau(\boldsymbol{x}_i(t))$，$\boldsymbol{x}_{Pbest\,i}=\boldsymbol{x}_i(t)$。

4）对每个粒子 p_i，如果 $\tau(\boldsymbol{x}_i(t))<\boldsymbol{Gbest}$，则 $\boldsymbol{Gbest}=\tau(\boldsymbol{x}_i(t))$，$\boldsymbol{x}_{Gbest}=\boldsymbol{x}_i(t)$。

5）调整当前粒子的速度 $\boldsymbol{v}_i(t)$：

$$v_i(t)=v_i(t-1)+\rho(x_{Pbest\,i}-x_i(t))$$

其中，ρ 为一位置随机数。

6）调整当前粒子的位置 $x_i(t)$：

$$x_i(t)=x_i(t-1)+v_i(t)\Delta t$$

$$t=t+1$$

其中，$\Delta t=1$。

7）若达到最大迭代次数，或者满足足够好的适应值，或者最优解停滞不再变化，则终止迭代，输出最优解；否则，返回步骤 2）。

粒子群优化算法的优势在于算法的简洁性，易于实现，没有很多参数需要调整，且不需要梯度信息。粒子群优化算法是非线性连续优化问题、组合优化问题和混合整数非线性优化问题的有效优化工具。粒子群优化算法的应用包括系统设计、多目标优化、分类、模式识别、调度、信号处理、决策和机器人应用等。具体应用实例有模糊控制器设计、车间作业调度、机器人实时路径规划、自动目标检测和时频分析等。

5.9 本章小结

机器学习是一个研究如何使计算机具有学习能力的研究领域，其最终目标是要使计算机能像人一样进行学习，并且能通过学习获取知识和技能，不断改善性能，实现自我完善。

一个简单的学习模型可以包括四个部分：环境、学习单元、知识库和执行单元。从环境中获得经验，到学习获得结果，这一过程可以分为三种基本的推理策略：归纳、演绎和类比。归纳学习中的变型空间学习可以看作是在变型空间中的搜索过程；决策树学习是应用信息论中的方法对一个大的训练集做出分类概念的归纳定义；类比学习是根据一个已知事物，通过类比去解决另一个未知事物的推理过程，它的基础是相似性。

统计学习是基于数据构建概率统计模型并运用模型对数据进行预测与分析，是机器活跃的研究领域。逻辑回归是一种分类模型，由条件概率分布表示。支持向量机是由植根于 VC 维理论的结构风险最小化原则而导出的。强化学习方法通过与环境的试探性交互来确定和优化动作序列，以实现序列决策任务。

受自然界和生物界的启迪，人们提出了进化计算、蚁群算法和粒子群优化等算法，为解决全局优化问题提供有效的方法。

机器学习已经在现代生活各个领域得到广泛的应用。今后机器学习的研究重点是研究学习过程的认知模型、机器学习的计算理论、新的学习算法以及综合多种学习方法的机器学习系统等。

习题

5-1 简单的学习模型由哪几部分组成？各部分的功能是什么？

5-2 归纳学习的实质是什么？

5-3 根据表 5-1 中给出的例子，构造决策树。

5-4 给出基于案例推理的过程模型。

5-5　描述支持向量机的基本思想。

5-6　试解释强化学习模型及与其他机器学习方法的异同。

5-7　什么是 Q-学习？它的基本原理是什么？

5-8　说明遗传算法的构成要素，给出遗传算法流程图。

5-9　简述蚁群算法的原理，用蚁群算法求解旅行商问题。

第6章 人工神经网络与深度学习

人工神经网络是由大量简单处理单元经广泛连接而组成的人工网络，试图模拟大脑信息处理的方式，设计一种新的系统使之具有人脑那样的信息处理能力。在神经网络的结构确定后，关键是设计一个学习速度快、收敛性好的学习算法，故本章把学习算法作为讨论的重点。

深度学习应大数据而生，是机器学习、神经网络研究中的一个新的领域，其核心思想在于模拟人脑的层级抽象结构，通过无监督的方式分析大规模数据，挖掘大数据中蕴藏的有价值信息。本章简要介绍深度学习的主要类型和工作原理。

6.1 引言

人工神经网络（Artificial Neural Networks，ANN），也称作神经网络（Neural Networks，NN），或神经计算（Neural Computing，NC），是对人脑或生物神经网络的抽象和建模，具有从环境学习的能力，以类似生物的交互方式适应环境。人工神经网络是人工智能和计算智能的重要部分，以脑科学和认知神经科学的研究成果为基础，拓展智能信息处理的方法，为解决复杂问题和自动控制提供有效的途径。

现代神经网络研究开始于麦克洛奇（McCulloch W S）和皮兹（Pitts W）的先驱工作。1943年，他们结合了神经生理学和数理逻辑的研究，提出了M-P神经网络模型，标志着神经网络的诞生。1949年，赫布（Hebb D O）的书《行为组织学》第一次清楚说明了突触修正的生理学习规则。

1986年，鲁梅尔哈特和麦克莱伦德（McClelland J L）编辑的《并行分布处理：认知微结构的探索（PDP）》一书出版［McClelland et al. 1986］。这本书对反向传播算法的应用产生重大影响，成为最通用的多层感知器的训练算法。后来证实，反向传播学习方法在韦勃斯（Werbos P J）1974年8月发表的博士学位论文中已经描述。

2006年，加拿大多伦多大学的欣顿（Hinton G）及其学生提出了深度学习（Deep Learning），全世界掀起了深度学习的热潮。2016年3月8～15日，谷歌围棋人工智能AlphaGo与韩国棋手李世石比赛，最终以4:1的战绩，AlphaGo取得了人机围棋对决的胜利。2019年3月27日，ACM（国际计算机学会）宣布，有“深度学习三巨头”之称的本吉奥（Yoshua Bengio）、杨立昆（Yann LeCun）和欣顿共同获得了2018年的图灵奖，以表彰他们为当前人工智能的繁荣发展所奠定的基础。

大脑神经信息处理是由一组相当简单的单元通过相互作用完成的。每个单元向其他单元发送兴奋性信号或抑制性信号。单元表示可能存在的假设，单元之间的相互连接则表示单元之间存在的约束。这些单元的稳定的激活模式就是问题的解。鲁梅尔哈特等提出并行分布处理模型的8个要素如下：

1）一组处理单元。

2）单元集合的激活状态。

3）各个单元的输出函数。

4）单元之间的连接模式。

5）通过连接网络传送激活模式的传递规则。

6）把单元的输入和它的当前状态结合起来，以产生新激活值的激活规则。

7）通过经验修改连接模式的学习规则。

8）系统运行的环境。

并行分布处理系统的一些基本特点，可以从图 6-1 中看出来。这里有一组用圆图表示的处理单元。在每一时刻，各单元 u_i 都有一个激活值 $a_i(t)$。该激活值通过函数 f_i 而产生出一个输出值 $o_i(t)$。通过一系列单向连线，该输出值被传送到系统的其他单元。每个连接都有一个叫作连接强度或权值的实数 w_{ij} 与之对应；它表示第 j 个单元对第 i 个单元影响的大小和性质。采用某种运算（通常是加法），把所有的输入结合起来，就得到一个单元的净输入：

$$net_j = \sum_i w_{ij} o_i \tag{6-1}$$

单元的净输入和当前激活值通过函数 F 的作用，产生一个新的激活值。图 6-1 下方给出了函数 f 及 F 的具体例子。最后，在内部连接模式并非一成不变的意义下，并行分布处理模型是可塑的；更确切地说，权值作为经验的函数，是可以修改的，因此，系统能演化。单元表达的内容能随经验而变化，因而系统能用各种不同的方式完成计算。

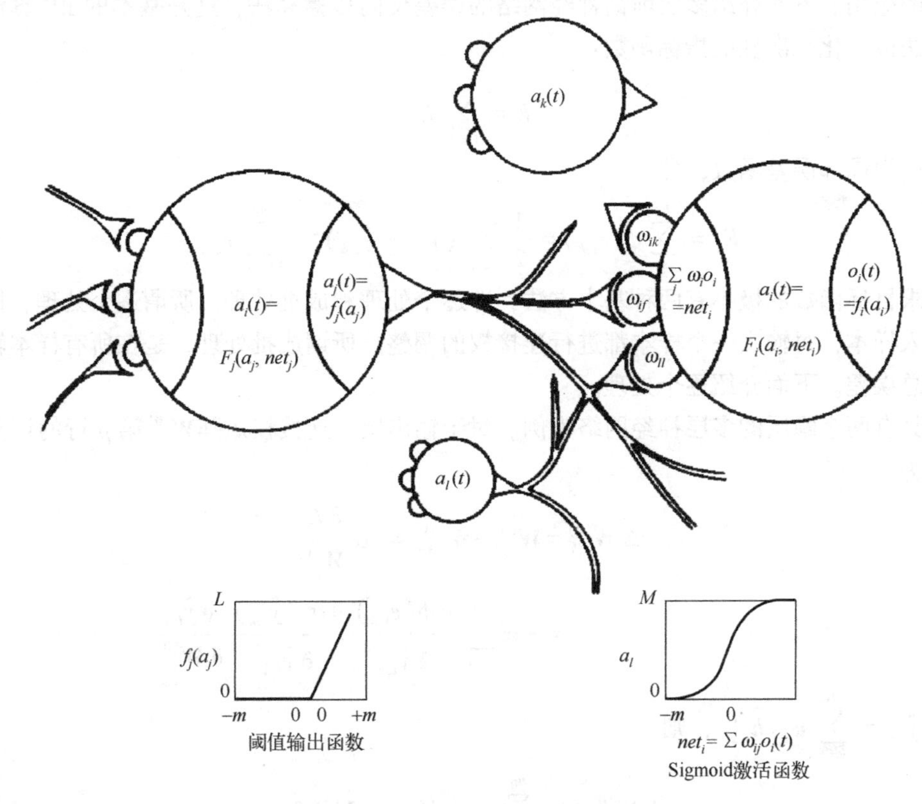

图 6-1　并行分布处理示意图

6.2 前馈神经网络

一般的前馈网络包括一个输入层、一个输出层和若干隐单元。隐单元可以分层也可以不分层，若分层，则称为多层前馈网络。网络的输入、输出神经元其激活函数一般取为线性函数，而隐单元则为非线性函数。任意的前馈网络，不一定是分层网络或全连接的网络。下面给出它的定义和说明：一个前馈网络可以定义为无圈的有向图 $N=(V,E,W)$，其中 $V=\{0,1,\cdots,n\}$ 为神经元集合，$E\in V\times V$ 为连接权值集合，$W:E\rightarrow R$ 为对每一连接 $(i,j)\in E$ 赋予一实值的权重 W_{ij}。对神经元 $i\in V$，定义它的投射域为 $P_i=\{j:j\in V,(j,i)\in E\}$，即表示单元 i 的输出经加权后直接作为其净输入的一部分神经单元；同样地定义神经元的接受域为 $R_i=\{j:j\in V,(i,j)\in E\}$，即表示其输出经加权后直接作为神经元 i 的净输入的一部分神经单元。特别地，对分层前馈网络来说，每个神经元的接受域和投射域分别是其所在层的前一层神经元和后一层神经元（若它们存在）。神经元集 V 可以被分成无接受域的输入节点集 V_{I}、无投射域的输出节点集 V_{O} 和隐节点集 V_{H}。一般地，假设一个特殊的偏置节点（在这儿其标号为 0），它的输出恒为+1，它和输入节点除外的所有节点相连。

多层前馈神经网络需要解决的关键问题是学习算法。以鲁梅尔哈特和麦克莱伦德为首的科研小组提出的误差反向传播（Error Back Propagation，BP）算法，简称 BP 算法，为多层前馈神经网络的研究奠定了基础。多层前馈网络能逼近任意非线性函数，在科学技术领域中有广泛的应用。下面介绍多层前馈神经网络的误差反向传播算法，这是基本的 BP 算法，基于梯度法极小化二次性能指标函数：

$$E=\sum_{k=1}^{m}E_k \tag{6-2}$$

式中，E_k为局部误差函数，即

$$E_k=\sum_{i=1}^{n_0}\phi(e_{i,k})=\frac{1}{2}\sum_{k=1}^{n_0}(y_{i,k}-\hat{y}_{i,k})^2=\sum_{i=1}^{n_0}e_{i,k}^2 \tag{6-3}$$

寻求目标函数的极小有两种基本方法，即逐个处理和成批处理。所谓逐个处理，即随机依次输入样本，每输入一个样本都进行连接权的调整。所谓成批处理，是在所有样本输入后计算其总误差。下面介绍逐个处理。

以具有两个隐层的多层神经网络为例。对于输出层，连接权矩阵$\boldsymbol{W}^{(0)}$第 p 行的调整方程可表示为

$$\begin{aligned}\Delta\boldsymbol{W}_{p,k}^{(0)}&=\boldsymbol{W}_{p,k}^{(0)}-\boldsymbol{W}_{p,k-1}^{(0)}=-\alpha\frac{\partial\boldsymbol{E}_k}{\boldsymbol{W}_p^{(0)}}\\&=-\alpha\sum_{i=1}^{n_0}\frac{\partial\phi(e_{i,k})}{\partial\hat{y}_{i,k}}\frac{\partial\sigma_0(\hat{y}_{i,k})}{\partial\hat{y}_{i,k}}\frac{\partial\hat{y}_{i,k}}{\partial\boldsymbol{W}_p^{(0)}}\end{aligned}$$

因 $\hat{y}_{i,k}=\sum_{i=1}^{n_1}w_{i,j}\hat{h}_{j,k}^{(1)}$，则

$$\Delta\boldsymbol{W}_{p,k}^{(0)}=\alpha\sum_{i=1}^{n_0}e_{i,k}\sigma_0'(\hat{y}_{i,k})\hat{\boldsymbol{h}}_k^{(1)}\delta_{ip} \tag{6-4}$$

$$\boldsymbol{h}_k^{(1)} = [\hat{h}_{1,k}^{(1)}, \hat{h}_{1,k}^{(1)}, \cdots, \hat{h}_{n_1,k}^{(1)}]^{\mathrm{T}}$$

$$\delta_{ip} = \begin{cases} 1, i=p \\ 0, i \neq p \end{cases} \quad i=1,2,\cdots,n_0$$

考虑δ_{jp}的取值，则

$$\Delta \boldsymbol{W}_{p,k}^{(0)} = \alpha \boldsymbol{\varepsilon}_{p,k}^{(0)} \hat{\boldsymbol{h}}_k^{(1)}, \quad p=1,2,\cdots,n_0 \tag{6-5}$$

$$\boldsymbol{\varepsilon}_{p,k}^{(0)} = e_{p,k} \sigma_0'(\hat{y}_{p,k}) \tag{6-6}$$

对于第一隐层，连接权矩阵$\boldsymbol{W}^{(1)}$第p行的调整方程可表示为

$$\Delta \boldsymbol{W}_{p,k}^{(1)} = \boldsymbol{W}_{p,k}^{(1)} - \boldsymbol{W}_{p,k-1}^{(1)} = -\alpha \frac{\partial \boldsymbol{E}_k}{\boldsymbol{W}_p^{(1)}}$$

$$= -\alpha \sum_{i=1}^{n_0} \frac{\partial \phi(e_{i,k})}{\partial \hat{y}_{i,k}} \frac{\partial \hat{y}_{i,k}}{\partial \boldsymbol{W}_p^{(1)}}$$

$$= \alpha \sum_{i=1}^{n_0} e_{i,k} \sigma_0'(\hat{y}_{i,k}) \sum_{j=1}^{n_j} W_{ij}^{(0)} \frac{\partial \sigma_1 \bar{h}_{j,k}^{(1)}}{\partial \bar{h}_{j,k}^{(1)}} \frac{\partial \bar{h}_{j,k}^{(1)}}{\partial \boldsymbol{W}_p^{(1)}}$$

$$\Delta \boldsymbol{W}_{p,k}^{(1)} = \alpha \sum_{i=1}^{n_0} e_{i,k} \sigma_0'(\hat{y}_{i,k}) \sum_{j=1}^{n_j} W_{ij}^{(0)} \frac{\partial \sigma_1 \bar{h}_{j,k}^{(1)}}{\partial \bar{h}_{j,k}^{(1)}} \frac{\partial \bar{h}_{j,k}^{(1)}}{\partial \boldsymbol{W}_p^{(1)}}$$

因为$\bar{h}_{j,k}^{(1)} = \sum_{i=1}^{n_2} w_{i,j}^{(1)} \bar{h}_{j,k}^{(2)}$，则

$$\hat{\boldsymbol{h}}_k^{(2)} = [\hat{h}_{1,k}^{(2)}, \hat{h}_{1,k}^{(2)}, \cdots, \hat{h}_{n_2,k}^{(2)}]^{\mathrm{T}}$$

$$\delta_{jp} = \begin{cases} 1, j=p \\ 0, j \neq p \end{cases} \quad j=1,2,\cdots,n_1$$

考虑到δ_{jp}的取值，则

$$\Delta \boldsymbol{W}_{p,k}^{(1)} = \alpha \sigma_1(\bar{h}_{p,k}^{(1)}) \sum_{i=1}^{n_0} e_{i,k} \sigma_0'(\hat{y}_{i,k}) W_{ip}^{(0)} \hat{\boldsymbol{h}}_k^{(2)}$$

$$= \alpha \boldsymbol{\varepsilon}_{p,k}^{(1)} \hat{\boldsymbol{h}}_k^{(2)}, \quad p=1,2,\cdots,n_1 \tag{6-7}$$

$$\boldsymbol{\varepsilon}_{p,k}^{(1)} = \boldsymbol{\sigma}'_1(\bar{h}_{p,k}^{(1)}) \sum_{i=1}^{n_0} \boldsymbol{\varepsilon}_{i,k}^{(0)} w_{i,p}^{(0)} \tag{6-8}$$

同理，对于第二隐层，连接权矩阵$\boldsymbol{W}^{(2)}$第p行的调整方程可表示为

$$\Delta \boldsymbol{W}_{p,k}^{(1)} = \boldsymbol{W}_{p,k}^{(2)} - \boldsymbol{W}_{p,k-1}^{(2)}$$

$$= \alpha \boldsymbol{\varepsilon}_{p,k}^{(2)} \boldsymbol{X}_k, \quad p=1,2,\cdots,n_r \tag{6-9}$$

$$\boldsymbol{\varepsilon}_{p,k}^{(2)} = \boldsymbol{\sigma}'_2(\bar{h}_{p,k}^{(2)}) \sum_{i=1}^{n_1} \boldsymbol{\varepsilon}_{i,k}^{(1)} w_{i,p}^{(1)} \tag{6-10}$$

对于一般情况，设隐层数为L，第r隐层连接权矩阵$\boldsymbol{W}^{(r)}$第p行的调整方程为

$$\Delta \boldsymbol{W}_{p,k}^{(r)} = \boldsymbol{W}_{p,k}^{(r)} - \boldsymbol{W}_{p,k-1}^{(r)}$$

$$= \alpha \boldsymbol{\varepsilon}_{p,k}^{(r)} \hat{\boldsymbol{h}}_k^{(r+1)}, \quad p=1,2,\cdots,n_r \tag{6-11}$$

$$\boldsymbol{\varepsilon}_{p,k}^{(r)} = \boldsymbol{\sigma}'_r(\bar{h}_{p,k}^{(r)}) \sum_{i=1}^{n_{r-1}} \boldsymbol{\varepsilon}_{i,k}^{(r-1)} w_{i,p}^{(r-1)} \tag{6-12}$$

当 $r=L$ 时，$\hat{\boldsymbol{h}}_k^{(L+1)}=\boldsymbol{X}_k$。

由上面的分析可见，输出的局部误差 $\varepsilon_{p,k}^{(0)}$ 取决于输出误差$e_{p,k}$和该层变换函数的偏导数 $\sigma_0'(\cdot)$。隐层局部误差 $\varepsilon_{p,k}^{(r)}(r=0,1,2)$ 的计算是以高层的局部误差为基础的，即在计算过程中局部误差是由高层向低层反向传播的。本算法的具体步骤如下：

算法 6.1 误差反向传播 BP 算法

1）用小的随机数初始化 $\boldsymbol{W}$。

2）输入一个样本，用现有的 $\boldsymbol{W}$ 计算网络各神经元的实际输出。

3）根据式（6-6）、式（6-8）和式（6-10）计算局部误差 $\varepsilon_{p,k}^{r}(r=0,1,2)$。

4）根据递推计算式（6-5）、式（6-7）和式（6-9）计算$\Delta\boldsymbol{W}_{p,k}^{(r)}(r=0,1,2)$。

5）输入另一样本，转步骤 2)。

所有训练样本是随机地输入，直到网络收敛且输出误差小于容许值。

上述的 BP 算法存在如下缺点：①为了极小化总误差，学习速率 α 应选得足够小，但是小的 α 学习过程将很慢；②大的 α 虽然可以加快学习速度，但又可能导致学习过程的振荡，从而收敛不到期望解；③学习过程可能收敛于局部极小点或在误差函数的平稳段停止不前。

针对 BP 算法收敛速度慢的问题，研究工作者提出了很多改进方法。在这些方法中，通过学习速率的调整以提高收敛速度的方法被认为是一种最简单最有效的方法。

6.3 深度学习

深度学习（Deep Learning）是机器学习研究中的一个新的领域，其核心思想在于模拟人脑的层级抽象结构，通过无监督的方式分析大规模数据，发掘大数据中蕴藏的有价值信息。深度学习应大数据而生，给大数据提供了一个深度思考的大脑。深度学习就是堆叠多层，把这一层的输出作为下一层的输入。通过这种方式，就可以实现对输入信息进行分级表达。

深度学习是将原始的数据特征通过多步的特征转换得到一种特征表示，并进一步输入预测函数得到最终结果。和“浅层学习”不同，深度学习需要解决的关键问题是贡献度分配问题，即一个系统中不同的组件或其参数对最终系统输出结果的贡献或影响。从某种意义上讲，深度学习也可以看作是一种强化学习。

典型的深度学习模型就是很深层的神经网络。显然，对神经网络模型，提高容量的一个简单办法是增加隐层的数目。隐层数目多了，相应的神经元连接权、阈值等参数就会更多。模型复杂度也可通过单纯增加隐层神经元的数目来实现，单隐层的多层前馈网络已具有很强大的学习能力；但从增加模型复杂度的角度来看，增加隐层的数目显然比增加隐层神经元的数目更有效，因为增加隐层数不仅增加了拥有激活函数的神经元数目，还增加了激活函数嵌套的层数。然而，多隐层神经网络难以直接用经典算法（例如，标准 BP 算法）进行训练，因为误差在多隐层内逆传播时，往往会“发散”（Diverge）而不能收敛到稳定状态。

在深度学习中，一般通过误差反向传播算法来进行参数学习。采用手工方式来计算梯度再写代码实现的方式会非常低效，并且容易出错。此外，深度学习模型需要的计算机资源比较多，一般需要在 CPU 和 GPU 之间不断进行切换，开发难度也比较大。因此，一些支持自动梯度计算、无缝 CPU 和 GPU 切换等功能的深度学习工具应运而生。比较有代表性的工具包括 TensorFlow、Theano、Caffe、Pytorch 和 Keras 等。

常用的深度学习模型或者方法有自编码器、受限玻耳兹曼机、深度信念网络和卷积神经网络。自编码器（Autoencoder）是只有一层隐节点，输入和输出具有相同节点数的神经网络。

受限玻耳兹曼机（Restricted Boltzmann Machine，RBM）是一个单层的随机神经网络，本质上是一个概率图模型。输入层与隐层之间是全连接，但层内神经元之间没有相互连接。

2006 年，欣顿等提出了一种深度信念网络（Deep Belief Nets，DBN）。一个深度神经网络模型可被视为由若干个 RBM 堆叠在一起，这样在训练的时候，就可以通过由低到高逐层训练这些 RBM 来实现。

卷积神经网络（Convolutional Neral Network，CNN）是当前应用最广的深度学习方法，下面重点予以详细介绍。

6.4 卷积神经网络

卷积神经网络是一种多阶段全局可训练的人工神经网络模型［LeCun 1989］，它可以从经过少量预处理，甚至原始数据中学习到抽象的、本质的和高阶的特征，在车牌检测、人脸检测、手写体识别和目标跟踪等领域得到了广泛的应用。

卷积神经网络在二维模式识别问题上，通常表现得比多层感知器好，原因在于卷积神经网络在结构中加入了二维模式的拓扑结构，并使用三种重要的结构特征：局部接受域、权值共享和子采样来保证输入信号的目标平移、放缩和扭曲一定程度上的不变性。卷积神经网络主要由特征提取和分类器组成，特征提取包含多个卷积层和子采样层，分类器一般使用一层或两层的全连接神经网络。卷积层具有局部接受域结构特征，子采样层具有子采样结构特征，这两层都具有权值共享结构特征。

图 6-2 中，卷积神经网络共有 7 层：一个输入层、两个卷积层、两个子采样层和两个全连接层。输入层每个输入样本包含 32×32＝1024 个像素。C1 为卷积层，包含 6 个特征图，每个特征图包含 28×28＝784 个神经元。C1 上每个神经元通过 5×5 的卷积核与输入层相应 5×5 的局部接受域相连，卷积步长为 1，所以 C1 层共包含 6×784×(5×5+1)＝122 304 个连接。每个特征图包含 5×5 个权值和一个偏置，所以 C1 层共包含 6×(5×5+1)＝156 个可训练参数。

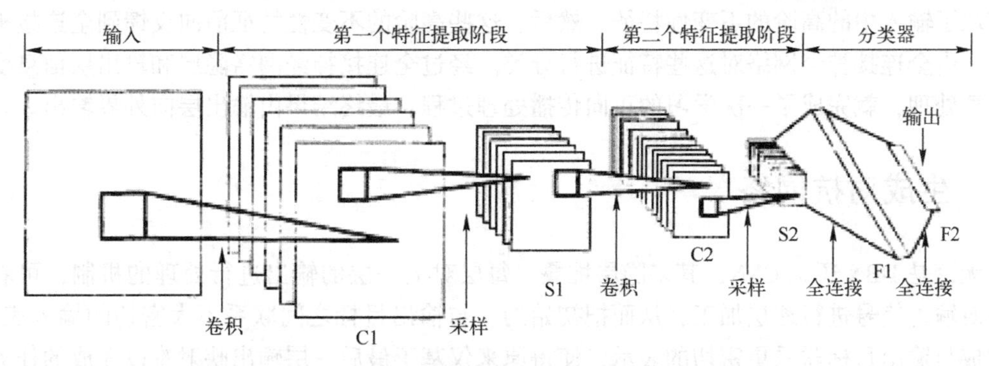

图 6-2　手写体识别的卷积神经网络的结构示意图

S1 为子采样层，包含 6 个特征图，每个特征图包含 14×14=196 个神经元。S1 上的特征图与 C1 层上的特征图一一对应，子采样窗口为 2×2 的矩阵，子采样步长为 1，所以 S2 层共包含 6×196×(2×2+1)=5880 个连接。S1 上的每个特征图含有一个权值和一个偏置，所以 S2 层共有 12 个可训练参数。

C2 为卷积层，包含 16 个特征图，每个特征图包含 10×10=100 个神经元。C2 上每个神经元通过 k 个（$k\leqslant 6$，6 为 S1 层上的特征图个数）5×5 的卷积核与 S1 上 k 个特征图中相应 5×5 的局部接受域相连。使用全连接的方式时 $k=6$。所以实现的卷积神经网络 C2 层共包含 41 600 个连接。每个特征图包含 6×5×5=150 个权值和一个偏置，所以 C1 层共包含 16×(150+1)=2416 个可训练参数。

S2 为子采样层，包含 16 个特征图，每个特征图包含 5×5 个神经元，S2 共包含 400 个神经元。S1 上的特征图与 C2 层上的特征图一一对应，S2 上特征图的子采样窗口为 2×2，所以 S2 层共包含 16×25×(2×2+1)=2000 个连接。S2 上的每个特征图含有一个权值和一个偏置，所以 S2 层共有 32 个可训练参数。

F1 为全连接层，包含 120 个神经元，每个神经元都与 S2 上 400 个神经元相连，所以 Fl 包含连接数与可训练参数都为 120×(400+1)=48 120。F2 为全连接层，也是输出层，包含 10 个神经元、1210 个连接和 1210 个可训练参数。

从图 6-2 中可以看出，卷积层特征图数目逐层增加，一方面是为了补偿采样带来的特征损失，另一方面，由于卷积层特征图是由不同的卷积核与前层特征图卷积得到，即获取的是不同的特征，这就增加了特征空间，使提取的特征更加全面。

卷积神经网络在有监督的训练中多使用误差反向传播（BP）算法。采用基于梯度下降的方法，通过误差反向传播不断调整网络的权值和偏置，使训练集样本整体误差平方和最小。BP 训练算法可以分为四个过程：网络初始化、信息流的前向传播、误差反向传播以及权值和偏置更新。在误差反向逐层传递过程中，还需计算权值和偏置的局部梯度改变量。

在训练阶段的开始，需要为各层神经元随机初始化权值。权值的初始化对网络的收敛速度有很大影响，所以如何初始化权值是非常重要的。权值的初始化与网络选取的激活函数有关，为了加快收敛速度，权值尽量取到激活函数变化最快的部分，初始化的权值太大或太小都导致权值的变化量很小。

在信息流的前向传播中，卷积层首先提取输入中的初级基本特征，形成若干特征图，然后子采样层降低特征图的分辨率。卷积层和子采样层交替完成特征提取阶段之后，这时，网络获取了输入中的高阶的不变性特征。然后，这些高阶的不变性特征前向反馈到全连接神经网络，由全连接神经网络对这些特征进行分类。经过全连接神经网络隐层和输出层信息变换和计算处理，就完成了一次学习的正向传播处理过程，最终结果由输出层向外界输出。

6.5 生成对抗网络

无论是 DBN 还是 CNN，其多隐层堆叠、每层对上一层的输出进行处理的机制，可看作是在对输入信号进行逐层加工，从而把初始的、与输出目标之间联系不太密切的输入表示，转化成与输出目标联系更密切的表示，使得原来仅基于最后一层输出映射难以完成的任务成为可能。以往在机器学习用于现实任务时，描述样本的特征通常需由人类专家来设计，这称为“特征工程”（Feature Engineering）。众所周知，特征的好坏对泛化性能有至关重要的影响，人类专家设计出好特征也并非易事；特征学习则通过机器学习技术自身来产生好特征，这使机器学习向“全自动数据分析”又前进了一步。

概率生成模型，简称生成模型（Generative Model），是概率统计和机器学习中的一类重要模型，指一系列用于随机生成可观测数据的模型。假设在一个连续的或离散的高维空间 $\boldsymbol{X}$ 中，存在一个随机向量 $\boldsymbol{X}$ 服从一个未知的数据分布 $pr(\boldsymbol{x})$，$\boldsymbol{x} \in \boldsymbol{X}$。生成模型是根据一些可观测的样本 $x(1),x(2),\cdots,x(N)$ 来学习一个参数化的模型 $p\theta(\boldsymbol{x})$ 从而近似未知分布 $pr(\boldsymbol{x})$，并可以用这个模型来生成一些样本，使得“生成”的样本和“真实”的样本尽可能地相似。

生成模型的应用十分广泛，可以用来不同的数据进行建模，比如图像、文本和声音等。以图像生成为例，将图像表示为一个随机向量 $\boldsymbol{X}$，其中每一维都表示一个像素值。假设自然场景的图像都服从一个未知的分布 $pr(\boldsymbol{x})$，希望通过一些观测样本来估计其分布。高维随机向量一般比较难以直接建模，需要通过一些条件独立性来简化模型。但是，自然图像中不同像素之间存在复杂的依赖关系（比如相邻像素的颜色一般是相似的），很难用一个明确的图模型来描述其依赖关系，因此直接建模 $pr(\boldsymbol{x})$ 比较困难。

深度生成模型就是利用深层神经网络可以近似任意函数的能力来建模一个复杂的分布 $pr(\boldsymbol{x})$。假设一个随机向量 $\boldsymbol{Z}$ 服从一个简单的分布 $p(z)$，$z \in Z$（比如标准正态分布），使用一个深层神经网络 $g:\boldsymbol{Z}\rightarrow\boldsymbol{X}$，并使得 $g(z)$ 服从 $pr(\boldsymbol{x})$。

深度生成模型是一种有机地融合神经网络和概率图模型的生成模型，将神经网络作为一个概率分布的逼近器，可以拟合非常复杂的数据分布。

生成对抗网络是一个具有开创意义的深度生成模型，突破了以往的概率模型必须通过最大似然估计来学习参数的限制。DCGAN 是一个生成对抗网络的成功实现，可以生成十分逼真的自然图像。对抗生成网络的训练不稳定问题的一种有效解决方法是 W-GAN，通过用 Wasserstein 距离替代 *JS* 散度来进行训练。

虽然深度生成模型取得了巨大的成功，但是作为一种无监督模型，其主要的缺点是缺乏有效的客观评价，因此不同模型之间的比较很难客观衡量。

6.6 深度强化学习

在很多的应用场景中，通过人工标注的方式来给数据打标签的方式往往行不通。比如通过监督学习来训练一个模型可以自动下围棋，就需要将当前棋盘的状态作为输入数据，其对应的最佳落子位置（动作）作为标签。训练一个好的模型就需要收集大量的不同棋盘状态以及对应动作。这种做法实践起来比较困难，一是对于每一种棋盘状态，即使是专家也很难给出“正确”的动作；二是获取大量数据的成本往往比较高。对于下棋这类任务，虽然很难知道每一步的“正确”动作，但是其最后的结果（即赢输）却很容易判断。因此，如果可以通过大量的模拟数据，通过最后的结果（奖励）来倒推每一步棋的好坏，从而学习出“最佳”的下棋策略，这就是强化学习。

和深度学习类似，强化学习中的关键问题也是贡献度分配问题，每一个动作并不能直接得到监督信息，需要通过整个模型的最终监督信息（奖励）得到，并且有一定的延时性。强化学习也是机器学习中的一个重要分支。强化学习和监督学习的不同在于，强化学习问题不需要给出“正确”策略作为监督信息，只需要给出策略的（延迟）回报，并通过调整策略来取得最大化的期望回报。

2016 年 3 月 8-15 日，谷歌围棋人工智能 AlphaGo 采用蒙特卡罗树搜索和深度强化学习相结合，战胜了韩国棋手李世石。图 6-3 给出了深度强化学习示意图 [Silver et al. 2016]。图 6-3a 中，一种快速走子策略 p_π 和监督学习（SL）策略网络 p_σ 被训练，用来预测一个局面数据集中人类高手的落子情况。一种强化学习（RL）策略网络 p_ρ 按该 SL 策略网络进行初始化，然后对前一版策略网络用策略梯度学习来最大化该结果（即赢得更多的比赛）。通过和这个 RL 策略网络自我博弈，产生一个新数据集。最后，一种估值网络 v_θ 由回归训练，用来预测此自我博弈数据集里面局面的预期结果（即是否当前玩家获胜）。图 6-3b 为 AlphaGo 神经网络架构的示意图。图中的策略网络表示：作为输入变量的棋局 s，通过带参数 σ（SL 策略网络）或 ρ（RL 策略网络）的许多卷积层，输出合法落子情况 a 的概率分布。此估值网络同样使用许多带参数 θ 的卷积层，但输出一个用来预测局面 s' 预期结果的标量值 $v_\theta(s')$。

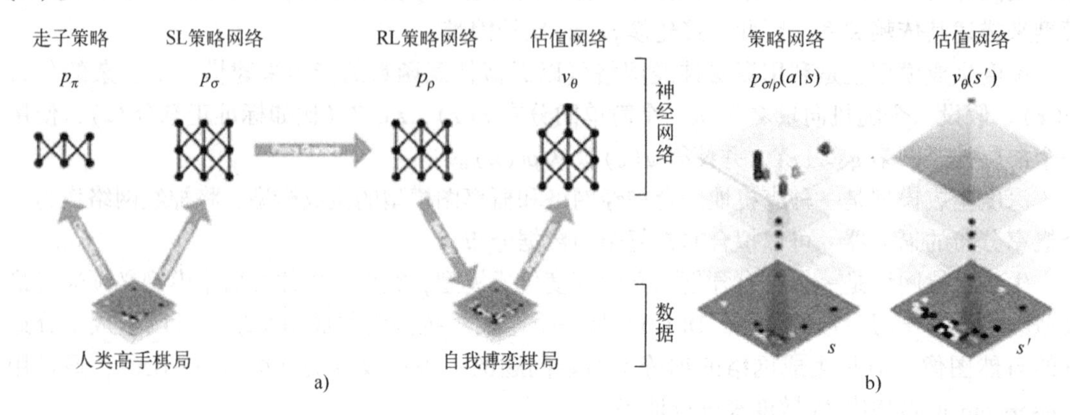

图 6-3　深度强化学习示意图

6.7　本章小结

人工神经网络理论与应用已取得了许多重要进展，在建模、时间序列分析、模式识别、信号处理和控制等领域获得了成功应用。由神经网络激发的基于梯度的学习算法允许同时训练特征提取器、分类器和背景处理器。

深度学习是机器学习、神经网络研究中的一个新的领域，其核心思想在于模拟人脑的层级抽象结构，通过无监督的方式分析大规模数据，发掘大数据中蕴藏的有价值信息。深度学习应大数据而生，给大数据提供了一个深度思考的大脑。近年来，拥有大数据的高科技公司相继投入大量资源进行深度学习技术研发，在语音识别、图像处理、机器翻译和人脸识别等领域取得了显著进展。

习题

6-1　简述人工神经网络的基本要素。

6-2　用 BP 学习算法识别 10 个数字。一种方法是创建一个 4×6 的点阵。当一个数从这个网格中抽取，它将覆盖一些元素，这些元素取值为 1，其他的取值为 0。这 24 个元素的向量构成网络的输入。设计一个训练向量。

6-3　什么是深度学习？常见的深度学习方法有哪些？

6-4　简述卷积神经网络的结构和关键技术。

6-5　什么是生成对抗网络？

6-6　深度强化学习的要点是什么？

第7章 专家系统

专家系统是一种基于知识的计算机程序。专家系统的迅速发展和广泛应用，形成了知识工程，它是利用知识表示和推理技术来构造复杂的计算机程序的艺术。本章主要介绍专家系统的基本原理、典型的专家系统、开发工具以及建造专家系统的方法。

7.1 引言

7.1.1 什么是专家系统

专家系统（Expert System）是一类具有专门知识和经验的计算机智能程序系统，通过对人类专家问题求解能力的建模，采用人工智能中的知识表示和知识推理技术来模拟通常由专家才能解决的复杂问题，达到具有与专家同等解决问题的水平。这种基于知识的系统设计方法是以知识库和推理机为中心而展开的，即

专家系统=知识库+推理机

它把知识从系统中与其他部分分离开来。专家系统强调的是知识而不是方法。很多问题没有基于算法的解决方案，或算法方案太复杂，采用专家系统，可以利用人类专家拥有丰富的知识，因此专家系统也称为基于知识的系统（Knowledge-based Systems）。一般来说，一个专家系统应该具备以下三个要素：

1）具备某个应用领域的专家级知识。

2）能模拟专家的思维。

3）能达到专家级的解题水平。

专家系统与传统的计算机程序的主要区别见表7-1。

表7-1 专家系统与传统的计算机程序的主要区别

列 项	传统的计算机程序	专家系统	列 项	传统的计算机程序	专家系统
处理对象	数字	符号	系统修改	难	易
处理方法	算法	启发式	信息类型	确定性	不确定性
处理方式	批处理	交互式	处理结果	最优解	可接受解
系统结构	数据和控制集成	知识和控制分离	适用范围	无限制	封闭世界假设

建造一个专家系统的过程可以称为“知识工程”，它是把软件工程的思想应用于设计基于知识的系统。知识工程包括以下几个方面：

1）从专家那里获取系统所用的知识（即知识获取）。

2）选择合适的知识表示形式（即知识表示）。

3）进行软件设计。

4）以合适的计算机编程语言实现。

7.1.2 专家系统的发展过程

专家系统是人工智能应用研究最活跃和最广泛的领域之一。1965 年斯坦福大学的费根鲍姆（Feigenbaum E A）和化学家勒德贝格（Lederberg J）合作研制 DENDRAL 系统，使得人工智能的研究从面向基本技术和基本方法的理论研究走向解决实际问题的具体研究，从探索广泛的普遍规律转向知识的工程应用，体现知识的巨大力量。20 世纪 70 年代，专家系统的观点逐渐被人们接受，许多专家系统相继研发成功，其中较具代表性的有医药专家系统 MYCIN、探矿专家系统 PROSPECTOR 等。20 世纪 80 年代，专家系统的开发趋于商品化，创造了巨大的经济效益。

1977 年，美国斯坦福大学计算机科学家费根鲍姆（Feigenbaum E A）在第五届国际人工智能联合会议上提出知识工程的新概念。他认为，“知识工程是人工智能的原理和方法，对那些需要专家知识才能解决的应用难题提供求解的手段。恰当运用专家知识的获取、表达和推理过程的构成与解释，是设计基于知识的系统的重要技术问题。”知识工程是一门以知识为研究对象的学科，它将具体智能系统研究中那些共同的基本问题抽取出来，作为知识工程的核心内容，使之成为指导具体研制各类智能系统的一般方法和基本工具，成为一门具有方法论意义的科学。20 世纪 80 年代以来，在知识工程的推动下，涌现出了不少专家系统开发工具，例如 EMYCIN、CLIPS（OPS5、OPS83）、G2、KEE 和 OKPS 等。

早在 1977 年，中国科学院自动化研究所就基于关幼波先生的经验，研制成功了我国第一个“中医肝病诊治专家系统”。1985 年 10 月中国科学院合肥智能机械研究所熊范纶建成“砂姜黑土小麦施肥专家咨询系统”，这是我国第一个农业专家系统。经过 30 多年努力，一个以农业专家系统为重要手段的智能化农业信息技术在我国取得了引人瞩目的成就，许多农业专家系统遍地开花，将对我国农业持续发展发挥作用。中国科学院计算技术研究所史忠植与中国水产科学研究院东海水产研究所等合作，研制了东海渔场预报专家系统。在专家系统开发工具方面，中国科学院数学与系统科学研究所研制了专家系统开发环境“天马”，中国科学院合肥智能机械研究所研制了农业专家系统开发工具“雄风”，中国科学院计算技术研究所研制了面向对象专家系统开发工具“OKPS”。

7.2 专家系统的基本结构

专家系统的基本结构如图 7-1 所示，其中箭头方向为信息流动的方向。专家系统通常由人机交互界面、知识库、推理机、解释器、综合数据库和知识获取 6 个部分构成。

知识库是问题求解所需要的领域知识的集合，包括基本事实、规则和其他有关信息。知识的表示形式可以是多种多样的，包括框架、规则和语义网络等。知识库中的知识源于领域专家，是决定专家系统能力的关键，即知识库中知识的质量和数量决定着专家系统的质量水平。知识库是专家系统的核心组成部分。一般来说，专家系统中的知识库与专家系统程序是相互独立的，用户可以通过改变、完善知识库中的知识内容来提高专家

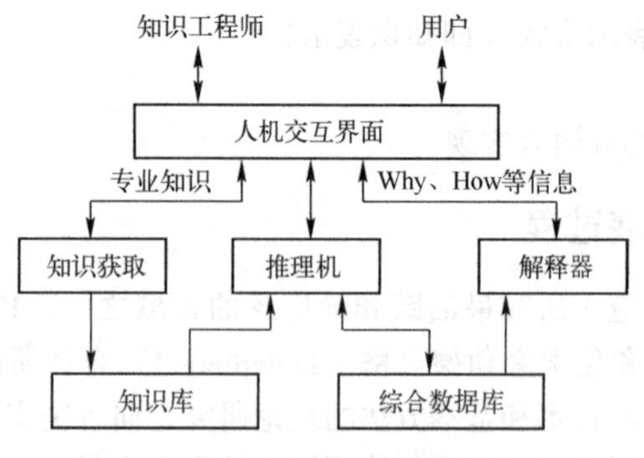

图 7-1　专家系统的基本结构

系统的性能。

推理机是实施问题求解的核心执行机构，它实际上是对知识进行解释的程序，根据知识的语义，对按一定策略找到的知识进行解释执行，并把结果记录到动态库的适当空间中。推理机的程序与知识库的具体内容无关，即推理机和知识库是分离的，这是专家系统的重要特征。它的优点是对知识库的修改无须改动推理机，但是纯粹的形式推理会降低问题求解的效率。将推理机和知识库相结合也不失为一种可选方法。

知识获取负责建立、修改和扩充知识库，是专家系统中把问题求解的各种专门知识从人类专家的头脑中或其他知识源那里转换到知识库中的一个重要机构。知识获取可以是手工的，也可以采用半自动知识获取方法或自动知识获取方法。

人机界面是系统与用户进行交流时的界面。通过该界面，用户输入基本信息、回答系统提出的相关问题。系统输出推理结果及相关的解释也是通过人机交互界面。

综合数据库也称为动态库或工作存储器，是反映当前问题求解状态的集合，用于存放系统运行过程中所产生的所有信息，以及所需要的原始数据，包括用户输入的信息、推理的中间结果和推理过程的记录等。综合数据库中由各种事实、命题和关系组成的状态，既是推理机选用知识的依据，也是解释机制获得推理路径的来源。

解释器用于对求解过程做出说明，并回答用户的提问。两个最基本的问题是“Why”和“How”。解释机制涉及程序的透明性，它让用户理解程序正在做什么和为什么这样做，向用户提供了关于系统的一个认识窗口。在很多情况下，解释机制是非常重要的。为了回答“为什么”得到某个结论的询问，系统通常需要反向跟踪动态库中保存的推理路径，并把它翻译成用户能接受的自然语言表达方式。

7.3　专家系统 MYCIN

专家系统的基本工作流程是，用户通过人机界面回答系统的提问，推理机将用户输入的信息与知识库中各个规则的条件进行匹配，并把被匹配规则的结论存放到综合数据库中。最后，专家系统将得出最终结论呈现给用户。这里以 MYCIN 系统为例，说明专家系统的结构和工作过程。

MYCIN 系统是著名的医学领域的专家系统。医生可以向系统输入患者信息，MYCIN 系统对其进行诊断，并给出诊断结果和处方。医生在对病情诊断和提出处方时，大致遵循下列

4 个步骤：

1）确定患者是否有重要的病菌感染需要治疗。为此，首先要判断所发现的细菌是否引起了疾病。

2）确定疾病可能是由哪种病菌引起的。

3）判断哪些药物对抑制这种病菌可能有效。

4）根据患者的情况，选择最适合的药物。

这样的决策过程很复杂，主要靠医生的临床经验和判断。MYCIN 系统试图用产生式规则的形式体现专家的判断知识，以模仿专家的推理过程。

系统通过和医生之间的对话收集关于患者的基本情况，例如，临床情况、症状、病历以及详细的实验室观测数据等。系统首先询问一些基本情况。医生在回答询问时所输入的信息被用于做出诊断。诊断过程中如需要进一步的信息，系统就会进一步询问医生。一旦可以做出合理的诊断，MYCIN 就列出可能的处方，然后在与医生作进一步对话的基础上选择适合于患者的处方。

在诊断引起疾病的细菌类别时，取样患者的血液和尿等样品，在适当的介质中培养，可以取得某些关于细菌生长的迹象。但要完全确定细菌的类别经常需要 24~48 小时或更长的时间。在许多情况下，患者的病情不允许等待这样长的时间。因此，医生经常需要在信息不完全或不十分准确的情况下，决定患者是否需要治疗，如果需要治疗，应选择什么样的处方。因此，MYCIN 系统的重要特性之一是以不确定和不完全的信息进行推理。

MYCIN 系统由 3 个子系统组成：咨询子系统、解释子系统和规则获取子系统，如图 7-2 所示。系统所有信息都存放在 2 个数据库中：静态数据库存放咨询过程中用到的所有规则，因此，它实际上是专家系统的知识库；动态数据库存放关于患者的信息，以及到目前为止咨询中系统所询问的问题。每次咨询，动态数据都要重建一次。

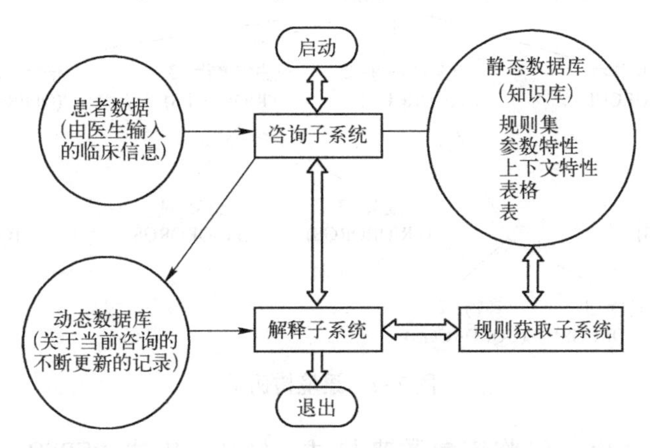

图 7-2　MYCIN 系统中的信息流及控制流程

咨询开始时，先启动咨询子系统，进入人机对话状态。当结束咨询时，系统自动地转入解释子系统。解释子系统回答用户的问题，并解释推理过程。规则获取子系统只由建立系统的知识工程师所使用。当发现有规则被遗漏或不完善时，知识工程师可以利用这个子系统来增加和修改规则。

7.3.1 咨询子系统

在咨询过程中，MYCIN 逐步建立为得出结论所必需的信息，这些信息为关于患者的一般情况、培植的培养物、从培养物中分离的细菌以及已服用的药物等。这些信息分别归类到相应的项目中，这些项目称为语境。MYCIN 系统中共有 9 种语境：

1）CURCULS 正在从中分离细菌的培养物。

2）CURDRGS 目前从培养物中分离出的细菌。

3）OPDRGS 在最近治疗过程中患者已服用的抗生素药物。

4）OPERS 患者正在接受的治疗。

5）PERSON 患者状况。

6）POSSTHER 正在考虑的处方。

7）PRIORCULS 以前取得的培养物。

8）PRIORDRGS 患者以前服过的抗生素。

9）PRIORORGS 以前分离的细菌。

在咨询过程中，在上述这些语境类型中，填入患者的具体情况，称为语境例示。所得到的结果以分层结构的形式组织成称为语境树的数据结构。图 7-3 所示为语境树的一个例子。语境树中的节点为语境例示。括弧中所示为相应的语境类型。图 7-3 所示的语境树表示患者-1 过去已经取得过培养物-3。从该培养物中得到细菌-3、细菌-4。其中对细菌-4 使用过药物-3。目前得到两种培养物：培养物-1、培养物-2 。从中分别得到细菌-1 和细菌-2。针对细菌-2 使用了药物-1 和药物-2。最近患者正在使用药物-4 进行治疗-1。这种信息或通过询问医生，或由系统本身推理得到。

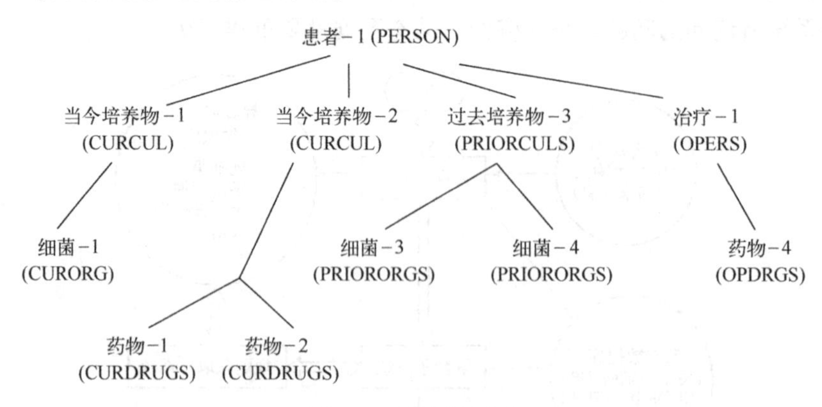

图 7-3　语境树例子

每种语境类型都由一组临床参数来描述。例如，描述 PERSON 语境的参数称为 PROPPT，其中包括 NAME、AGE 和 SEX，分别表示姓名、年龄和性别。虽然某些参数如 NAME、AGE、SEX 是由用户提供的，但大部分参数只能由 MYCIN 利用规则推论出来。

MYCIN 应用产生式规则把专家知识表示成一般的 IF（条件或前提）和 THEN（操作或结论）的形式。

对许多临床参数，MYCIN 通常不止计算一个肯定的值而是计算几个可能的值。每一个值都带有一个可信度。这是一个从-1～+1 之间的数，用来表示这个临床参数的可信程度。

可信度等于 1 表示这个参数肯定是这个值，可信度为-1 表示这个参数肯定不是这个值。可信度或是通过计算得到或是由医生输入。每条规则同时具有内部形式和外部英语形式。在内部形式中，规则的前提和操作部分都以 LISP 中的表结构形式保存。下面给出一个典型的例子：

```
(defrule 52                                                    <--- 规则号
   if  (site      culture      is  blood )
       (gram      organism     isneg    )                      <--- 前提条件
       (morphl    organism     is  rod     )
       (burn      patient      is  serious)
   then 0. 4                                                   <--- 可信度因子 (cf)
           (identity   organism   is   pseudomonas )           <--- 结论
)
```

MYCIN 系统使用逆向推理的控制策略。在程序的任何一点，程序的目标都是寻找某一语境的参数，也就是跟踪这个参数。跟踪的方法是调用所有在其操作部分得出这个参数的规则。开始咨询时，首先把语境树的根节点具体化为患者-1。然后试图找出这个语境类型的 REGIMEN 参数，该参数是对患者所研究的建议处方。在 MYCIN 中只有一条规则可以推论出 REGIMEN 的值，这条规则称为目标规则。为了求得 REGIMEN 的值，系统需要跟踪目标规则的前提部分所涉及的参数。医生很可能也不知道这些值，所以需要应用可以推论出这些值的规则。然后，再跟踪这些规则的前提部分中的参数。这样跟踪下去，直到通过医生的回答以及推论可以找到所需的参数为止。

7.3.2 静态数据库

MYCIN 有一个静态数据库，包括所有的产生式规则以及所有的咨询程序所需的信息。每一类语境、规则和参数都有若干特性。这些特性都存储在静态数据库中。这样的静态数据库是专家系统知识库的一部分。

1. 规则的特性

每个规则都有以下 4 个存储在静态数据库中的特性。

1）PREMISE：规则的前提部分。

2）ACTION：规则的动作部分。

3）CATEGORY：规则按语境类型进行分类，每条规则只能用于某几个语境类型，这样便于调用。

4）SELFREF：规则是否是自我引用，如是自我引用则为 1，反之则为 0。

2. 参数的属性

每种类型的语境都有一组有关的临床参数，或简称参数。这些参数可以用于这种类型的所有语境，但如语境的类型不同，相应的参数也随之不同。例如，相应于 PERSON 语境类型的参数组是 PROP-PT。PROP-PT 中包括 NAME、AGE 和 SEX，也就是患者的姓名、年龄和性别。而 CURCULS 和 CURORGS 语境类型的参数组分别为 PROP-CUL 和 PROP-ORG。PROP-CUL 中包括参数 SITE，即培养物取自的部位。PROP-ORG 中包括参数 IDENT，即细菌的类别。

按照所能取的值的类型，参数还可以分成单值、是非值和多值 3 种。有的参数如患者的姓名、细菌类别等，可以有许多可能的取值，但各个值互不相容，所以只能取其中一个值，因此属于单值。是非值是单值的一种特殊情形，这时参数限于取“是”或“非”中的一种，例如，药物的剂量是否够、细菌是否重要等。多值参数是那些同时可取一个以上值的参数，例如患者的药物过敏、传染的途径等参数。

3. 函数

（1）用于前提部分的简单函数

MYCIN 在它的规则前提部分，应用了许多简单函数，这些函数对动态数据库中的关于患者的数值求值，并回答一个真值。每当对一个子句求值时，MYCIN 首先检验在子句中所涉及的参数是否已经被跟踪过。如果没有，那么，或者向用户提问，或者推论它的值。然后，系统把函数用于合适的患者数据三元组。

（2）专门函数

MYCIN 具有可以查找静态数据库中的知识表的专门函数。这些函数建立可被规则的前提（或操作子句中的其他函数）利用的临时数据结构。

（3）用于操作部分的函数

用于操作部分的函数有好几种，其中最常用的是 CONCLUDE。CONCLUDE 把患者数据三元组连同可信度存入动态数据库，这个可信度是根据前提的可信度以及规则的可信度计算而得到的。如果由于以前的结论，这个三元组已经存在，那么原来的可信度就和新的可信度组合起来。

4. 语境的特性

MYCIN 中每种语境有 10 种特性存储在静态数据库。每当一个语境被例示时，就要用到这些特性。这些特性也用于检验一个规则是否可用于合适的语境。

1）ASSOCWITH：父辈节点的语境类型。每一种语境只可能是另一种类型语境的直接后代。

2）TYPE：这种类型语境的词干。

3）PROPTYPE：参数的分类。这相应于语境的类型。

4）SUBJECT：可用于这类语境的规则分类表。

5）MAINPROPS：是一个参数表。每当这种类型的语境被例示时，就立即跟踪此表中的参数。

6）TRANS：由解释程序用于翻译成英语。

7）SYN：可用于构成向用户提出的询问。

8）PROMPT1：是一个问号，可询问是否已有这种类型的语境。

9）PROMPT2：在第一次建立这种类型的语境以后，PROMPTZ 给出一个问句以询问是否另有同一类型的语境。如果回答是肯定的，那么这另外的语境类型被例示，并重复询问这个问题。

10）PROMPT3：如果对某种语境类型来说必须至少有另一个语境与之对应，那么就用 PROMPT3 代替 PROMPT1。PROMPT3 是一个语句（不是询问）。

7.3.3 控制策略

MYCIN 的咨询系统采用反向推理过程。在咨询开始时，首先例示语境树中的根节点。根节点属于 PERSON 类型的语境。例示包括以下 3 步：

1）赋予这个语境一个名称。

2）把这个语境加到语境树上。

3）马上跟踪这类语境的 MAINPROPS 表中的参数。

在根节点的情况下，第一次咨询时所赋的名称是患者-1（PATIENT-1）。PERSON 类型语境的 MAINPROPS 特性有 NAME、AGE、SEX 和 PEGIMEN。因此，MYCIN 必须马上按次序跟踪上述四个参数中的每一个。其中，REGIMEN 表示对患者建议的疗法。这是 MYCIN 咨询最终追求的目标。一旦所有这 4 个值都已求得，咨询过程就结束。

7.3.4 不确定性推理

美国斯坦福大学肖特里菲（Shortliffe E H）等人于 1975 年提出了一种可信度不确定性推理模型，并在 MYCIN 中得到了成功应用。尽管该方法未建立在严格的理论推导基础上，但对于许多应用领域，仍可以得到比较合理和令人满意的结果。

在可信度模型中，可信度最初定义为信任与不信任的差，即 $CF(H, E)$定义为

$$CF(H, E)=MB(H, E)-MD(H, E) \tag{7-1}$$

其中，CF 是由证据 E 得到假设 H 的可信度。

MB（Measure Belief，MB）称为信任增长度，它表示因为与前提条件 E 匹配的证据的出现，使结论 H 为真的信任的增长程度。$MB(H, E)$定义为

$$MB(H,E)=\begin{cases}1, & 若\ P(H)=1 \\ \dfrac{\max\{P(H/E),P(H)\}-P(H)}{1-P(H)}, & 否则\end{cases} \tag{7-2}$$

MD（Measure Disbelief，MD）称为不信任增长度，它表示因为与前提条件 E 匹配的证据的出现，对结论 H 的不信任的增长程度。$MD(H, E)$定义为

$$MD(H,E)=\begin{cases}1, & 若\ P(H)=0 \\ \dfrac{\min\{P(H/E),P(H)\}-P(H)}{-P(H)}, & 否则\end{cases} \tag{7-3}$$

在式（7-2）和式（7-3）中，$P(H)$表示 H 的先验概率；$P(H, E)$表示在前提条件 E 所对应的证据出现的情况下，结论 H 的条件概率。由 MB 与 MD 的定义可以看出：

当 $MB(H, E)>0$ 时，有 $P(H, E)>P(H)$，这说明由于 E 所对应的证据的出现增加了 H 的信任程度，但不信任程度没有变化。

当 $MD(H, E)>0$ 时，有 $P(H, E)<P(H)$，这说明由于 E 所对应的证据的出现增加了 H 的不信任程度，而不改变对其信任的程度。

根据前面对 $CF(H, E)$、$MB(H, E)$和 $MD(H, E)$的定义，可得到 $CF(H, E)$的计算公式：

$$
CF(H,E)=\begin{cases} MB(H,E)-0=\dfrac{P(H/E)-P(H)}{1-P(H)}, & 若\ P(H/E)>P(H) \\ 0, & 若\ P(H/E)=P(H) \\ 0-MD(H,E)=-\dfrac{P(H)-P(H/E)}{P(H)}, & 若\ P(H/E)<P(H) \end{cases} \tag{7-4}
$$

在可信度模型中，规则是用产生式规则表示的，其一般形式为

$$
\text{IF } E \quad \text{THEN } H \quad (CF(H,E))
$$

式中，E 是规则的前提条件；H 是规则的结论；$CF(H,E)$ 是规则的可信度，也称为规则强度或知识强度，它描述的是知识的静态强度。

7.4 专家系统开发工具

专家系统开发工具（Expert Systems Tools）是一种用于建造专家系统的软件设施，利用开发工具来研制专家系统，可以大大缩短研制周期。

OKPS是中国科学院计算技术研究所智能科学实验室研制的面向对象知识处理系统（Object-oriented Knowledge Processing System，OKPS）。它采用面向对象的知识表示方法来描述和存储知识，可以通过所见即所得的可视化工具，对具体的应用建立专家知识库。专用的推理控制语言保证了该专家系统工具可以构造功能足够强大和灵活的专家系统。

7.4.1 OKPS中的知识表示

在面向对象知识处理系统（OKPS）中，提出了面向对象、产生式、框架和语义网相结合的知识表示方法。在基于对象的基础上，这种知识表示方法吸取了产生式、框架和语义网络的特点［史忠植 1988］。

OKPS的知识库是由对象组成的。一个对象可以拥有自己的属性（Property）和方法（Method）。对象的属性可以存储整型、浮点型或字符串型的值。方法用来存储这个对象在推理过程中所要执行的操作。这些操作可以是访问对象的属性，向系统发送消息，也可以是使用系统提供的资源和服务等。

知识库中的对象有序地组成一种树型结构，这是对应于决策树的节点。图7-4给出了动物分类的知识库。这个知识库是一个典型的层次结构，用OKPS中的面向对象知识表示方法可以很方便地描述这类问题。现在假设要将羊这种动物在分类树中进行定位。在专家系统推理过程中，根据知识库中存储的各种分类知识，系统将由最顶层开始，根据羊这一对象所具有的各种属性，与分类树中各个类的属性进行匹配，层层深入，直到不需要再进一步区分为止。

在图7-4的例子中，推理过程是一个自上而下的匹配过程，问题的求解最后终结于底层的某个对象处。正向推理时，要先解决其下层的子问题，才能解决该问题本身的目标。

在实际应用中我们还发现，许多问题是上面所说的两种典型情况的混合。有的问题既要求自顶向下的处理，也要求自底向上的汇总；有的问题是一部分可以用自顶向下来推理，而另一部分却很适合于自底向上地求解。还有许多问题在推理过程中会不断地产生变化，例如，目标的变化、推理路径的变化等。

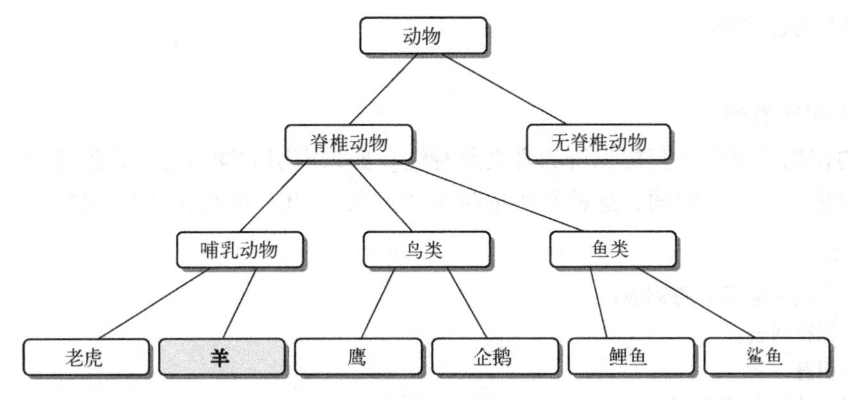

图 7-4 动物分类的知识库

为了能够适应灵活的推理方式，OKPS 在每个对象中加入不同的方法，来针对不同的推理阶段做相应的处理。每个节点的对象都有三种方法：先序、中序和后序。这三种方法在推理过程中是按照不同的次序执行的。在默认的控制下，这个过程是一个从问题根节点对象开始的深度优先遍历。

由此可知，OKPS 中采用的面向对象的知识表示方法也结合了语义网络和框架系统的一些特点。对象在知识库中的组织方式实际上可以看成是一种语义网络，所以这种组织方式同样可以表示实例关系、泛化关系以及聚集关系等。语义网络在表示属性关系和其他关系时，都只能采用同样的形式，这使得语义网络中的表达方式有时不易让人理解；而在 OKPS 中，属性关系正是面向对象表示法的基本功能，而且通过封装特性，将其自然地与其他关系区分开来，使系统进一步模块化，从而简化了系统的复杂性。OKPS 并不采用完全的语义网络的方式来组织对象，因为那样会导致组织结构的复杂性大大增加，使得知识的增加、修改和删除以及知识库的维护工作变得困难。框架系统很类似于面向对象的系统，例如，类、继承等概念的表示。但框架理论在知识表示的结构化方面还缺乏明确的解决方法。面向对象系统中，对象所拥有的方法集相对于框架系统的附加过程来说，其内涵更加广泛，定义也更加明确规范，不但加强了对象所能完成的功能，也提高了面向对象系统的结构化程度。

7.4.2 推理控制语言 ICL

为了提供功能足够强大的推理机制，并最大限度地保持灵活性和方便性，OKPS 系统提供了一种专用的推理控制语言（Inference Control Language，ICL），用来描述专家知识与规则，以及控制推理过程。ICL 采用解释执行的方式，应用于每个对象的方法中。

对象方法由一系列 ICL 函数定义构成，执行的入口点是 main 主函数。

（1）主函数

每一个对象方法都必须有一个叫作 main 的主函数。主函数作为对象方法执行的开始点。每个方法的主函数形式如下：

```
main(参数列表)
{
声明列表 可选
```

语句列表 可选

}

(2) 声明和类型

声明的作用是指定一套标识符的含义及特性。如果声明的同时还导致推理机为以该标识符命名的对象分配存储空间，这种声明也叫作“定义”。ICL 声明有以下语法：

声明：

类型说明符 标识符列表；

标识符列表：

标识符

标识符列表,标识符

标识符列表中的声明包括正在命名的标识符；标识符列表是以逗号分隔的标识符序列。一个声明必须有至少一个标识符。类型可以为 int 整型、float 浮点型、char 和 string 字符串型。用户可以在变量或函数声明中使用整型、符点型或者字符串型类型说明符。

(3) 表达式和赋值

常量、标识符、串以及函数调用都是在表达式中的操作数。

操作数是操作符作用的实体。一个表达式是一个执行以下行为的组合的操作数和操作符序列：计算值、赋值。

ICL 中的操作数包括：常量、标识符、字符串、函数调用、操作数和操作符的组合、包含在括号中的表达式。

(4) 表达式的优先级和顺序

ICL 操作符的优先级和结合性影响到表达式中操作数的分组和求值。有高优先级操作符的表达式先被求值。

表 7-2 概括了 ICL 操作符的优先级和结合性（表达式中操作数求值的顺序），并且按照从高到低的优先级排列。如果几个操作符出现在一起，它们有相同的优先级并且根据结合性来求值。

表 7-2　ICL 操作符的优先级

符　号	操作类型	结合性
()	表达式	左到右
+ - !	单目	右到左
* / %	乘除类	左到右
+ -	加减类	左到右
< > <= >= == != && ||	关系，等价，逻辑与，逻辑或	左到右
=	赋值	右到左

一个表达式可以包含几个有相同优先级的操作符。当几个这样的操作符出现在一个表达式的同一级中，求值根据操作符的结合性进行，或者从左至右，或者从右至左。求值方向不会影响那些在同一级中包括多个乘（*）或加（+）操作符的表达式的结果。

逻辑操作符也能保证对它们的操作数从左至右求值。然而，它们只对确定表达式结果所需要的最少操作数求值，因此，表达式中的某些操作数可能不被计算。

（5）语句

与其他编程语言一样，在 ICL 中的语句可以完成执行循环、条件选择和传递控制等功能。这些语句包括：复合语句、do-while 语句、表达式语句、for 语句、if 语句、空（null）语句、返回（return）语句、规则（rule）语句和 while 语句等。

（6）函数和函数调用

在 ICL 语言中函数是基本的模块单位。一个函数的设计通常是为了完成特定的任务，并且它的名字常常反映了它所完成的任务。

函数一定要有一个定义，它包含函数头和函数体——函数被调用时的代码执行部分。函数定义建立函数名称和返回值类型。由于函数定义有参数类型和个数的信息，所以函数的定义也是一个形式定义。

运行时推理机和解释器将后面函数调用的实际参数（实参）类型与函数的形式参数（形参）类型相比较，并且在需要的时候把实参类型转换成形参类型。函数调用操作符有表达式计算中的最高优先级。函数调用包括被调用函数的函数名以及可选的传递给该函数的参数。

（7）ICL 的函数库

开发者可以在他们的知识库中使用 ICL 函数库来实现推理中的很多功能，包括人机交互和控制台输入/输出、数值计算、字符串处理、图形、图表展示、文件操作、数据库访问、网络通信、对象访问、消息处理和推理控制、黑板操作、外部功能调用等。

另外，知识工程师还可以添加外部程序模块，例如，动态链接库等形式，以扩充其专家系统的功能。

7.5 专家系统应用

专家系统在各个领域中已经得到了广泛应用，例如，医学专家系统、农业专家系统、故障诊断专家系统、找油专家系统、指挥决策系统、应急联动系统、贷款损失评估专家系统、教学专家系统等，并取得了良好的经济效益和社会效益。

医学专家系统能够像真正的专家一样，诊断患者的疾病，判别出病情的严重性，并给出相应的处方和治疗建议等。医学专家系统可以解决的问题一般包括解释、预测、诊断和提供治疗方案等。高性能的医学专家系统也已经从学术研究开始进入临床应用研究。随着人工智能整体水平的提高，医学专家系统也将获得发展，正在开发的新一代专家系统有分布式专家系统和协同式专家系统等，其在医学领域的应用将更有利于临床疾病诊断与治疗水平的提高。

近年来，我国国民经济快速发展和“一带一路”战略的实施，需要开展大量重大隧道（洞）工程。北京交通大学依托国家重点基础研究发展计划（973 计划），采用中国科学院计算技术研究所智能科学实验室研制的专家系统开发工具 OKPS，研制了隧道掘进机 TBM 选型和评价决策支持系统 [詹金武 2019]。该系统应用在云南省保山市高黎贡山铁路隧道、新疆 ABH 引水隧道工程，取得了良好效果。

7.6　本章小结

专家系统是一类具有专门知识和经验的计算机智能程序系统，通过对人类专家的问题求解能力的建模，采用人工智能中的知识表示和知识推理技术来模拟通常由专家才能解决的复杂问题，达到具有与专家同等解决问题能力的水平。本章首先讨论了专家系统的基本概念、基本结构、与常规计算程序的区别等问题。专家系统的基本结构可以视为由知识库、推理机和用户界面三部分所组成。

20 世纪 70 年代，为了适应专家系统蓬勃发展得需要，知识工程应运而生。知识工程是一门以知识为研究对象的学科，它将具体智能系统研究中那些共同的基本问题抽出来，作为知识工程的核心内容，使之成为指导具体研制各类智能系统的一般方法和基本工具，成为一门具有方法论意义的科学。在知识工程的推动下，涌现出了不少专家系统开发工具。本章主要介绍了 MYCIN 和 OKPS。

习题

7-1　什么是专家系统？专家系统的基本结构包括哪些部分？每一部分的主要功能是什么？

7-2　给出 MYCIN 专家系统的信息流和推理过程。

7-3　为什么说 OKPS 是面向对象的专家系统开发工具？试用推理控制语言 ICL 构造一个简单的知识库。

7-4　专家系统的知识获取有哪些方法？

第8章　自然语言处理

自然语言作为人类表达和交流思想最基本的工具，在人类社会活动中到处存在。常见的形式有口头语言（语音）和书面语言（文字）。本章首先介绍自然语言处理的分层内容，然后介绍机器翻译、对话系统、问答系统、文本生成等方面所涉及的研究内容和实际应用。

8.1　引言

自然语言（Natural Language）是指人类语言的本族语，如汉语、英语。它是相对于诸如C语言、Java语言等人造语言而言的。自然语言处理（Natural Language Processing，NLP）是用机器处理人类语言的理论和技术，它作为语言信息处理技术的一个高层次的重要研究方向，一直是人工智能领域的核心课题。由于自然语言的多义性、上下文有关性、模糊性、非系统性和环境密切相关性、涉及的知识面广等原因，自然语言处理也是目前最困难的问题之一。

自然语言处理是人工智能和语言学领域的分支学科，包括多个方面和步骤，概括来说，主要是认知、理解和生成三个部分。自然语言认知和理解是让计算机把输入的语言变成有具体含义的符号和关系，然后根据使用者的目的做相应的处理。自然语言生成系统就是把计算机数据转化为自然语言的系统。

事实上，自然语言处理很难有个准确的定义。自然语言处理是一门研究人与人及人与计算机交际中语言问题的学科。2008年，冯志伟定义自然语言处理研究的是表示语言能力和语言应用的模型，通过建立计算机框架来实现这样的语言模型，并提出相应的方法来不断地完善这样的语言模型，同时根据这样的语言模型来设计各种实用系统，并探讨这些实用系统的评测技术［冯志伟2008］。

自然语言有两种基本的形式：口语和书面语。书面语比口语结构性要强，并且噪声也比较小。口语信息包括很多语义上不完整的子句。举个例子，如果听众对于某次演讲主题的客观和主观的知识不是很了解的话，听众有时可能无法理解演讲者的口语信息。书面语理解包括词法、语法和语义分析，而口语理解还需要在此基础上加入语音分析。本章只涉及书面语的理解问题，不考虑口语的分析。

如果计算机能够理解、处理自然语言，并且人机之间的信息交流能够以人们所熟悉的本族语言来进行，这将会是计算机技术的一项重大突破。创造和使用自然语言是人类高度智能的表现，因此对自然语言处理的研究也有助于揭开人类高度智能的奥秘，深化对语言能力和思维本质的认识。

计算机技术和人工智能技术的快速发展，推动了自然语言处理研究的不断进展，基本分为4个阶段。

1. 萌芽时期（20世纪40年代—60年代中期）

1946年，第一台计算机问世，震撼了整个世界。几乎同时，英国的布斯（Booth A D）和美国的韦弗（Weaver W）就开始了机器翻译方面的研究，这是由于当时国际上正处于美苏对抗时期，美苏等国开展的俄-英和英-俄互译研究工作开启了自然语言理解研究的早期阶段。1966年，美国自然语言处理咨询委员会向美国科学院提交了一份报告，称："尽管在机器翻译上投入了巨大的努力，但使用开发这种技术，在可预期的将来是不会成功的"。这导致了机器翻译的研究进入低潮。

在这一时期，乔姆斯基（Chomsky N）提出了形式语言和形式文法的概念，他把自然语言和程序设计语言置于相同的层面，用统一的数学方法来解释和定义。乔姆斯基建立的转换生成文法TG在语言学界引起了很大的轰动，使得语言学的研究进入了定量的研究阶段，也促进了程序设计语言学的极大发展，出现了诸如BASIC、FORTRAN、ADA等大量的语言。

2. 复苏发展时期（20世纪60年代后期—80年代中期）

这期间自然语言理解系统的发展实际上可以分为两个阶段：20世纪60年代以关键词匹配技术为主的阶段和20世纪70年代以句法-语义分析为主流技术的阶段。进入20世纪70年代后，自然语言理解的研究在句法-语义分析技术方面取得了重要进展。基于规则来建立词汇、句法语义分析，出现了若干有影响的自然语言理解系统。这个时期的代表系统包括伍兹（Woods W）设计的LUNAR，它是第一个允许用普通英语同数据库对话的人机接口，用于协助地质学家查找、比较和评价阿波罗11飞船带回的月球标本的化学分析数据。维诺格拉德（Winograd T）设计的SHEDLU系统，是一个在"积木世界"中进行英语对话的自然语言理解系统，它把句法、推理、上下文和背景知识灵活地结合于一体，模拟一个能够操纵桌子上一些积木玩具的机器人手臂，用户通过人机对话方式命令机器人放置哪些积木块，系统通过屏幕给出回答并显示现场的相应情景。

3. 工程发展时期（20世纪80年代后期—2008年）

20世纪80年代后，自然语言理解的应用研究广泛开展，实用化和工程化的努力使得一批商品化的自然语言人机接口和机器翻译系统出现于国际市场。著名的人机接口系统有美国人工智能公司（AIC）生产的英语人机接口系统Intellect、美国弗雷公司生产的Themis人机接口。在自然语言理解的基础上，机器翻译工作也开始走出低谷，重新兴起，并逐步走向实用。有较高水平的翻译系统包括欧洲共同体在美国乔治伦敦大学开发的机译系统SYSTRAN的基础上成功实现的英、法、德、西、意、葡等多语境的机器翻译系统，以及美国的META等系统。

4. 繁荣发展时期（2008年之后）

深度学习在语音和图像处理方面取得显著进展，使得自然语言处理研究者开始把目光转向深度学习，使之进入崭新的发展阶段，主要体现在以下几方面：①神经词袋模型，可以简单对文本序列中每个词嵌入进行平均，作为整个序列的表示。这种方法的缺点是丢失了词序信息。对于长文本，神经词袋模型比较有效。但是对于短文本，神经词袋模型很难捕获语义组合信息。②循环神经网络（RNN、LSTM、GRU），可以对一个不定长的句子进行编码，描述句子的信息。③卷积神经网络，通过多个卷积层和子采样层，最终得到一个固定长度的向量。④编码-解码技术，可以实现一个句子到另一个句子的变换。这是机器翻译、对话生成、问答系统的核心技术。

现今银行、电器、医药、司法、教育、金融等各个领域对自然语言处理的需求都非常多。在未来，自然语言处理如何与这些领域深度结合，为行业创造更大的价值值得我们关注。

8.2 自然语言处理的层次

语言虽然被表示成一连串文字符号或一串声音流，但实际上其内部是一个层次化的结构，从语言的构成中就可以清楚地看到这种层次性。一个由文字表达的句子所呈现的层次是词素→词或词形→词组或句子，而由声音表达的句子所呈现的层次则是音素→音节→音词→音句，其中每个层次都是受到语法规则的制约。因此，语言的处理过程也应当是一个层次化的过程。许多现代语言学家把这一过程分为5个层次：语音分析、词法分析、句法分析、语义分析和语用分析。下面对这5个层次进行简单的介绍。

1. 语音分析

语音分析，即根据音位规则，从语音流中区分出一个个独立的音素，再根据音位形态规则找出一个个音节及其对应的词素或词。

2. 词法分析

理解单词的基础，其主要目的是从句子中切分出单词，找出词汇的各个词素，从中获得单词的语言学信息并确定单词的词义，如unchangeable是由un-change-able构成的，其词义由这三个部分构成。不同的语言对词法分析有不同的要求，例如，英语和汉语就有较大的差距。

3. 句法分析

句法分析指对句子中的词语语法功能进行分析，比如“我来晚了”，这里“我”是主语，“来”是谓语，“晚了”是补语。句法分析现在主要的应用在于中文信息处理中，如机器翻译等。句法分析的方法又包括短语结构语法、乔姆斯基形式语法、句法分析树、转移网络和扩充转移网络。

4. 语义分析

句法分析通过后并不意味着已经理解了所分析的句子，至少还需要进行语义分析，把分析得到的句法成分与应用领域中的目标表示相关联，才能产生正确唯一的理解。简单的做法就是依次使用独立的句法分析程序和语义解释程序。语义分析是编译过程的一个逻辑阶段，其主要任务是对结构上正确的源程序进行上下文有关性质的审查，进行类型审查，审查源程序有无语义错误，为代码生成阶段收集类型信息。进行语义分析的方法主要包括语义文法和格文法。

5. 语用分析

语用分析即研究语言所存在的外界环境对语言使用所产生的影响。语用分析描述语言的环境知识、语言与语言使用者在某个给定语言环境中的关系。关注语用信息的自然语言处理系统更侧重于讲话者/听话者模型的设定，而不是处理嵌入给定话语中的结构信息。研究者们提出了很多语言环境的计算模型，描述“讲话者和他的通信目的”“听话者及他对说话者信息”的重组方式。

虽然这样层次之间并非是完全隔离的，但是这种层次化的划分的确有助于更好地体现语言本身的构成，在一定程度上使得自然语言处理系统的模块化成为可能。

由于词是最小的能够独立运用的语言单位，而很多孤立语和黏着语的文本不像西方屈折语的文本，词与词之间没有任何空格之类的显式标志指示词的边界，因此，自动分词问题就成了计算机处理孤立语和黏着语文本时面临的首要基础性工作，是诸多应用系统不可或缺的一个重要环节。(黏着语的特征在于每一个词仅仅表示一个意思。也就是说，一句话的所有语素都通过一个词来表达。例如，斯瓦西里语 ni-na-soma 的意思是 I am reading。其中，ni 表示 I，na 表示现在时，soma 表示 read，整个意思用一个词来表示。而所谓屈折语就是通过屈折变化来表达意义。所谓屈折变化就是通过改变词语的形态，英语是典型的屈折语，比如加-s 来表示复数或者第三人称变化，或者加-ed 表示时态变化等。)

8.3 机器翻译

机器翻译，又称为自动翻译，是利用计算机将一种自然语言（源语言）转换为另一种自然语言（目标语言）的过程。机器翻译是语言学、人工智能、计算技术和认知科学等学科相结合的产物。它是计算语言学的一个分支，是人工智能的终极目标之一，具有重要的科学研究价值。同时，机器翻译又具有重要的实用价值。随着经济全球化及互联网的飞速发展，机器翻译技术在促进政治、经济、文化交流等方面起到越来越重要的作用。

机器翻译的发展经历了一条曲折的道路。大体上说，20 世纪 50 年代初到 60 年代中为大发展时期。但是由于当时对机器翻译的复杂性认识不足而产生了过分的乐观情绪。20 世纪 60 年代中到 70 年代初由于遇到了困难而处于低潮时期。20 世纪 80 年代机器翻译开始复兴，注意力几乎都集中在人助自动翻译上，人助工作包括译前编辑（或受限语言）、翻译期间的交互式解决问题和译后编辑等。几乎所有的研究活动都致力于在传统的基于规则和“中间语言”模式的基础上进行语言分析和生成方法的探索，这些方法都伴有人工智能类型的知识库。在 20 世纪 90 年代早期，机器翻译研究被新兴的基于语料库的方法向前推进，出现新的统计方法的引入以及基于案例的机器翻译等。近些年，机器翻译取得了很大发展，Google、百度等公司都推出了联机翻译系统。桌面翻译记忆软件 SDL TradosStudio 得到广泛的应用。

我国进行机器翻译研究开始于 1957 年，主要研究俄汉、英汉机器翻译。俄汉方面，中国科学院计算技术研究所等研究制定了一套俄汉机器翻译规则系统，并于 1959 年国庆十周年前夕在我国自制的 104 电子计算机上成功地进行了试验。

机器翻译的一般过程包括：源语文输入、识别与分析、生成与综合和目标语言输出。当源语文通过键盘或扫描器或话筒输入计算机后，计算机首先对一个单词逐一识别，再按照标点符号和一些特征词（往往是虚词）识别句法和语义。然后查找机器内存储的词典和句法表、语义表，把这些加工后的语文信息传输到规则系统中。从源语文输入的字符系列的表层结构分析到深层结构，在机器内部就得到一种类似乔姆斯基语法分析的“树形图”。在完成对源语文的识别和分析之后，机器翻译系统要根据存储在计算机内部的双语词典和目的语的句法规则，逐步生成目标语言的深层次结构，最后综合成通顺的语句，也就是从深层又回到表层。然后将翻译的结果以文字形式输送到显示屏或打印机，或经过语音合成后用扬声器以声音形式输出目标语言。图 8-1 给出了基于规则的转换式机器翻译流程图［俞士汶 2003］。

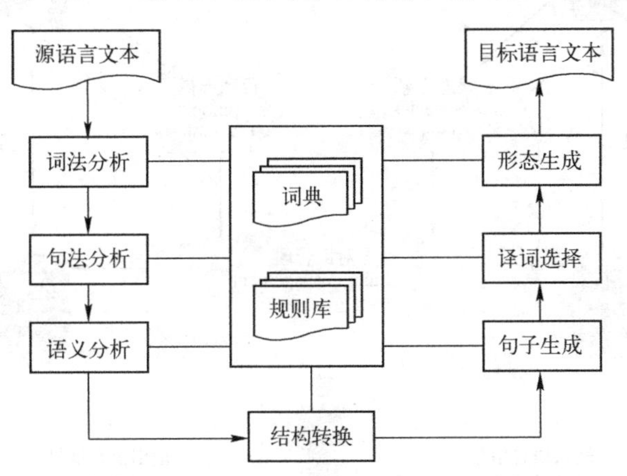

图 8-1　基于规则的转换式机器翻译流程图

机器翻译研究与知识处理有密切关系，它涉及有关语言内的知识、语言间的知识以及语言外的世界知识，其中包括常识和相关领域的专门知识。目前，面向 Web 的多语种、多专业的高性能机器翻译系统成为研究热点。

8.4　对话系统

对话系统（Dialog System）是指以完成特定任务为主要目的的人机交互系统。在现有的人与人之间对话的场景下，对话系统能帮助提高效率、降低成本，比如客服与用户之间的对话。

这里列出几个对话系统的具体应用。Siri 大家都很熟悉，每个 iOS 上都有。Cortana 和 Siri 类似，是微软推出的个人助理应用，主要在 Windows 系统中。亚马逊的 Echo 是最为火热的智能音箱之一，发布上市的两年内销量超过 500 万台，用户可以通过语音交互获取信息、商品和服务。

图 8-2 给出了语音对话系统的结构，它由 5 个主要部分组成：①自动语音识别（Automatic Speech Recognition，ASR），将原始的语音信号转换成文本信息；②自然语言理解（Natural Language Understanding，NLU），将识别出来的文本信息转换为机器可以理解的语义表示；③对话管理（Dialog Management，DM），基于对话的状态判断系统应该采取什么动作，这里的动作可以理解为机器需要表达什么意思；④自然语言生成（Natural Language Generation，NLG），将系统动作转变成自然语言文本；⑤语音合成（Text to Speech，TTS），将自然语言文本变成语音输出给用户。

一般地，有些对话系统的输入输出不一定是语音，可以是文本，因此不是每个对话系统都包含语音识别和语音合成这两个模块。下面重点介绍自然语言理解、对话管理和自然语言生成。

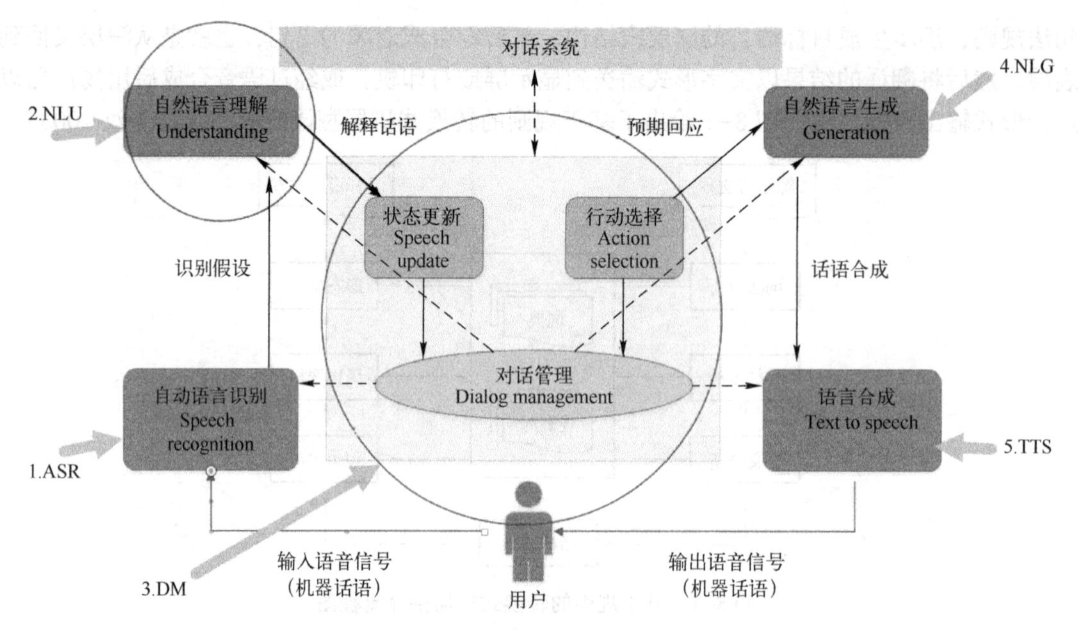

图 8-2　语音对话系统的结构

1. 自然语言理解

自然语言理解的目标是将文本信息转换为可被机器处理的语义表示。因为同样的意思有很多种不同的表达方式，对机器而言，理解一句话里每个词的确切含义并不重要，重要的是理解这句话表达的意思。为了让机器能够处理，用语义表示来表示自然语言的意思。语义表示可以用意图+槽位的方式来描述。意图即这句话所表达的含义，槽位即表达这个意图所需要的具体参数，用槽（Slot）-值（Value）对的方式表示。

下面介绍自然语言理解的几种方法。第一种是基于规则的方法，大致的思路是定义很多语法规则，即表达某种特定意思的具体方式，然后根据规则去解析输入的文本。这种方法的好处是非常灵活，可以定义各种各样的规则，而且不依赖训练数据。当然缺点也很明显，就是复杂的场景下需要很多规则，而这些规则几乎无法穷举。因此，基于规则的对话理解只适合于相对简单的场景，适合快速地做出一个简单可用的语义理解模块。当数据积累到一定程度时，就可以使用基于统计的方法。

基于统计的自然语言理解使用数据驱动的方法来解决意图识别和实体抽取的问题。意图识别可以描述成一个分类问题，输入是文本特征，输出是它所属的意图分类。传统的机器学习模型，如 SVM、Adaboost 都可以用来解决该问题。

实体抽取则可以描述成一个序列标注问题，输入是文本特征，输出是每个词或每个字属于实体的概率。传统的机器学习模型，如 HMM、CRF 都可以用来解决该问题。如果数据量够大，也可以使用基于神经网络的方法来做意图识别和实体抽取，通常可以取得更好的效果。

自然语言理解是所有对话系统的基础，目前有一些公司将自然语言理解作为一种云服务提供，方便其他产品快速地具备语义理解能力。比如 Facebook 的 wit. ai、Google 的 api. ai 和微软的 luis. ai，都是类似的服务平台，使用者上传数据，平台根据数据训练出模型并提供接口供使用者调用。

2. 对话管理

对话管理是对话系统的大脑，它主要做两件事情：①维护和更新对话的状态。对话状态是一种机器能够处理的数据表征，包含所有可能会影响到接下来决策的信息，如对话管理模块的输出、用户的特征等。②基于当前的对话状态，选择接下来合适的动作。举一个具体的例子，用户说「帮我叫一辆车回家」，此时对话状态包括对话管理模块的输出、用户的位置和历史行为等特征。在这个状态下，系统接下来的动作可能有几种：向用户询问起点，如「请问从哪里出发」；向用户确认起点，如「请问从公司出发吗」；直接为用户叫车，「马上为你叫车从公司回家」。

常见的对话管理方法有 3 种。第一种是基于有限状态机，将对话过程看成是一个有限状态转移图。对话管理每次有新的输入时，对话状态都根据输入进行跳转。跳转到下一个状态后，都会有对应的动作被执行。基于有限状态机的对话管理，优点是简单易用，缺点是状态的定义以及每个状态下对应的动作都要靠人工设计，因此不适合复杂的场景。

另一种对话管理采用部分可见的马尔可夫决策过程。所谓部分可见，是因为对话管理的输入是存在不确定性的，对话状态不再是特定的马尔可夫链中特定的状态，而是针对所有状态的概率分布。在每个状态下，系统执行某个动作都会有对应的回报。基于此，在每个对话状态下，选择下一步动作的策略即为选择期望回报最大的那个动作。这种方法有以下几个优点：①只需定义马尔可夫决策过程中的状态和动作，状态间的转移关系可以通过学习得到；②使用强化学习可以在线学习出最优的动作选择策略。当然，这种方法也存在缺点，即仍然需要人工定义状态，因此在不同的领域下该方法的通用性不强。

最后一种对话管理方法是基于神经网络的深度学习方法。它的基本思路是直接使用神经网络去学习动作选择的策略，即将对话理解的输出等其他特征都作为神经网络的输入，将动作选择作为神经网络的输出。这样做的好处是，对话状态直接被神经网络的隐向量所表征，不再需要人工去显式地定义对话状态。对话策略优化采用强化学习技术，决定系统要采取的行动指令。

3. 自然语言生成

自然语言生成模块是根据对话管理模块输出的系统行动指令，生成对应的自然语言回复并返回给用户。解决回复生成问题的方法目前主要分为两种，即基于检索的方法和基于生成的方法。检索式方法通常是在一个大的回复候选集中选出最适合的来回答用户提出的问题，虽然其保证了回复的流畅性和自然性，但其高度依赖于候选集的大小和检索方法的效果，有时候得不到理想的结果。生成式方法则借助于循环神经网络（RNN），通过对对话的学习来生成新的回复，这样不仅能够有效解决长距离依存问题，而且借助深度学习能够自行选择特征的机制，能够采用端到端的方式在任务数据上直接优化，在对话系统任务中的回复生成问题上取得了好的效果。

8.5 问答系统

问答系统（Question Answering System，QA）是为用户提出的自然语言问题自动提供精准答案。目前该类系统广泛用于包括搜索引擎和智能语言助手等在内的人工智能产品。2011年2月14日，在美国最受欢迎的智力问答节目《危险边缘》（Jeopardy）中，IBM的“沃森（Watson）”超级计算机击败该节目的两名总冠军詹宁斯（Jennings）和鲁特尔（Rutter），实现有史以来首次人机智力问答对决，并赢取高达100万美元的奖金。这是人工智能技术取得成功的代表。

一般问答系统模型分为三层结构，分别为用户层、中间层和数据层。各部分的主要功能如下：

1）用户层（UI）。用户层供用户输入提问的问题，并显示系统返回的答案。

2）中间层（MI）。中间层主要负责：分词、处理停用词、计算词语相似度、计算句子相似度和返回答案集。

3）数据层（DI）。数据层负责系统的知识库存储，主要有专业词库、常用词库、同义词库、停用词库、课程领域本体、《知网》本体和常见问题集（FAQ）库。

问答系统自动答题的步骤如下：

1）根据专业词库、常用词库和同义词库对用户输入的自然语言问句通过逆向最大匹配的方法进行分词，对于未登记词借助于分词工具把未登记词添加到词库中，在分词过程中同时标注词的词性和权值。

2）对于分词后的结果依据停用词库，并参考词性，删除停用词。

3）对于专业词汇采取基于本体的概念相似度方法进行计算词语语义相似度，对于其他词汇采取基于《知网》本体计算词语语义相似度。

4）分别计算IFIDF相似度，根据词语的语义相似度来计算句子的语义相似度，通过计算词形、句长、词序、距离相似度来计算句子的结构相似度，最后组合起来加权求和计算句子相似度。（注：基于关键词向量空间模型的TF-IDF问句相似度计算方法是一种基于语料库中出现的关键词词频的统计方法，它是建立在大规模真实问句语料基础之上的。）

5）根据计算用户提问的问题与FAQ中问题的句子相似度，定义一个相似度阈值，从FAQ中抽取不小于相似度阈值且相似度最高的问题及其答案作为用户提问问题的答案；对于从FAQ中抽取不到答案的问题通过发邮件给专家，添加到待解决问题集中，专家回答更新FAQ。问答系统的系统结构如图8-3所示。

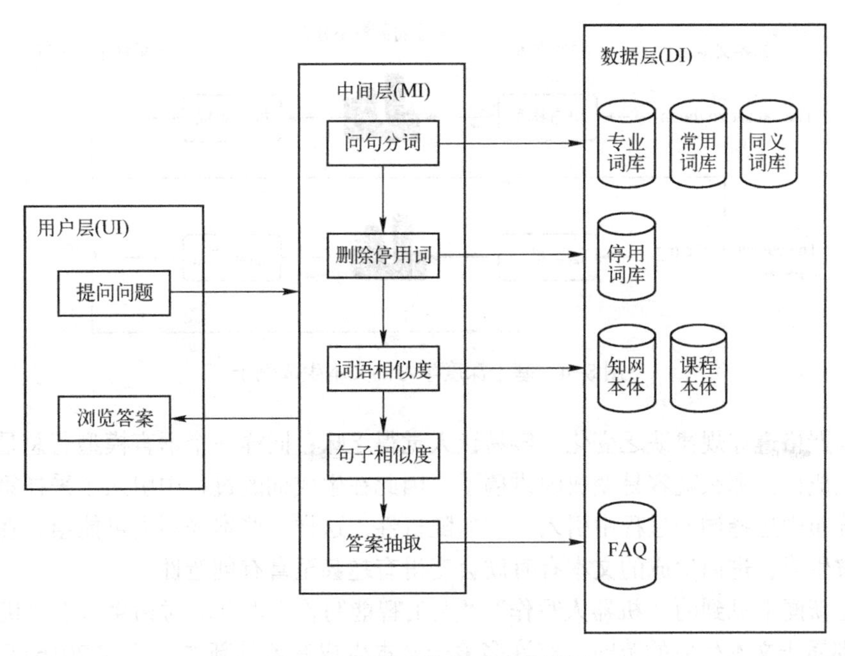

图 8-3　问答系统的系统结构图

8.6　文本生成

文本自动生成是自然语言处理领域的一个重要研究方向，实现文本自动生成也是人工智能走向成熟的一个重要标志。简单来说，期待未来有一天计算机能够像人类一样会写作，能够撰写出高质量的自然语言文本。文本自动生成技术极具应用前景。例如，文本自动生成技术可以应用于智能问答与对话、机器翻译等系统，实现更加智能和自然的人机交互；也可以通过文本自动生成系统替代编辑实现新闻的自动撰写与发布，最终将有可能颠覆新闻出版行业；该项技术甚至可以用来帮助学者进行学术论文撰写，进而改变科研创作模式。

近年来人们时常听到这类很不可思议的新闻，如 AI 写诗、AI 创作小说等。本节对这种功能是如何通过深度学习来实现的过程进行介绍。

通常文本生成的基本策略是借助语言模型，这是一种基于概率的模型，可以根据输入数据预测下一个最有可能出现的词，而文本作为一种序列数据（Sequence Data），词与词之间存在上下文关系，所以使用循环神经网络（RNN）基本上是标配，这样的模型被称为神经语言模型（Neural Language Model）。在训练完一个语言模型后，可以输入一段初始文本，让模型生成一个词，把这个词加到输入文本中，再预测下一个词。这样不断循环就可以生成任意长度的文本，如图 8-4 所示，给定一个句子“The cat sat on the m”可生成下一个字母“a”。

图 8-4 中语言模型（Language Model）的预测输出其实是字典中所有词的概率分布，而通常会选择生成其中概率最大的那个词。不过图中出现了一个采样策略（Sampling Strategy），这意味着有时候人们可能并不总是想要生成概率最大的那个词。设想一个人的行

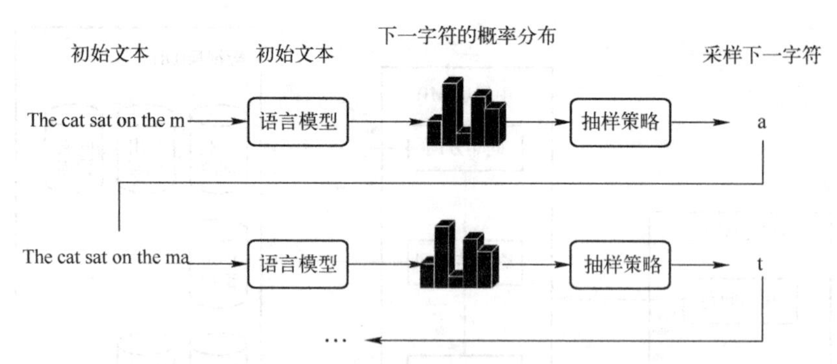

图 8-4　基于深度学习的文本生成例子

为如果总是严格遵守规律缺乏变化，容易让人觉得乏味；同样一个语言模型若总是按概率最大的模式生成词，那么就容易变成演讲稿了。因此在生成词的过程中引入了采样策略，在最后从概率分布中选择词的过程中引入一定的随机性，这样一些本来不大可能组合在一起的词可能也会被生成，进而生成的文本有时候会变得有趣甚至富有创造性。

通常在新闻上见到的“机器人写作”“人工智能写作”“自动对话生成”“机器人写古诗”等，都属于文本生成的范畴。有许多关于文本生成有趣的新闻，比如 2016 年 MIT 计算机科学与人工智能实验室的一位博士后开发了一款推特机器人，叫 DeepDrumpf，它可以模仿当时的美国总统候选人 Donald Trump 来发文。美国媒体报道，谷歌的人工智能项目在学习了上千本浪漫小说之后能写出后现代风格的诗歌。

“早春江上雨初晴，杨柳丝丝夹岸莺。画舫烟波双桨急，小桥风浪一帆轻。”谁能想到，这是人工智能以“早春”为关键词创作的一首诗。作者“九歌”，由清华大学计算机科学与技术系孙茂松教授带领学生团队历时三年研发而成。

“计算机怎样做出这样的诗，我们也不知其中规则。”孙茂松说，这是深度学习的“黑箱”现象。在他看来，每首古诗像一串项链，项链上的珠子就是字词。深度学习模型先把项链彻底打散，然后通过自动学习，将每颗珠子与其他珠子的隐含关联赋予不同权重。作诗时，再将不同珠子重穿成新项链。

在孙茂松看来，目前人工智能创作是颇受限制的，理论上并未超出前人在千百年诗歌创作实践中无意识“界定”的创作空间。古人写诗是“功夫在诗外”，常根据经历有感而发，有内容有意境，而机器暂时难以做到“托物言志”或“借景抒情”。

8.7　本章小结

自然语言是人类智慧的结晶，自然语言处理是人工智能中最为困难的问题之一，而对自然语言处理的研究也是充满魅力和挑战的。本章概括了自然语言处理的历史和现状，简要介绍了自然语言处理的层次。对自然语言处理中具有重要应用价值的机器翻译、对话系统、问答系统和文本生成做了扼要的阐述。在此抛砖引玉，希望感兴趣的读者能对自然语言处理更深入地研究。

习题

8-1　什么是自然语言处理？自然语言处理的过程有哪些层次？各层次的功能如何？

8-2　机器翻译的一般过程包括哪些步骤？试述每个步骤的主要功能是什么。

8-3　请说出对话系统的三个主要模块及对应功能。

8-4　什么是问答系统？请扼要介绍问答系统自动答题的步骤。

8-5　什么是文本生成的语言模型？举例说明构建语言模型的方法。

第 9 章　多智能体系统

智能体（Agent）也叫主体、代理或智能 Agent。随着互联网的快速发展和广泛应用，关于智能体的研究引起了人工智能、计算机、自动化等领域的研究人员的浓厚兴趣，为分布式智能系统的集成和应用开辟了一条有效的途径，促进了人工智能和软件工程的发展。本章首先介绍智能体的基本概念，然后介绍智能体的体系结构、通信语言、协调和协作、移动智能体。

9.1　引言

在计算机和人工智能领域中，智能体可以看作是一个自动执行的实体，它通过传感器感知环境，通过效应器作用于环境。若智能体是人，则传感器有眼睛、耳朵和其他器官，手、腿、嘴和身体的其他部分是效应器。若智能体是机器人，则摄像机等是传感器，各种运动部件是效应器。一般智能体可以用图 9-1 表示。

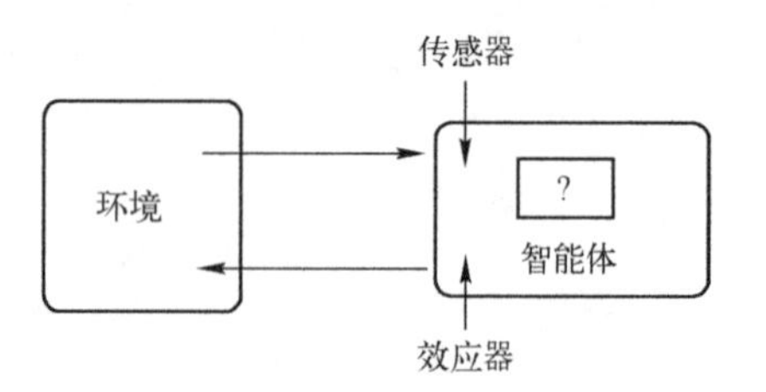

图 9-1　智能体与环境交互作用

通常认为一个智能体需要具有下述特性：

1）自主性。这是一个智能体的基本特性，即智能体可以控制它自身的行为。智能体的自主性主要体现在：

- 智能体的行为应该是主动的、自发的；
- 智能体应该有它自己的目标或意图；
- 根据目标、环境等的要求，智能体应该对自己的短期行为做出规划。

2）交互性。即对环境的感知和影响。无论智能体生存在现实的世界中（如机器人、Internet 上的服务智能体等），还是虚拟的世界中（如虚拟商场中的智能体等），它们都应该可以感知它们所处的环境，并通过行为改变环境。一个不能对环境做出影响的物体不能被称为智能体。

3）协作性。通常智能体不是单独地存在，而是生存在一个有很多个智能体的世界中。智能体之间的良好有效的协作可以大大提高整个多智能体系统的性能。

4）可通信性。这也是一个智能体的基本特性。所谓通信，是指智能体之间可以进行信息交换。更进一步，智能体应该可以和人进行一定意义下的“会话”。任务的承接、多智能体的协作、协商等都以通信为基础。

5）长寿性（或时间连贯性）。传统程序由用户在需要时激活，不需要时或者运算结束后停止。智能体与之不同，它应该至少在“相当长”的时间内连续地运行。这虽然不是智能体的必须特性，但目前一般认为它是智能体的重要性质。

对于智能体的研究主要包括智能体理论和体系结构。智能体理论主要关于智能体的认知模型和形式化描述。智能体的体系结构讨论智能体应由哪些模块组成，它们之间如何交互信息，智能体感知到的一些信息如何影响它的行为和内部状态，如何将智能体的这些模块用软件或硬件的方式组合起来形成一个有机的整体。

1987 年，布拉特曼（Bratman M E）提出理性智能体的 BDI（Belief 信念，Desire 愿望，Intention 意图）理论，信念、愿望和意图的理性平衡，才能有效地解决问题。图 9-2 给出 BDI 智能体模型的基本结构，它可以通过下列要素描述：

1）一组关于世界的信念。

2）智能体当前打算达到的一组目标。

3）一个规划库，描述怎样达到目标和怎样改变信念。

4）一个意图结构，描述智能体当前怎样达到它的目标和改变信念。

BDI 智能体的解释器算法具体如下：

算法 9.1 BDI 解释器（interpreter）

```
initialize-state( );
do
    options := option-generator(event-queue, B, G, I);
    selected-options := deliberate(options, B, G, I);
    update-intentions(selected-options, I);
    execute(I);
    get-new-external-events( );
    drop-successful-attitudes(B,G,I);
    drop-impossible-attitudes(B,G,I);
until quit.
```

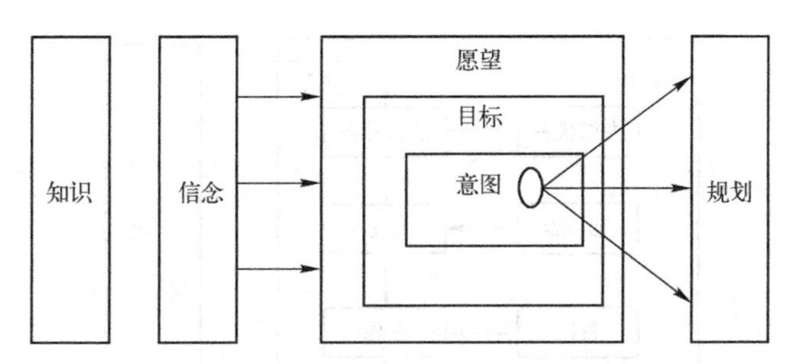

图 9-2 BDI 智能体模型的基本结构

9.2 智能体结构

智能体结构有多种划分方法。一般将其分为慎思智能体、反应智能体和层次智能体。

1）慎思智能体：智能体的决策是通过逻辑演绎实现的。

2）反应智能体：智能体的决策是通过从情景到动作的某种直接映射实现的。

3）层次智能体：智能体的决策是通过软件不同层次实现的，每个层次或多或少地都在不同的抽象程度上显式地实现对环境的推理。

9.2.1 慎思智能体

在建造智能系统时，符号主义的思想认为对系统所处的环境以及系统的行为采用符号表示，并对这些符号进行语法操作可以得到智能的行为。这里，把符号的表示称为逻辑公式，语法上的操作对应于逻辑演绎或定理证明。

慎思智能体（Deliberative Agent），也称作认知智能体（Cognitive Agent），是一个显式的符号模型，包括环境和智能行为的逻辑推理能力。它保持了经典人工智能的传统，是一种基于知识的系统（Knowledge-based System）。环境模型一般是预先实现好的，形成主要部件：知识库。

图 9-3 给出了慎思智能体的结构。智能体通过传感器接收外界环境的信息，根据内部状态进行信息融合，产生修改当前状态的描述。然后，在知识库的支持下制定规划。形成一系列动作，通过效应器对环境发生作用。慎思智能体程序见算法 9.2。

算法 9.2 慎思智能体程序

```
function Deliberate-Agent(percept) returns action
    static:environment, /* 描述当前世界环境 */
        kb, /* 知识库 */
        plan /* 规划 */
    environment ← Update-World-Model(environment,percept)
    state← Update-Mental-State(environment,state)
    plan ← Decision-Making(state,kb,action)
    environment ← Update-World-Model(environment,action)
    return action
```

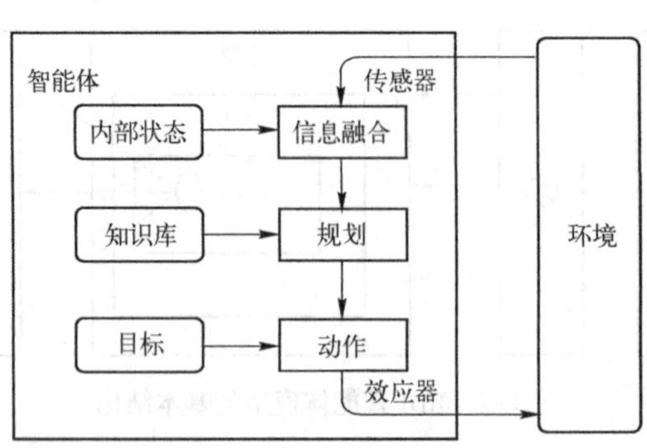

图 9-3 慎思智能体的结构

算法 9.2 中，Update-World-Model 函数从感知产生当前世界环境的抽象描述。Update-Mental-State 函数根据当前感知到的环境，修改智能体内部的心智状态。智能体运用知识，通过 Decision-Making 函数进行决策，制定规划。智能体执行所选的动作，并通过 Update-World-Model 函数与环境发生交互。

9.2.2 反应智能体

传统人工智能的问题几乎没有改变地反映在慎思智能体中，主要问题在于结构僵硬。智能体工作在动态变化的环境中，因此，它们必须有能力基于当前情景做出决策。但是，它们的意图和规划是根据过去特定时间的符号模型开发的，很少有变化。基于规划的僵硬结构相对扩大了弱点。因为规划器、调度器和执行器之间转换是很费时间的。

与此不同，反应智能体（Reactive Agent）是不包含用符号表示的世界模型，并且是不使用复杂的符号推理的智能体。图 9-4 给出了反应智能体的结构。图中条件-动作规则使智能体将感知与动作连接起来。反应智能体程序见算法 9.3。

算法 9.3 反应智能体程序

```
function Reactive-Agent(percept) returns action
    static:state, /* 描述当前世界状态 */
        rules, /* 一组条件-动作规则 */
    state ← Interpret-Input(percept)
    rule  ← Rule-Match(state,rules)
    action ← Rule-Action[rule]
    return action
```

上述程序中，Interpret-Input 函数从感知产生当前状态的抽象描述，Rule-Match 函数返回与给定状态描述匹配的规则组中的一条规则。

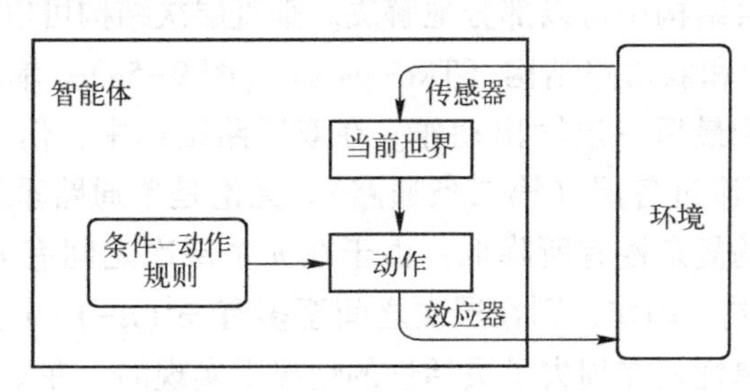

图 9-4 反应智能体的结构

9.2.3 层次智能体

为了实现具有反应行为和主动行为的智能体，一种方法是建立处理这两种不同行为的子系统。通过把这些不同的子系统组织为层次，各层次之间可以交互，这样得到层次结构的智能体。

在层次智能体结构中，至少存在有两个层次，分别用来处理反应行为和主动行为。根据信息流和控制流，可以对层次智能体结构做进一步的划分。粗略地说，在层次结构中存在两种形式的控制流。

水平的：在这种结构中（图 9-5a），每个软件层次都直接和传感器输入以及动作输出相连。事实上，每个层次自身就如同一个智能体一样，给出智能体执行什么动作的建议。

垂直的：如图 9-5b、c 所示，传感器输入和动作输出分别有一个层次来负责处理。

水平层次结构最大的优势是概念的简单性：如果需要智能体表现出 n 种不同类型的行为，则可实现 n 个不同的层次。然而，由于层次之间是相互竞争地给出动作选择，则有可能导致整个系统的行为是不连贯的。为了保证水平结构是一致的，通常包含一个仲裁（Mediator）函数，用于确定在任何时刻哪个层次对智能体拥有控制权。当然这样做也是有问题的，设计

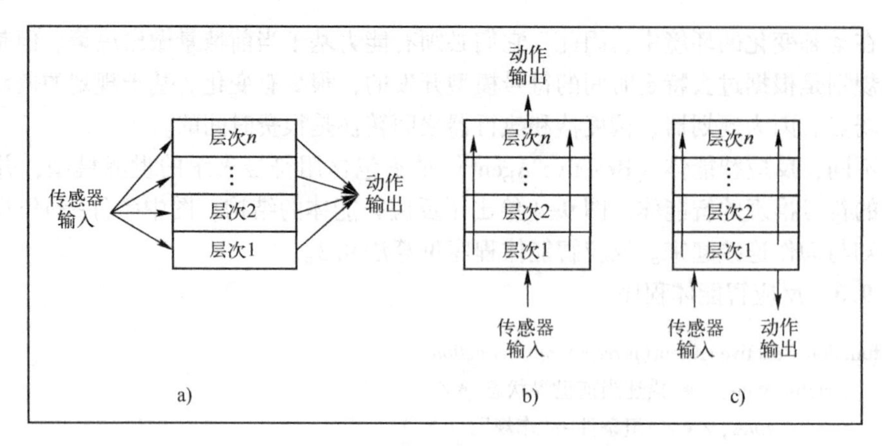

图 9-5　层次智能体结构的信息和控制流

a）水平结构　b）垂直结构（单通路结构）　c）垂直结构（双通路结构）

者必须考虑层次之间所有可能的交互。如果存在 n 个层次，每个层次可以给出 m 种不同的动作，则就需要考虑 m^n种交互。从设计的角度看，即使对最简单的系统，这也是很难实现的。因此，增加中心控制部分的同时也为智能体的决策增加了瓶颈。

上述这些问题在垂直结构中可以部分地解决。垂直层次结构可以进一步分为单通路结构（One-pass）（图 9-5b）和双通路结构（Two-pass）（图 9-5c）。单通路结构中，控制流顺序地通过每个层次，直到最后一层输出动作。在双通路结构中，信息流向上流过各层（第一条通路），控制流向下流过各层（第二条通路）。无论是单通路垂直结构，还是双通路垂直结构，层次之间交互的复杂性有所降低：由于在 n 个层次之间有 $n-1$ 个交互，那么如果每个层次可以有 m 种不同的动作，则在层次之间至多有 $m^2(n-1)$个交互。这比水平结构简单了许多。然而这种简单性是在损失了灵活性的情况下实现的，在垂直结构中，为了做出决断，控制必须通过不同的层次。同时，这样结构容错性也不如水平结构。

9.3　智能体通信语言 ACL

智能物理智能体基金 FIPA（Foundation for Intelligent Physical Agenthaodels）组织的目的是促进基于智能体的应用、服务和设备的成功实现。FIPA 通过制定能及时获得国际承认的规范来达到这一目标，这种规范可以最大限度地增大基于智能体的应用、服务和设备的互操作性。

FIPA97 规范定义了一种语言和支持工具，如协议，用于软件智能体相互通信。虽然软件智能体没有单一的、通用的定义，但是智能体行为的一些特性是可以被广泛接受的。FIPA 定义的通信语言用于支持和促进这些行为。这些特性包括但不限于这些：

1）目标驱动行为。

2）动作过程的自主决定。

3）通过协商和委托进行交互。

4）心智状态模型，例如，信念、意图、愿望、规划和承诺。

5）对于环境和需求的适应性。

通信这一行为是由一个智能体向另一个智能体实施的，可以称为通信动作。智能体的通信动作可以影响到其他智能体的行为。通信动作的实施和接受通常分别表示为消息的发送和接收。消息类型定义了被执行的通信动作。结合适当的领域知识，通信语言可以使接受者确定消息内容的含义。

FIPA 提出的智能体通信语言 ACL 用于描述智能体之间的交互行为。ACL 中消息表示为一个通信动作。为了简洁和一致，在对话时处理通信动作应和处理其他动作相一致；一个已知通信动作是一个智能体能完成的动作中的一个。

9.4 协调和协作

智能体一般不是独立存在的，常常会有多个智能体集成在一起，组成一个多智能体系统，相互协调，相互协作，共同完成任务。智能体间的协作是保证系统能在一起共同工作的关键。另外，智能体间的协作也是多智能体系统与其他相关研究领域（如分布式计算、面向对象的系统、专家系统等）区别开来的关键性概念之一。协调与协作是多智能体研究的核心问题之一，因为以自主的智能体为中心，使多智能体的知识、愿望、意图、规划和行动协调，以至达到协作是多智能体的主要目标。

协调是指一组智能体完成一些集体活动时相互作用的性质。协调是对环境的适应。在这个环境中存在多个智能体并且都在执行某个动作。协调一般是改变智能体的意图，协调的原因是其他智能体的意图存在。协作是非对抗的智能体之间保持行为协调的一个特例。在开放、动态的多智能体环境下，具有不同目标的多个智能体必须对其目标、资源的使用进行协调。例如，在出现资源冲突时，若没有很好的协调，就有可能出现死锁。而在另一种情况下，即单个智能体无法独立完成目标，需要其他智能体的帮助，这时就需要协作。

在多智能体系统中，协作不仅能提高单个智能体以及由多个智能体所形成的系统的整体行为的性能，增强智能体及智能体系统解决问题的能力，还能使系统具有更好的灵活性。

针对智能体协作的研究大体上可分为两类，一类将其他领域（如博弈论 Game Theory、经典力学理论等）研究多个实体行为的方法和技术用于智能体协作的研究；另一类则从智能体的目标、意图、规划等心智态度出发来研究多智能体间的协作。前一类方法所运用的不同的理论一般只适用于特定的协作环境，一旦环境发生变化，如智能体的个数、类型及智能体间的交互关系与该理论所适用的情形不一致时，基于该理论的协作机制就失去了优势。而后一类方法则较偏重于问题的规划与求解，并且它们所假定的协作过程差异显著。有的是先找协作伙伴再规划求解，有的是先对问题进行规划，然后由智能体按照该规划采取协作性的行动。

9.4.1 合同网

1980 年，斯密斯（Smith P）在分布式问题求解中提出了一种合同网协议（Contact-net Protocol）。后来这种协议广泛用在多智能体系统的协调中。智能体之间通信经常建立在约定的消息格式上。实际的合同网系统基于合同网协议提供一种合同协议，规定任务指派和有关智能体的角色。图 9-6 给出了合同网系统中节点的结构。

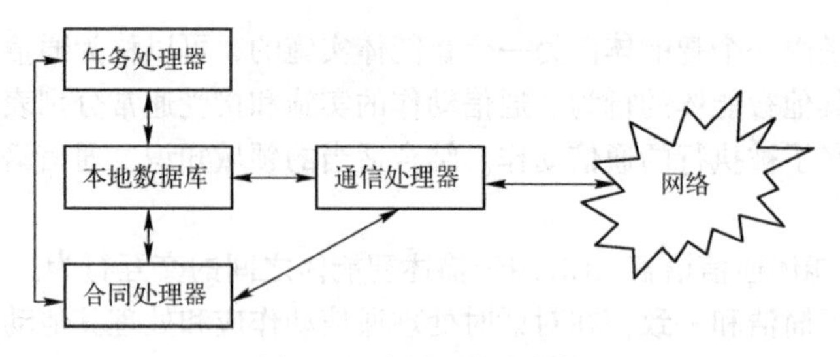

图 9-6　合同网节点结构

本地数据库包括与节点有关的知识库、协作协商当前状态和问题求解过程的信息。另外，三个部件利用本地知识库执行它们的任务。通信处理器与其他节点进行通信，节点仅仅通过该部件直接与网络相接。特别是通信处理器应该理解消息的发送和接收。

合同处理器判断投标所提供的任务，发送应用和完成合同。它也用于分析和解释到达的消息。最后，合同处理器执行全部节点的协调。任务处理器是对赋予它的任务进行处理和求解，它从合同处理器接收所要求解的任务，利用本地数据库进行求解，并将结果送到合同处理器。

合同网工作时，将任务分成一系列子问题。有一个特定的节点称作管理器，它了解任务的所有的子问题（图 9-7）。

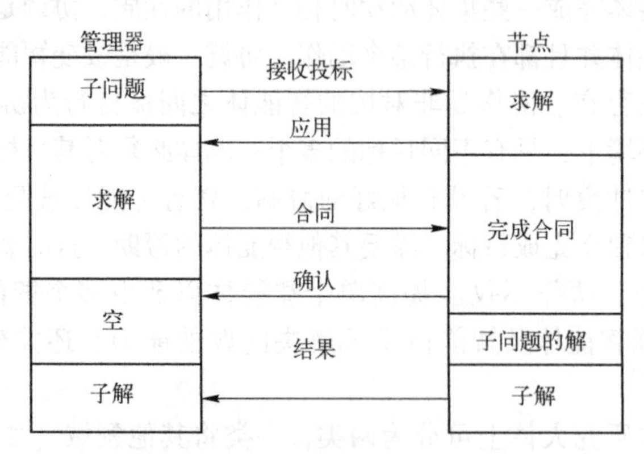

图 9-7　合同网系统中合同协商过程

管理器提供投标，也就是要解决而尚未解决的子问题合同。它使用合同协议定义的消息结构，例如：

TO:All nodes

FROM:Manager

TYPE:Task bid announcement

ContractID:xx-yy-zz

Task Abstraction:<description of the problem>

Eligibility Specification:<list of the minimum requirements>

Bid Specification:<description of the required application information>

Expiration time<latest possible application time>

标书对所有智能体都是开放的，通过合同处理器进行求解。合同处理器决定该公布的任务申请是不是要做。如果要做，它将按下面结构通知管理器：

TO:Manager
FROM:Node X
TYPE:Application
ContractID:xx-yy-zz
Node Abstraction:<description of the node' s capabilities>

管理器必须按照一定的原则，选择可以完成该子问题的节点，将合同有关的子问题求解任务交给它。根据合同消息管理器指派合同如下：

TO:Node X
FROM:Manager
TYPE:Cntract
ContractID:xx-yy-xx
Task Specification:<description of the subproblem>

通信节点发送确认消息到管理器，以规定的形式确认接收合同。当问题求解阶段完成，已解的问题传给管理器。接收子问题的节点完全负责子问题的求解，即完成合同。

合同网系统纯粹是任务分布。节点不接收其他节点当前状态任何信息。如果节点后来认为所安排的任务超过它的能力和资源，那么它可以进一步划分子问题，分配子合同到其他节点。这时，它可以使自己具有管理器角色，提交子问题标书。这样，合同网系统可以形成分层任务结构，每个节点可以同时是管理器、投标申请者和合同成员。

9.4.2 基于生态学的协作

20 世纪 80 年代末，在计算机中出现了一个崭新的学科——计算生态学（the Ecolog of Computation)。计算生态学是研究关于开放系统中决定计算结点的行为与资源使用的交互过程的学科。它摒弃了封闭、静止地处理问题的传统算法，将世界看作是开放的、进化的、并发的，通过多种协作处理问题的“生态系统”（Ecosystem）来研究分布式系统。它的进展与开放信息系统的研究息息相关。

分布式计算系统具有类似于社会的、生物界组织形式的特征。这类开放系统与传统的计算机系统有很大差别，它们对于复杂的任务进行异步的计算，它们的节点可以在其他机器上产生进程并处理信息。这些节点能根据不完备的知识与不完整的、经常迟到的信息做出局部决策。整个系统不存在中心控制，而是通过各节点的交互，协作地解决问题。所有这些特点构成了一个并发的组合体，它们的交互、策略以及对资源的竞争类似纯粹的生态学。Hewitt提出了开放信息系统的概念，他认为不完备的知识、异步的计算以及不一致的数据是开放计算系统所无法避免的。人类社会，特别是科学界在面临同样的问题时能够成功地通过协作加以解决。

计算生态学将计算系统看作是一个生态系统，它引进了许多生物的机制，如变异（Mutation）即物种的变化。这些变化导致生命基因的改变，从而形成物种的多样性，增强了适应环境的能力。这类变异策略成为人工智能系统提高其自身能力的一种方法。

生态系统模型主要有生物生态系统模型、物种进化模型、经济模型和科学团体的社会模型等，这些模型的某些思想和方法可应用于多智能体系统中，提高多智能体的能力。大型生态系统的智能，可超过任何个体的智能。

经济系统在某种意义上类似于生物生态系统。在商品市场和理想市场中，进化决定于经济实体的决策。选择机制是市场奖励机制。进化是快速的，企业与消费者之间、企业之间主要是一种互相依赖的合作关系。决策者为了追求长远利益，可以采取各种有效的方法，甚至可以暂时做赔本买卖。

9.4.3 基于博弈论的协商

博弈论又称为对策论（Game Theory），研究个体的预测行为和优化策略。1928 年，冯·诺依曼证明了博弈论的基本原理，从而宣告了博弈论的正式诞生。1950~1951 年，纳什（John Forbes Nash Jr）利用不动点定理证明了均衡点的存在，为博弈论的一般化奠定了坚实的基础。

在多智能体系统中，协商的含义有多种理解。一种认为子问题和资源的指派是协商；另一种则认为智能体之间一对一直接协商。所有协商活动的目的是在一组独立工作的智能体间构建协作，共同完成复杂的任务，同时各智能体也有自己的目标。协商协议提供了可能的协商形式的基本规则、协商过程和通信基础。协商策略取决于具体的智能体。尽管智能体开发者可以提供不同程度的协商能力，但是一定要保证协议与策略相匹配，即选择的策略要在可用的协议中能执行。

从单个智能体看，协商的目的是改善自己的状态，在不影响自己利益的情况下支持其他智能体，或者对其他智能体的请求给予帮助。在多智能体系统中智能体必须进行折中，维护整个系统的能力。在这种意义上，协商交互的形式可以分成以下 4 类：

1）对称协作。协商产生的结果，对每个智能体来说都比它们原来达到的好。其他智能体对智能体本身的影响是积极的。

2）对称折中。智能体宁可自己独立达到它们的目标。协商意味着参加者之间的折中，降低效果。但是不能忽略其他智能体的存在，只能采取折中，让参加者都能接受协商的结果。

3）非对称协作/折中。即对协商的一个智能体协作的影响是积极的，而对另一个智能体必须进行折中。

4）冲突。由于智能体的目标彼此冲突，不能达到可接受的解。在得到结果前协商必须终止。

9.5 移动智能体

随着互联网应用的逐步深入，特别是信息搜索、分布式计算以及电子商务的蓬勃发展，人们越来越希望在整个互联网范围内获得最佳的服务，渴望将整个网络虚拟成为一个整体，使软件智能体能够在整个网络中自由移动，移动智能体的概念随即孕育而生。

20 世纪 90 年代初，General Magic 公司在推出其商业系统 Telescript 时第一次提出了移动智能体的概念，即一个能在异构网络环境中自主地从一台主机迁移到另一台主机，并可与其他智能体或资源交互的软件实体。移动智能体是一类特殊的软件智能体，它除了具有软件智能体的基本特性——自主性、响应性、主动性和推理性外，还具有移动性，即它可以在网络上从一台主机自主地移动到另一台主机上，代表用户完成指定的任务。由于移动智能体可以在异构的软、硬件网络环境中自由移动，因此这种新的计算模式能有效地降低分布式计算中的网络负载、提高通信效率、动态适应变化了的网络环境，并具有很好的安全性和容错能力。

移动智能体可以看成是软件智能体技术与分布式计算技术相结合的产物，它与传统网络计算模式有着本质上的区别。移动智能体不同于远程过程调用（RPC），这是因为移动智能体能够不断地从网络中的一个节点移动到另一个节点，而且这种移动是可以根据自身需要进行选择的。移动智能体也不同于一般的进程迁移，因为一般来说进程迁移系统不允许进程自己选择什么时候迁移以及迁移到哪里，而移动智能体却可以在任意时刻进行移动，并且可以移动到它想去的任何地方。移动智能体更不同于 Java 语言中的 Applet，因为 Applet 只能从服务器向客户机做单方向的移动，而移动智能体却可以在客户机和服务器之间进行双向移动。

虽然不同移动智能体系统的体系结构各不相同，但几乎所有的移动智能体系统都包含移动智能体（简称 MA）和移动智能体服务设施（简称 MAE）两个部分。MAE 负责为 MA 建立安全、正确的运行环境，为 MA 提供最基本的服务（包括创建、传输和执行），实施针对具体 MA 的约束机制、容错策略、安全控制和通信机制等。MA 的移动性和问题求解能力很大程度上取决于 MAE 所提供的服务，一般来讲，MAE 至少应包括以下基本服务：

1）事务服务，实现移动智能体的创建、移动、持久化和执行环境分配。

2）事件服务，包含智能体传输协议和智能体通信协议，实现移动智能体间的事件传递。

3）目录服务，提供移动智能体的定位信息，形成路由选择。

4）安全服务，提供安全的执行环境。

5）应用服务，提供面向特定任务的服务接口。

通常情况下，一个 MAE 只位于网络中的一台主机上，但如果主机间以高速网络进行互联，则一个 MAE 也可以跨越多台主机而不影响整个系统的运行效率。MAE 利用智能体传输协议（智能体 Transfer Protocol，ATP）实现 MA 在主机间的移动，并为其分配执行环境和服务接口。MA 在 MAE 中执行，通过智能体通信语言（Agent Communication Language，ACL）相互通信并访问 MAE 提供的各种服务。

在移动智能体系统的体系结构中，MA 可以细分为用户智能体（User Agent，UA）和服务智能体（Server Agent，SA）。UA 可以从一个 MAE 移动到另一个 MAE，它在 MAE 中执行，并通过 ACL 与其他 MA 通信或访问 MAE 提供的服务。UA 的主要作用是完成用户委托的任务，它需要实现移动语义、安全控制、与外界的通信等功能。SA 不具有移动能力，其主要功能是向本地的 MA 或来访的 MA 提供服务，一个 MAE 上通常驻有多个 SA，分别提供不同的服务。由于 SA 是不能移动的，并且只能由它所在 MAE 的管理员启动和管理，这就保证了 SA 不会是“恶意的”。UA 不能直接访问系统资源，只能通过 SA 提供的接口访问受控的资源，从而避免恶意智能体对主机的攻击，这是移动智能体系统经常采用的安全策略。

从目前移动智能体的研究和应用来看，移动智能体至少应具有如下一些基本特征：

1）身份唯一性。移动智能体必须具有特定的身份，能够代表用户的意愿。

2）移动自主性。移动智能体必须可以自主地从一个节点移动到另一个节点，这是移动智能体最基本的特征，也是它区别于其他智能体的标志。

3）运行连续性。移动智能体必须能够在不同的地址空间中连续运行，即保持运行的连续性。具体来说就是当移动智能体转移到另一节点上运行时，其状态必须是在上一节点挂起时那一刻的状态。

移动智能体技术已经研究了很多年，涌现出了一系列较为成熟的开发平台和执行环境。理论上移动智能体可以用任何语言编写（如 C/C++、Java、Perl、Tcl 和 Python 等），并可在任何机器上运行，但考虑到移动智能体本身需要对不同的软硬件环境进行支持，所以最好还是选择在一个解释性的、独立于具体语言的平台上开发移动智能体。Java 是目前开发移动智能体的一门比较理想的语言，因为经过编译后的 Java 二进制代码可以在任何具有 Java 解释器的系统上运行，具有很好的跨平台特性。

9.6 本章小结

智能体是人工智能的实用化和分布式计算环境下软件的智能化的重要技术，它们具有社会知识和领域知识，能依据心智状态自主工作，并具有领域互操作和合作能力。

基于智能体的计算和认知的模块化理论的出现为人工智能的研究者们提出了一个有趣的问题。认知科学中一个重要的学派认为，智能是被组织成一些特定功能单元的集合。计算的遗传和涌现模型对于理解人和人工智能提供了一种最新的、最激动人心的方法。整体智能行为可以由大量受限的、独立的和具体化的单一智能体的协作而形成，通过论证这一点，遗传和涌现理论讨论了那些通过相对简单结构的内部关系而表达出来的复杂智能的问题。分布的、基于智能体的结构和自然选择的适应性综合在一起，形成了智力的起源和运作的最强大的模型。

智能体技术也提供了社会协作的模型。使用基于智能体的方法，经济学家构建了市场经济的信息模型。在各种应用中，智能体技术发挥着越来越大的作用和影响，如分布式计算系统、Internet 搜索工具的构建、协同工作环境的实现等。

基于智能体的模型在知觉理论方面也产生了巨大的影响。在感知、运动神经控制、问题求解、学习和其他智力活动的过程中，形成了交互智能体的联合。这种联合是高度动态的，是随着不同情形的需要而改变的。

基于智能体的理论的另外一个重要问题是，如何解释各个模块之间的交互。智能表现出了认知领域之间广泛而高度变化的交互：我们可以说出我们看到的东西，这表明视觉和语言模块之间的交互。定义一种能够允许这些内部模块之间交互的表示和过程一直都是一个很活跃的研究方向。

基于智能体技术的实际应用也变得越来越重要。使用基于智能体的计算机仿真，就有可能对那些没有固定格式数学描述的复杂系统进行建模，而这在此之前是不可能深入研究的。基于仿真的技术已经广泛地应用在许多现象中，比如人的免疫系统的适应性调整、复杂过程的控制（包括粒子加速器）、全球货币市场的行为、天气系统的研究等。实现这种仿真所必须解决的表示和计算问题，不断地促进知识表示、算法，甚至计算机硬件设计等方面的研究和进步。

习题

9-1　什么是智能体？和对象以及传统的专家系统有什么区别和联系？
9-2　目前对智能体的研究主要分为哪几个方面？
9-3　试比较智能体三种不同结构的优缺点，阐述它们适用的场合。
9-4　简述智能体间是如何通信的。试述 FIPA 的 ACL 语言的结构。
9-5　阐述多智能体的协作形式。
9-6　什么是移动智能体？试述移动智能体的基本结构。

第10章　智能机器人

20世纪末“计算机文化”已深入人心。21世纪，“机器人文化”将茁壮成长，并对社会生产力的发展，人类生活、工作、思维的方式以及社会发展产生不可估量的影响。本章主要探讨智能机器人的体系结构、视觉系统、自动规划，简要介绍情感机器人和发育机器人，列举智能机器人的重要应用，最后指出智能机器人的发展趋势。

10.1　引言

智能机器人是一种具有智能的、高度灵活的、自动化的机器，具备感知、规划、动作和协同等能力，是多种高新技术的集成体。智能机器人是将体力劳动和智力劳动高度结合的产物，构建能“思维”的人造机器。

在我国的西周时期（公元前1066-公元前771年），传说巧匠偃师献给周穆王一个能歌善舞的机器人“能倡者”。“能倡者”是人类文字记录中第一个真正的“类人机器人”：人之形加人之情，而且肝胆、心肺、脾脏、肠胃等五脏俱全。东汉时期张衡的指南车、三国时期诸葛亮的“木牛流马”等，都是现代机器人的早期雏形。

国外对机器人的设想和探索也可以追溯到古代。工业革命以后，从早期对机器人的幻想逐步过渡到了自动机械的研制。1886年，法国作家利尔亚当在他的小说《未来夏娃》中将外表像人的机器起名为“安德罗丁”（Android），它由4部分组成：

1）生命系统（平衡、步行、发声、身体摆动、感觉、表情、调节运动等）。

2）造型解质（关节能自由运动的金属覆盖体，一种盔甲）。

3）人造肌肉（在上述盔甲上有肉体、静脉、性别等身体的各种形态）。

4）人造皮肤（含有肤色、机理、轮廓、头发、视觉、牙齿、手爪等）。

1920年，捷克作家卡佩克（Capek K）发表了科幻剧本《罗萨姆的万能机器人》。在剧本中，卡佩克把捷克语“Robota”写成了“Robot”，“Robota”是奴隶的意思。该剧预告了机器人的发展对人类社会的悲剧性影响，引起了大家的广泛关注，被当成了机器人一词的起源。

卡佩克提出的是机器人的安全、感知和自我繁殖问题。科学技术的进步很可能引发人类不希望出现的问题。为了防止机器人伤害人类，科幻作家阿西莫夫于1940年提出了“机器人三原则”：

1）机器人不应伤害人类。

2）机器人应遵守人类的命令，与第一条违背的命令除外。

3）机器人应能保护自己，与第一条相抵触者除外。

这是给机器人赋予的伦理性纲领。机器人学术界一直将这三项原则作为机器人开发的准则。

1967年，在日本召开的第一届机器人学术会议上，提出了两个有代表性的机器人定义。一是森政弘（Masahiro Mori）与合田周平提出的："机器人是一种具有移动性、个体性、智能性、通用性、半机械半人性、自动性和奴隶性7个特征的柔性机器"。从这一定义出发，森政弘又提出了用自动性、智能性、个体性、半机械半人性、作业性、通用性、信息性、柔性、有限性和移动性10个特性来表示机器人的形象。另一个是加藤一郎提出的具有如下3个条件的机器称为机器人：

1）具有脑、手、脚三要素的个体。

2）具有非接触传感器（用眼、耳接收远方信息）和接触传感器。

3）具有平衡觉和固有觉的传感器。

机器人的定义是多种多样的，其原因是它具有一定的模糊性。动物一般具有上述这些要素，所以在把机器人理解为仿人机器的同时，也可以广义地把机器人理解为仿动物的机器。

1954年，美国德沃尔（Devol G）设计开发了第一台可编程的工业机器人。1962年，美国Unimation公司的第一台机器人Unimate在美国通用汽车公司投入使用，这标志着第一代机器人的诞生。从20世纪60年代到70年代中的十几年期间，美国政府并没有把工业机器人列入重点发展项目，只是在几所大学和少数公司开展了一些研究工作。20世纪70年代后期，美国政府和企业界虽有所重视，但在技术路线上仍把重点放在研究机器人软件及军事、宇宙、海洋、核工程等特殊领域的高级机器人的开发上，致使日本的工业机器人后来居上，并在工业生产的应用上及机器人制造业上很快超过了美国，产品在国际市场上形成了较强的竞争力。进入20世纪80年代之后，美国才感到形势紧迫，政府和企业界才对机器人真正重视起来，政策上也有所体现，一方面鼓励工业界发展和应用机器人，另一方面制订计划、提高投资，增加机器人的研究经费，把机器人看成美国再次工业化的特征，使美国的机器人迅速发展。20世纪80年代中后期，随着各大厂家应用机器人的技术日臻成熟，第一代机器人的技术性能越来越满足不了实际需要，美国开始生产带有视觉、触觉的第二代机器人，并很快占领了美国60%的机器人市场。尽管美国在机器人发展史上走过一条重视理论研究，忽视应用开发研究的曲折道路，但是美国的机器人技术在国际上仍一直处于领先地位。其技术全面、先进，适应性也很强。具体表现在：

1）性能可靠，功能全面，精确度高。

2）机器人语言研究发展较快，语言类型多、应用广，水平高居世界之首。

3）智能技术发展快，其视觉、触觉等人工智能技术已在航天、汽车工业中广泛应用。

4）高智能、高难度的军用机器人、太空机器人等发展迅速，主要用于扫雷、布雷、侦察、站岗及太空探测方面。

1967年，日本川崎重工业公司从美国Unimation公司引进机器人及其技术，建立起生产车间，并于1968年试制出第一台川崎的"尤尼曼特"机器人。日本机器人产业迅速发展起来，经过短短的十几年，到20世纪80年代中期，已一跃而为"机器人王国"，其机器人的产量和安装的台数在国际上跃居首位。日本机器人的发展经过了20世纪60年代的摇篮期、20世纪70年代的实用期，到20世纪80年代进入普及提高期，并正式把1980年定为"产业机器人的普及元年"，开始在各个领域内广泛推广使用机器人。

机器人现在已被广泛地用于生产和生活的许多领域，按其拥有智能的水平可以分为3个层次：

1）工业机器人。它只能死板地按照人给它规定的程序工作，不管外界条件有何变化，自己都不能对程序也就是对所做的工作做相应的调整。如果要改变机器人所做的工作，必须由人对程序做相应的改变，因此它是毫无智能的。

2）初级智能机器人。它和工业机器人不一样，具有像人那样的感受、识别、推理和判断能力。可以根据外界条件的变化，在一定范围内自行修改程序，也就是它能适应外界条件变化对自己做相应调整。不过，修改程序的原则由人预先给予规定。这种初级智能机器人已拥有一定的智能，虽然还没有自动规划能力，但这种初级智能机器人也开始走向成熟，达到实用水平。

3）高级智能机器人。它和初级智能机器人一样，具有感觉、识别、推理和判断能力，同样可以根据外界条件的变化，在一定范围内自行修改程序。所不同的是，修改程序的原则不是由人规定的，而是机器人自己通过学习，总结经验来获得修改程序的原则。所以它的智能高于初级智能机器人。这种机器人已拥有一定的自动规划能力，能够自己安排自己的工作。这种机器人可以不要人的照料，完全独立地工作，故称为高级自律机器人。这种机器人也开始走向实用。

从广义上理解所谓的智能机器人，它给人的最深刻的印象是一个独特的进行自我控制的“活物”。其实，这个自控“活物”的主要器官并没有像真正的人那样微妙而复杂。智能机器人具备形形色色的内部信息传感器和外部信息传感器，如视觉、听觉、触觉和嗅觉。除具有传感器外，它还有效应器，作为作用于周围环境的手段。这就是筋肉，或称自整步电动机，它们使手、脚、长鼻子和触角等动起来。

智能机器人之所以叫智能机器人，是因为它有相当发达的“大脑”。在脑中起作用的是中央计算机，这种计算机跟操作它的人有直接的联系。最主要的是，这样的计算机可以进行按目的安排的动作。正因为这样，我们才说这种机器人才是真正的机器人，尽管它们的外表可能有所不同。智能机器人能够理解人类语言，用人类语言同操作者对话，在它自身的“意识”中单独形成了一种使它得以“生存”的外界环境——实际情况的详尽模式。它能分析出现的情况，能调整自己的动作以达到操作者所提出的全部要求，能拟定所希望的动作，并在信息不充分的情况下和环境迅速变化的条件下完成这些动作，具有自适应的能力。

10.2　机器人的智能技术

近年来，随着人工智能、智能科学研究成果的不断引入，认知机器人已成为智能机器人的典范。认知机器人是一种具有类似人类高层认知能力，并能适应复杂环境、完成复杂任务的新一代机器人。图 10-1 给出了一种认知机器人的抽象结构，分为 3 层，即计算层、设备层和物理/硬件层。计算层包括知觉、认知和行动。知觉是在感觉的基础上产生的，是对感觉信息的整合与解释。认知包括行动选择、规划、学习、多机器人协同和团队工作等。行动是机器人控制系统的最基本单元，包括移动、导航和避障等，所有行为都可由它表现出来。行为是感知输入到行动模式的映射，行动模式用来完成该行为。在设备层包括感觉驱动器（感觉库）、行动驱动器（运动库）和通信接口。物理/硬件层有传感器、激励器和通信设施等。当机器人在环境中运行时，通过传感器获取环境信息，根据当前的感知信息来搜索认知模型，如果存在相应的经验与之匹配，则直接根据经验来实现行动决策，如果不具有相关经验，则机器人利用知识库来进行推理。密西根大学的莱德（Laird J）等采用 SOAR 认知模型构建认知机器人［Laird 2012］，系统中将符号处理与非符号处理结合，具有多种学习机制。

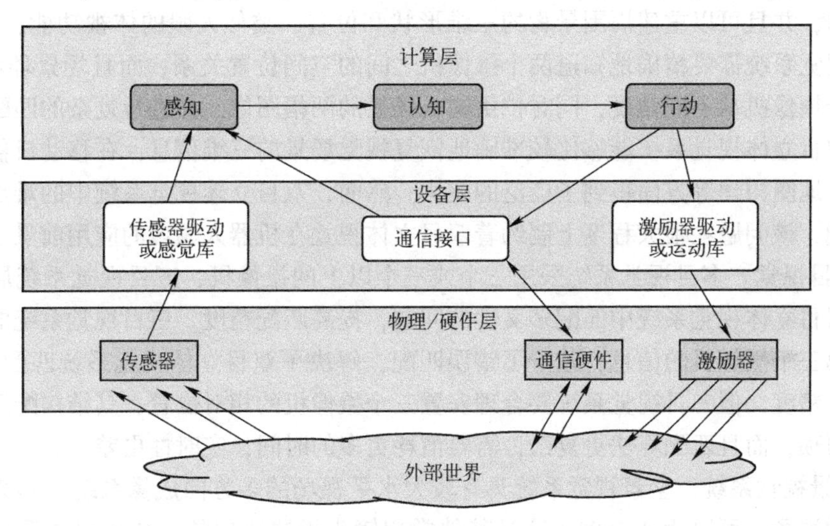

图 10-1　认知机器人的抽象结构

下面重点介绍人工智能技术在智能机器人关键技术中的应用，其中包括智能感知技术、智能导航与规划、智能控制与操作、情感计算、智力发育以及智能交互。

10.2.1　智能感知技术

感知技术是从环境中获取信息并对之进行处理、变换和识别的智能信息处理技术，其提升了机器人的智能，并为机器人的高精度智能化作业提供了基础。信息处理包括信号的预处理、后置处理、特征提取和选择等。识别是对经过处理的信息进行辨识、分类和判断。下面重点介绍机器人的视觉、听觉和触觉智能感知技术。

1. 视觉感知

机器人视觉感知是指用计算机来实现机器人的视觉功能，也就是用计算机来实现对客观的三维世界的识别。人类接收的信息 70%以上来自视觉，人类视觉为人类提供了关于周围环境最详细可靠的信息。人类视觉所具有的强大功能和完美的信息处理方式引起了智能研究者的极大兴趣，人们希望以生物视觉为蓝本研究一个人工视觉系统用于机器人中，期望机器人拥有类似人类感受环境的能力。机器人要对外部世界的信息进行感知，就要依靠各种传感器。像人类一样，在机器人的众多感知传感器中，视觉系统提供了大部分机器人所需的外部世界信息。因此视觉系统在机器人技术中具有重要的作用。

依据视觉传感器的数量和特性，目前主流的移动机器人视觉系统有单目视觉、双目立体视觉、多目视觉和全景视觉等。

1）单目视觉。单目视觉系统只使用一个视觉传感器。单目视觉系统在成像过程中由于从三维客观世界投影到 N-维图像上，从而损失了深度信息，这是此类视觉系统的主要缺点。尽管如此，由于单目视觉系统结构简单、算法成熟且计算量较小，在自主移动机器人中已得到广泛应用，如用于目标跟踪、基于单目特征的室内定位导航等。同时，单目视觉是其他类型视觉系统的基础，如双目立体视觉、多目视觉等都是在单目视觉系统的基础上，通过附加其他手段和措施而实现的。

2）双目立体视觉。双目立体视觉系统由两个摄像机组成，利用三角测量原理获得场景的深度信息，并且可以重建周围景物的三维形状和位置，类似人眼的体视功能，原理简单。双目立体视觉系统需要精确地知道两个摄像机之间的空间位置关系，而且场景环境的3D信息需要两个摄像机从不同角度，同时拍摄同一场景的两幅图像，并进行复杂的匹配，才能准确得到。双目立体视觉系统能够比较准确地恢复视觉场景的三维信息，在移动机器人定位导航、避障、地图构建等方面得到了广泛的应用。然而，双目立体视觉系统中的难点是对应点匹配的问题，该问题在很大程度上制约着双目立体视觉在机器人领域的应用前景。

3）多目视觉。多目视觉系统采用三个或三个以上的摄像机，三目视觉系统居多，主要用来解决双目立体视觉系统中匹配多义性的问题，提高匹配精度。三目视觉系统的优点是充分利用了第三个摄像机的信息，减少了错误匹配，解决了双目立体视觉系统匹配的多义性，提高了定位精度，但三目视觉系统要合理安置三个摄像机的相对位置，其结构配置比双目视觉系统更烦琐，而且匹配算法更复杂，需要消耗更多的时间，实时性更差。

4）全景视觉系统。全景视觉系统具有较大水平视场的多方向成像系统，其突出优点是具有较大的视场，可以达到360°，这是其他常规镜头无法比拟的。全景视觉系统可以通过图像拼接的方法或者通过折反射光学元件实现。图像拼接的方法使用单个或多个相机旋转，对场景进行大角度扫描，获取不同方向上连续的多帧图像，再用拼接技术得到全景图。目前，利用全景视觉最为成功的典型实例是RoboCup足球比赛机器人。

5）混合视觉系统。混合视觉系统吸收各种视觉系统的优点，采用两种或两种以上的视觉系统组成复合视觉系统，多采用单目或双目立体视觉系统，同时配备其他视觉系统。混合视觉系统具有全景视觉系统视场范围大的优点，同时又具备双目立体视觉系统精度高的长处，但是该类系统配置复杂，费用比较高。

2. 听觉感知

听觉感知可以被定义为通过经由空气或其他方式传输的可听频率波来接收和解释到达听觉器官的信息的能力。听觉感知使机器人能够有效和快速地进行许多交互活动，适应所处的环境的能力与听觉感知密切相关。

在某些应用中，要求机器人能够测知声音的音调和响度，区分声源方位，具备人机对话功能，自然语言与语音处理技术起到重要作用，使机器人能完成交互任务。

3. 触觉感知

触觉是指在环境中的触觉物体上收集的信息。该信息可以是对象的位置、形状、材料或表面纹理。因此，触觉感知的模型旨在解释这些信息如何积累，整合和用于触觉任务，如歧视和本地化。

触摸是一种主动的感觉，即感觉器官通常被移动以感知环境。因此，建模触觉感知涉及对导致触觉信息积累的感觉运动策略建模。换句话说，这些模型描述了感觉器官与触觉物体相互作用时的行为或运动。模型试图描述在动物和人类中观察到的触觉导向行为，或者导出最佳的感知策略，然后将它们与观察到的行为进行比较。

触觉感知模型是数学结构，它试图解释触觉积累关于环境中的物体和试剂的信息的过程。由于触觉是一种主动的感觉，即感觉器官在感觉过程中被移动，所以这些模型经常描述优化感知结果的运动策略。触觉发展的模型试图从更基本的原则来解释感知的出现和伴随的运动策略。这些模型通常涉及对探索策略的学习，旨在解释行为的发生发展。

近年来，科研人员对包括灵巧手触觉传感器开展研究。目前，主要通过机器学习中的聚类、分类等监督或无监督学习算法来完成触觉建模。

10.2.2 智能导航与规划

智能导航是在对领域信息进行深入分析与建模的基础上，建立多种信息组织机制和流程控制机制，实时感知用户的需求，掌握并利用用户的认知语境，模拟人类的思维方式，通过推理分析等方法引导用户定位其信息需求。实现智能导航的核心是实现自动避障。机器人自动避障系统由数据库、知识库、机器学习和推理机等构成。

机器人避障技术的核心包括了传感器的选择和规划算法的选择。不同的传感器有不同的特色以及原理，而不同的算法所需要的时间和空间复杂度也不同。

规划的任务是寻找一个动作序列使问题求解（如控制系统）可以完成某个特定的任务。它从某个特定的问题状态出发，寻求一系列行为动作，并建立一个操作序列，直到求得目标状态为止。规划是关于动作的推理。它是一种抽象的和清新的深思熟虑过程，该过程通过预期动作的期望效果，选择和组织一组动作，其目的是尽可能好地实现一个预先给定的目标。规划涉及如何将问题分解为若干个相应的子问题，以及如何记录和处理问题求解过程中发现的子问题网的关系。

规划实质分类时淡化规划内容，只考虑规划的实质，如目标、任务、途径和代价等，进行比较抽象的规划。按照规划的实质，可把规划分为以下几种：

1）任务规划，对求解问题的目标和任务等进行规划，又称为高层规划。

2）路径规划，对求解问题的途径、路径、代价等进行规划，又称为中层规划。

3）轨迹规划，对求解问题的空间几何轨迹及其生成进行规划，又称为底层规划。

10.2.3 智能控制与操作

机器人的控制和操作包括运动控制和操作过程中的自主操作和遥操作。在机器人运动控制方法中，比例-积分-微分控制（PID）、计算转矩控制（CTM）、鲁棒控制（RCM）和自适应控制（ACM）等是几种比较典型的控制方法。然而，这几种控制方法都存在一些不足，不能保证系统在复杂下的稳定性、鲁棒性和整个系统的动态性能。为此，近 20 年来，以神经网络、模糊逻辑和进化计算为代表的人工智能理论和方法应用于机器人控制中。

神经网络控制是 20 世纪 80 年代末期发展起来的自动控制领域的前沿学科之一。它是智能控制的一个新的分支，为解决复杂的非线性、不确定、不确知系统的控制问题开辟了新途径。神经网络控制系统的基本结构有监督控制、直接逆模控制、自适应控制、模型参考控制、内模控制、预测控制和最优决策控制等。

10.2.4 情感计算

情感计算就是用人工的方法和技术赋予机器人以人类式的情感，使之具有表达、识别和理解喜乐哀怒，模仿、延伸和扩展人的情感的能力。

20 世纪 90 年代，各国纷纷提出了“情感计算”“感性工学”“人工情感”与“人工心理”等理论，为情感识别与表达型机器人的产生奠定了理论基础。主要的技术成果有：基于图像或视频的人脸表情识别技术；基于情景的情感手势、动作识别与理解技术；表情合成和情感表达方法和理论；情感手势、动作生成算法和模型；基于概率图模型的情感状态理解技术；情感测量和表示技术，情感交互设计和模型等。这种机器人能够比较逼真地模拟人的许多种情感表达方式，能够较为准确地识别几种基本的情感模式。

真正具有类人情感的机器人必须具备 3 个基本系统：情感识别系统、情感计算系统和情感表达系统。

10.2.5 智力发育

发育机器人与传统机器人的不同之处表现在：不是针对某种特定的任务，必须要对未知可能发生的任务生成合理的表示，要像动物一样可以在线地进行学习，同时这种学习是一种增量的过程，即要保证高层的决策建立在底层比较简单的基础之上。另外，自组织特性也是发育机器人的独特之处，在没有人类进行干扰的情况下，发育机器人也要保证能对所学知识进行合理的组织与存储。

发育模型的构建与发育学习算法的设计是发育机器人主要研究的两大方面。发育模型定义了从传感器信息获取到动作执行的一系列控制规则与算法，它包括以下 4 个部分（参见图 10-2）：

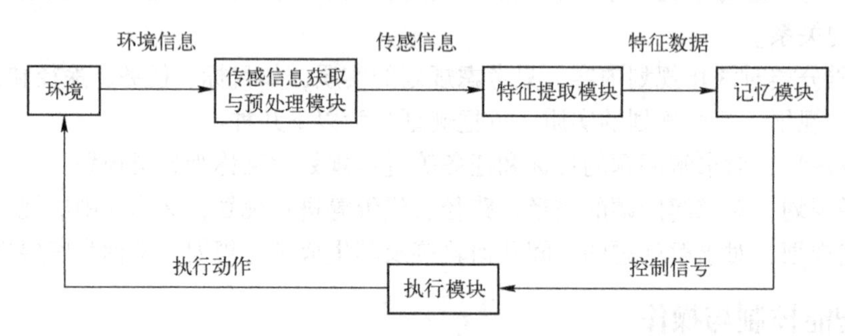

图 10-2 发育模型的基本结构

1）传感信息获取与预处理模块。传感器是机器人感知外界环境的窗口，只有装配了相应的传感器，机器人才能感知到相应的环境信息，因此，对传感信息进行处理是构成机器人智能的基础，发育机器人更是如此，因为机器人发育的过程就是其不断地与环境交互的过程。由于传感信息所含有的数据量非常巨大，且其中含有大量的噪声，所以对数据进行降维处理是非常必要的。

2）特征提取模块。特征提取模块既要保留原始数据的主要特征，又能将数据的存储量尽可能大幅降低，这是发育模型的一个必不可少的步骤。

3）记忆模块。记忆模块是发育模型的核心所在，其相当于发育模型的中枢机构，因为机器人在发育过程中所学得的经验均存储在这一结构之中。发育模型中的记忆算法要同时兼顾实时性与准确性的要求，同时要考虑到随着发育进程的深入，如何有效地降低存储量的问题。

4）执行模块。执行模块在记忆模块所输出的控制信号的控制下，对环境的变化做出反应，来完成各种不同的任务。

发育学习算法主要集中在以何种方式来获取知识方面，根据采用机器学习方法的不同，现有的发育学习算法可以归纳为监督学习、强化学习、沟通学习、可逆学习以及涌现学习5类。

发育机器人模仿的是人脑及人心理发育的过程，需要机器人在实际的环境中自主地学习可用于完成各种任务的知识，并将这些知识有机地组织于记忆系统中。因此，发育机器人研究者所面临的主要问题有：是否需要对环境建立具体的世界模型；能否对知识进行确定的表示；记忆系统如何组织以使记忆的提取能符合实时性的要求；机器人是否需要像生物一样，具有一些先天的条件反射机制；低层与高层的知识以何种方式进行组织，高层决策如何进行；多个传感器的数据如何进行融合（是否用到注意机制）以及采用何种学习方式等。根据对以上问题回答的不同，研究者们提出了很多不同的发育模型，其中比较典型的有以下3种：CCIPCA+HDR树模型、分层模型网以及模式（Schema）模型。

10.2.6 智能交互

智能交互是指通过计算机输入、输出设备，以有效的方式实现机器人与人的智能交互的技术。在人机智能交互中，对人类运动行为的识别和长期预测称为意图理解。机器人通过对动态情境的充分理解，完成动态态势感知，理解并预测协作任务，实现人-机器人互适应自主协作功能。

行为识别与单纯的图片识别不同，人体行为识别会受到诸多因素的干扰，例如，光照、背景等。传统方法中，通常通过手动设计某些特定的特征，对数据集中特定的动作进行识别。近些年，随着人工智能技术的崛起，深度学习模型也被应用到了人体行为识别任务中。利用深度学习模型去自动提取特征，能良好地避免了人工设计特征过程中的盲目性和差异性。深度学习模型的一种——卷积神经网络，通过对输入数据的卷积操作，逐层提取特征，从而对图像进行识别分类，其在图像识别领域已经取得了良好的成果。

利用强化学习技术在实现机器人运动规划、学习复杂操作技能方面具有优越性，在机器人智能交互中具有良好的应用前景。

10.3 智能机器人应用

早期智能机器人主要用于工业和军事领域，大多数是机械手和机器臂。如今，智能机器人的应用已经深入各行各业，在军事、制造业、服务和医疗等方面有广泛应用。

1. 军用机器人

被称为空中机器人的无人机是军用机器人中发展最快的家族，从1913年第一台自动驾驶仪问世以来，无人机的基本类型已达到300多种，目前在世界市场上销售的无人机有40多种。美国几乎参加了世界上所有重要的战争。由于它的科学技术先进，国力较强，因而80多年来，世界无人机的发展基本上是以美国为主线向前推进的。美国是研究无人机最早的国家之一，今天无论从技术水平还是无人机的种类和数量来看，美国均居世界首位。

目前美国已经装备或即将装备的无人机主要有“先锋”“猎手”“影子”“掠食者”和“全球鹰”等。在美国发动的近几场局部战争中，投入了“全球鹰”和“掠食者”等无人机。以色列研制成第一代“侦察兵（Scout）”无人机、第二代“先锋（Pioneer）”无人机和第三代“搜索者（Searcher）”无人机，与美国TRW公司合作研制了“猎人（Hunter）”无人机以及中空长航时多用途“苍鹭（Heron）”无人机。2010年11月，中国在珠海国际航展上推出25款先进的无人机。

地面军用机器人主要是指智能或遥控的轮式和履带式车辆。地面军用机器人又可分为自主车辆和半自主车辆。自主车辆依靠自身的智能自主导航，躲避障碍物，独立完成各种战斗任务；半自主车辆可在人的监视下自主行使，在遇到困难时操作人员可以进行遥控干预。2008年3月美国波士顿动力公司研制了“大狗（Big Dog）”机器人，它拥有非常强的平衡能力，无论是陡坡、崎岖路段还是在冰面或者雪地上，都能够行走自如。在不远的将来，它们将被派驻美军，在战场上为士兵运送弹药、食物和其他物品。

近20年来，水下机器人有了很大的发展，它们既可军用又可民用。按照与水面支持设备（母船或平台）间联系方式的不同，水下机器人可以分为两大类：一种是有缆水下机器人，习惯上称为遥控潜水器（ROV）；另一种是无缆水下机器人，习惯上称为自治潜水器（AUV）。有缆机器人都是遥控式的，按其运动方式分为拖曳式、（海底）移动式和浮游（自航）式3种。

2. 工业机器人

工业机器人是指在工业中应用的一种能进行自动控制的、可重复编程的、多功能的、多自由度的、多用途的机器人，能搬运材料、工件或操持工具，用以完成各种作业，且这种操作机可以固定在一个地方，也可以在往复运动的小车上。

工业机器人由主体、驱动系统和控制系统三个基本部分组成。主体即机座和执行机构，包括臂部、腕部和手部，有的机器人还有行走机构。大多数工业机器人有3~6个运动自由度，其中腕部通常有1~3个运动自由度；驱动系统包括动力装置和传动机构，用以使执行机构产生相应的动作；控制系统是按照输入的程序对驱动系统和执行机构发出指令信号，并进行控制。

工业机器人技术是我国由制造大国向制造强国转变的主要手段和途径。伴随移动互联网、物联网的发展，多传感器、分布式控制的精密型工业机器人将会越来越多，逐步渗透制造业的方方面面。通过智能化、仿生化，可提高工业机器人的质量和水平。

3. 服务机器人

服务机器人的应用范围很广，主要从事维护、保养、修理、运输、清洗、保安、救援和监护等工作。德国生产技术与自动化研究所所长施拉夫特博士给服务机器人下了这样一个定义：服务机器人是一种可自由编程的移动装置，它至少应有3个运动轴，可以部分自动地或全自动地完成服务工作。这里的服务工作指的不是为工业生产物品而从事的服务活动，而是指为人和单位完成的服务工作。

2011年5月，欧盟评出对未来影响最大的6项前沿技术，“伴侣型机器人”开发是其中之一，这一项目旨在研制具有一定感知、交流和情感表达能力的仿真机器人，为人类特别是小孩和老人提供无微不至的服务。这一项目将有两大亮点：一是依靠先进的人工智能技术，使机器人初步具有像人一样的感知、交流和情感表达能力；二是开发出制造机器人的新材料，可以让机器人看起来、摸起来像真人一样。

4. 医疗机器人

医疗机器人从功能上可分为5种类型：

1）辅助内窥镜操作机器人。它能够按照医生的控制指令，操作内窥镜的移动和定位。

2）辅助微创外科手术机器人。它一般具有先进的成像设备、一个控制台和多只电子机械手，手术医生只要坐在控制台前，观察高清晰度的三维图像，操纵仪器的手柄，机器人就会实时完成手术。

3）远程操作外科手术机器人。这种机器人配备了专门的通信网络传输数据收发系统，可以完成远程手术。

4）虚拟手术机器人。这一机器人将扫描的图像资料进行三维分析后，在计算机上重建为人体或人体器官，医生便可以在虚拟图像上进行手术训练，制定手术计划。

5）微型机器人。微型机器人主要包括智能药丸、智能影像胶囊和纳米机器人。智能药丸机器人能够按照预定程序释放药物并反馈信息；智能影像胶囊能辅助内窥镜或影像检查；正在研制开发的纳米机器人还可以钻入人体，甚至在肉眼看不见的微观世界里完成靶向治疗任务。

10.4 智能机器人发展趋势

目前工业机器人主要应用于汽车生产的制造过程中，今后机器人要转向与人合作的阶段。与人共融将是下一代机器人的特征。国际机器人界都在加大科研力度，进行机器人共性技术的研究，并朝着智能化和多样化方向发展。智能机器人主要研究内容集中在以下10个方面：

1）工业机器人操作机结构的优化设计技术。探索新的高强度轻质材料，进一步提高负载/自重比，同时机构向着模块化、可重构方向发展。

2）机器人控制技术。重点研究开放式、模块化控制系统，人机界面更加友好，语言、图形编程界面正在研制之中。机器人控制器的标准化和网络化，以及基于PC机网络式控制器已成为研究热点。编程技术除进一步提高在线编程的可操作性之外，离线编程的实用化将成为研究重点。

3）多传感系统。为进一步提高机器人的智能和适应性，多种传感器的使用是其问题解决的关键。其研究热点在于有效可行的多传感器融合算法，特别是在非线性及非平稳、非正态分布的情形下的多传感器融合算法。另一问题就是传感系统的实用化。

4）机器人的结构灵巧，控制系统越来越小，二者正朝着一体化方向发展。

5）机器人遥控及监控技术，机器人半自主和自主技术，多机器人和操作者之间的协调控制，通过网络建立大范围内的机器人遥控系统，在有时延的情况下，建立预先显示进行遥控等。

6）虚拟机器人技术。基于多传感器、多媒体和虚拟现实以及临场感技术，实现机器人的虚拟遥控操作和人机交互。

7）多智能体协调控制技术，这是目前机器人研究的一个崭新领域。主要对多主体的群体体系结构、相互间的通信与磋商机理、感知与学习方法、建模和规划、群体行为控制等方面进行研究。

8）微型和微小机器人技术（Micro/Miniature Robotics），这是机器人研究的一个新的领域和重点发展方向。过去的研究在该领域几乎是空白，因此该领域研究的进展将会引起机器人技术的一场革命，并且对社会进步和人类活动的各个方面产生不可估量的影响，微小型机器人技术的研究主要集中在系统结构、运动方式、控制方法、传感技术、通信技术以及行走技术等方面。

9）软机器人技术（Soft Robotics），主要用于医疗、护理、休闲和娱乐场合。传统机器人设计未考虑与人紧密共处，因此其结构材料多为金属或硬性材料，软机器人技术要求其结构、控制方式和所用传感系统在机器人意外地与环境或人碰撞时是安全的，机器人对人是友好的。

10）仿人和仿生技术，这是机器人技术发展的最高境界，目前仅在某些方面进行一些基础研究。

在云计算环境下，将物联网技术与服务机器人有效结合，构建物联网机器人系统，能够实现两者优势互补，这是扩展自身功能的一个重要途径，也是机器人进入日常服务环境的可行发展方向，尤其在环境监控、突发事件应急处理、日常生活辅助等面积较大、动态性较强的复杂服务环境中具有重要应用前景。

10.5 本章小结

智能机器人是集多种技术于一身的人造制品，是推动新工业革命的关键。人与机器人的关系从20世纪70年代的“人机竞争”，发展到20世纪90年代的“人机共存”，再到目前的“人机协作”，预计到2020年将形成“人机共融”的新局面。

近年来，机器人的应用范围不断扩大，从天空到海洋，从工业到服务、医疗、教育等多领域，智能化程度不断提高。智能机器人将成为下一个科技热点，引领新一代工业革命的到来。

习题

10-1 什么是智能机器人？

10-2 智能感知技术有哪些？

10-3 给出认知机器人的基本结构，并阐述其主要功能。

10-4 目前主流的移动机器人视觉系统有单目视觉、双目立体视觉、多目视觉和全景视觉等。请扼要给出各种方法的关键技术。

10-5 神经网络控制系统的基本结构有哪些？

第 11 章　互联网智能

互联网是人类文明史上的重大创举，对信息技术和人工智能的发展起了革命性的影响。众多的信息资源通过互联网连接在一起，形成全球性的信息系统，并成为可以相互交流、相互沟通、相互参与的互动平台。本章主要介绍语义 Web、本体知识管理、Web 技术、Web 挖掘、搜索引擎和集体智能等。

11.1　引言

因特网（Internet），是网络与网络之间以一组通用的协议相连，形成逻辑上单一庞大、覆盖全世界的全球性互联网络。万维网（World Wide Web），是基于超文本相互链接而成的全球性系统，通过互联网访问。本章论述的互联网智能主要是指基于万维网的智能技术，即“Web Intelligence”，人们经常称其为互联网智能。

1962 年，美国国防部高级研究计划署的利克莱德（Licklider J C R）等提出通过网络将计算机互联起来的构想。互联网从诞生到现在的 50 多年发展中，可以分为 4 个阶段，即计算机互联、网页互联、用户实时交互和语义互联。

1）计算机互联阶段。20 世纪 60 年代第一台主机连接到 ARPANET 上，标志着互联网的诞生和网络互联发展阶段的开始。在这一阶段，伴随着第一台基于集成电路的通用电子计算机 IBM360 的问世、第一台个人电子计算机的问世、Unix 操作系统和高级程序设计语言的诞生，计算机逐渐得到了普及，形成了相对统一的计算机操作系统，有了方便的计算机软件编程语言和工具。人们尝试将分布在异地的计算机通过通信链路和协议连接起来，创造了互联网，形成了网络互联和传输协议的通用标准 TCP/IP 协议，在网络地址分配、域名解析等方面也形成了全球通用的、统一的标准。基于互联网，人们可以在其上开发各种应用。例如，这一阶段出现了远程登录、文件传输以及电子邮件等简单、有效且影响深远的互联网应用。

2）网页互联阶段。1989 年 3 月，当时欧洲量子物理实验室伯纳斯·李（Berners-Lee T）开发了主从结构分布式超媒体系统。人们只要采用简单的方法，就可以通过 Web 迅速方便地获得丰富的信息。在使用 Web 浏览器访问信息资源的过程中，用户无须关心技术细节，因此 Web 在互联网上一经推出就受到欢迎。1993 年，Web 技术取得突破性进展，解决了远程信息服务中的文字显示、数据连接以及图像传递的问题，使得 Web 成为 Internet 上非常流行的信息传播方式。全球范围内的网页通过文本传输协议连接起来，成为这一阶段互联网发展的显著特征。通过这一阶段的发展，形成了统一资源定位符（Uniform Resource Locator，URL）、超文本标记语言（Hypertext Mark-up Language，HTML）以及超文本传输协议（Hypertext Transfer Protocol，HTTP）等通用的资源定位方法、文档格式和传输标准。WWW 服务成为互联网上流量最多的服务，开发了各种各样的 Web 应用。

3）用户实时交互阶段。随着计算机、互联网的发展，连接在互联网上的计算设备、存储设备能力有了大幅提升。到20世纪90年代末，万维网已经不再是单纯的内容提供平台，而是朝着提供更加强大和更加丰富的用户交互能力的方向发展，例如，博客、QQ、维基、社会化书签等。这一阶段与第二阶段的网页互联不同，该阶段以各类资源的全面互联，尤其以应用程序的互联为主要特征，任何应用系统都会或多或少地依赖互联网和互联网上的各类资源，应用系统逐渐转移到互联网和万维网上进行开发和运行。

4）语义互联阶段。语义互联是为了解决在不同应用、企业和社区之间的互操作性问题。这种互操作性是通过语义来保证的，而互操作的环境是异质、动态、开放、全球化的Web。每一个应用都有自己的数据，例如，日历上有行程安排，Web上有银行账号和照片。要求致力于整合的软件能够理解网页上的数据，这些软件能够检索并显示照片网页，发现这些照片的拍摄日期、时间及其描述；需要理解在线银行账单中的交易；理解在线日历的各种视图，并且清楚网页的哪些部分表示哪些日期和时间。数据必须具有语义才能够在不同的应用和社区之间实现互操作。通过语义互联，计算机能读懂网页的内容，在理解的基础上支持用户的互操作。

互联网在现实生活中应用很广泛。在互联网上我们可以聊天、玩游戏、查阅文献等。更为重要的是在互联网上还可以进行广告宣传和购物。互联网给我们的现实生活带来很大的方便。我们通过互联网可以在数字知识库里寻找自己学业上、事业上的所需，从而帮助我们更好地工作与学习。

2019年2月21日，中国互联网络信息中心（CNNIC）在京发布第43次《中国互联网络发展状况统计报告》。截至2018年12月，我国网民规模达8.29亿，全年新增网民5653万，互联网普及率达59.6%，较2017年底提升3.8%。我国手机网民规模达8.17亿，全年新增手机网民6433万，网民中使用手机上网的比例由2017年底的97.5%提升至2018年底的98.6%，手机上网已成为最常用的上网渠道之一。

随着互联网的大规模应用，出现了各种各样基于互联网的计算模式。近几年来云计算（Cloud Computing）引起广泛的关注。云计算是分布式计算的一种范型，它强调在互联网上建立大规模数据中心等信息技术基础设施，通过面向服务的商业模式为各类用户提供基础设施能力。在用户看来，云计算提供了一种大规模的资源池，资源池管理的资源包括计算、存储、平台和服务等，资源池中的资源经过了抽象和虚拟化处理，并且是动态可扩展的。云计算具有下列特点：

1）面向服务的商业模式。云计算系统在不同层次，可以看成“软件即服务”（Software as a Service，SaaS）、“平台即服务”（Platform as a Service，PaaS）和“基础设施即服务”（Infrastructure as a Service，IaaS）等。在SaaS模式下，应用软件统一部署在服务器端，用户通过网络使用应用软件，服务器端根据和用户之间可达成细粒度的服务质量保障协议提供服务。服务器端统一对多个租户的应用软件需要的计算、存储、带宽资源进行资源共享和优化，并且能够根据实际负载进行性能扩展。

2）资源虚拟化。为了追求规模经济效应，云计算系统使用了虚拟化的方法，从而打破了数据中心、服务器、存储、网络等资源在物理设备中的划分，对物理资源进行抽象，以虚拟资源为单位进行调度和动态优化。

3）资源集中共享。云计算系统中的资源在多个租户之间共享，通过对资源的集中管控实现成本和能耗的降低。云计算是典型的规模经济驱动的产物。

4）动态可扩展。云计算系统的一大特点是可以支持用户对资源使用数量的动态调整，而无须用户预先安装、部署，并能运行峰值用户请求所需的资源。

11.2 语义 Web

1999 年，Web 的创始人伯纳斯·李首次提出了“语义 Web（Semantic Web）”的概念。2001 年 2 月，W3C 正式成立“Semantic Web Activity”来指导和推动语义 Web 的研究和发展，语义 Web 的地位得以正式确立。2001 年 5 月，伯纳斯·李等人在《科学美国人》杂志上发表文章，提出语义 Web 的愿景 [Berners-Lee 2001]。

11.2.1 语义 Web 的层次模型

语义 Web 提供了一个通用的框架，允许跨越不同应用程序、企业和团体的边界共享和重用数据。语义 Web 以资源描述框架（RDF）为基础。RDF 是以 XML 作为语法、URI 作为命名机制，将各种不同的应用集成在一起，对 Web 上的数据所进行的一种抽象表示。语义 Web 所指的“语义”是“机器可处理的”语义，而不是自然语言语义和人的推理等目前计算机所不能够处理的信息。

语义 Web 要提供足够而又合适的语义描述机制。从整个应用构想来看，语义 Web 要实现的是信息在知识级别上的共享和语义级别上的互操作性，这需要不同系统间有一个语义上的“共同理解”才行。2006 年，伯纳斯·李给出了一个新的语义 Web 层次模型 [Berners-Lee 2006]，该模型如图 11-1 所示。

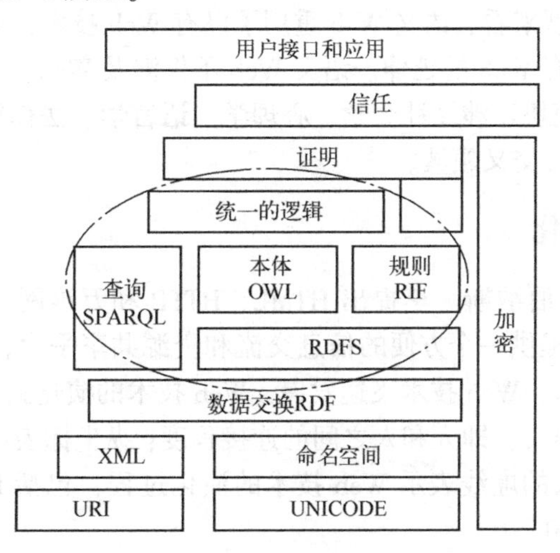

图 11-1 语义 Web 的层次模型

新的 Web 层次模型共分为 7 层，即 UNICODE 和 URI 层、XML 和命名空间层、RDF+RDFS 层、本体层、统一逻辑层、证明层和信任层，下面简单介绍每层的功能。

1）UNICODE 和 URI 层。UNICODE 和 URI 是语义 Web 的基础，其中 UNICODE 处理资源的编码，保证使用的是国际通用字符集，以实现 Web 上信息的统一编码。URI 是统一资源定位符 URL 的超集，支持语义 Web 上对象和资源的标识。

2）XML 和命名空间层。该层包括命名空间和 XML Schema，通过 XML 标记语言将 Web 上资源的结构、内容与数据的表现形式进行分离，支持与其他基于 XML 标准的资源进行无缝集成。

3）RDF+RDFS 层。RDF 是语义 Web 的基本数据模型，定义了描述资源以及陈述事实的三类对象：资源、属性和值。资源是指网络上的数据，属性是指用来描述资源的一个方面、特征、属性以及关系，值则用来表示一个特定的资源，它包括一个命了名的属性和它对应资源的值，因此一个 RDF 描述实际上就是一个三元组：（object[resource]，attribute[property]，value[resource or literal]）。RDFS 提供了将 Web 对象组织成层次的建模原语，主要包括类、属性、子类和子属性关系、定义域和值域约束。

4）本体层。本体层用于描述各种资源之间的联系，采用 OWL 表示。本体揭示了资源以及资源之间复杂和丰富的语义信息，将信息的结构和内容分离，对信息做完全形式化的描述，使 Web 信息具有计算机可理解的语义。

5）统一逻辑层。统一逻辑层主要用来提供公理和推理规则，为智能推理提供基础，可以进一步增强本体语言的表达能力，并允许创作特定领域和应用的描述性知识。

6）证明层。证明层涉及实际的演绎过程以及利用 Web 语言表示证据，对证据进行验证等。证明注重于提供认证机制，证明层执行逻辑层的规则，并结合信任层的应用机制来评判是否能够信任给定的证明。

7）信任层。信任层提供信任机制，保证用户 Agent 在 Web 上提供个性化服务，以及彼此之间安全可靠的交互。基于可信 Agent 和其他认证机构，通过使用数字签名和其他知识才能构建信任层。当 Agent 的操作是安全的，而且用户信任 Agent 的操作及其提供的服务时，语义 Web 才能充分发挥其价值。

从语义 Web 层次模型来看，语义 Web 重用了已有 Web 技术，如 UNICODE、URI、XML 和 RDF 等，所以它是已有 Web 的延伸。语义 Web 不仅涉及 Web、逻辑和数据库等领域，层次模型中的信任和加密模块还涉及社会学、心理学、语言学、法律等学科和领域。因此，语义 Web 的研究属于多学科交叉领域。

11.2.2 Web 技术演化

20 世纪 90 年代初，伯纳斯·李提出 HTML、HTTP 和万维网（World Wide Web，简称 Web），为全世界的人们提供一个方便的信息交流和资源共享平台，将人们更好地联系在一起。由于应用的广泛需求，Web 技术飞速发展，Web 技术的演化路线图如图 11-2 所示。图中横坐标表示社会连接语义，即人和人之间的连接程度；纵坐标表示信息连接语义，即信息之间的连接程度；带箭头的虚线表示 Web 技术的演化过程，包括 PC 时代、Web 1.0、Web 2.0、Web 3.0 和 Web 4.0。

1. Web 1.0

Web 将互联网上高度分布的文档通过链接联系起来，形成一个类似于蜘蛛网的结构。文档是 Web 最核心的概念之一。它的外延非常广泛，除了包含文本信息外，还包含了音频、视频、图片和文件等网络资源。

Web 组织文档的方式称为超文本（Hypertext），连接文档之间的链接称为超链接（Hyperlink）。超文本是一种文本，与传统文本不同的是对文本的组织方式。传统文本采取

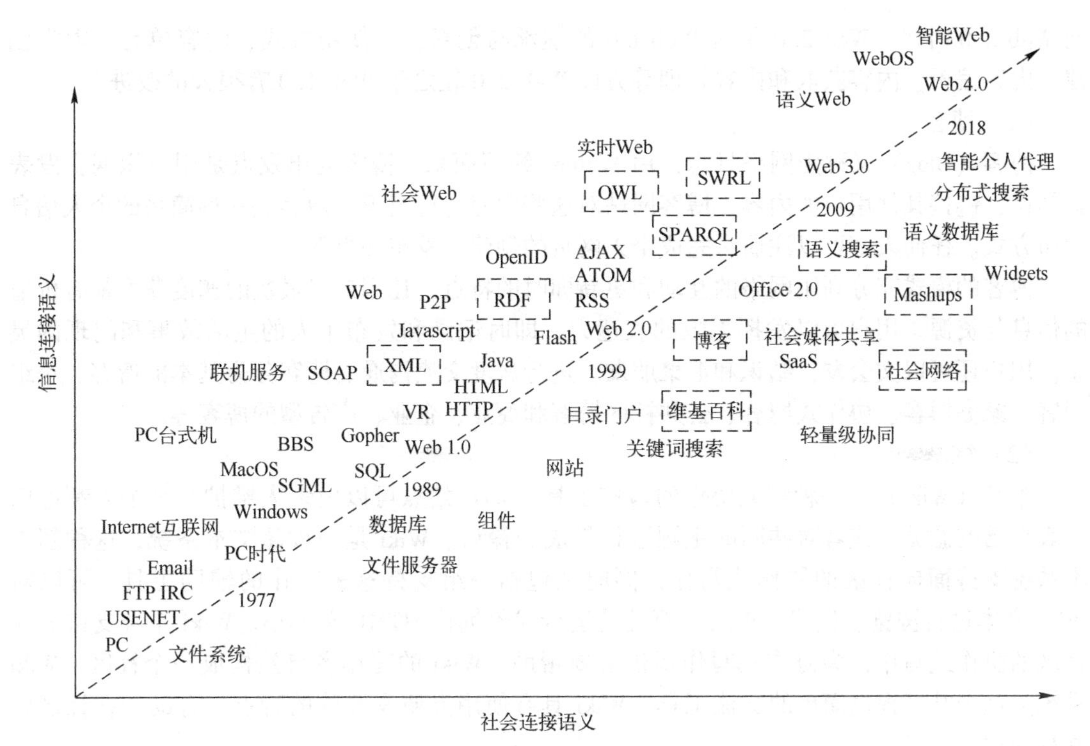

图 11-2　Web 技术的演化路线图

的是一种线性的文本组织方式，而超文本的组织方式则是非线性的。超文本将文本中的相关内容通过链接组织在一起，这很贴近人类的思维模式，从而方便用户快速浏览文本中的相关内容。

Web 的基本架构可以分为客户端、服务器以及相关网络协议三个部分。服务器承担了很多烦琐的工作，包括对数据的加工和管理、应用程序的执行、动态网页的生成等。客户端主要通过浏览器来向服务器发出请求，服务器在对请求进行处理后，向浏览器返回处理结果和相关信息。浏览器负责解析服务器返回的信息，并以可视化的方式呈现给用户。支持 Web 正常运转的常见协议如下：

1）编址机制。URL 是 Web 上用于描述网页和其他资源地址的一种常见标识方法。URL 描述了文档的位置以及传输文档所采用的应用级协议，如 HTTP、FTP 等。

2）通信协议。HTTP 是 Web 中最常用的文档传输协议。HTTP 是一种基于请求-响应范式的、无状态的传输协议。它能将服务器中存储的超文本信息高效地传输到客户端的浏览器中。

3）超文本标记语言。Web 中的绝大部分文档都是采用 HTML 编写的。HTML 是一种简单、功能强大的标记语言，具有良好的可扩展性，并且与运行的平台无关。HTML 通常由浏览器负责解析，根据 HTML 描述的内容，浏览器可以将信息可视化地呈现给用户。此外，HTML 中还内嵌了对超链接的支持，在浏览器的支持下，用户可以快速地从一个文档跳转到另一个文档上。

2. Web 2.0

2001 年秋天互联网公司泡沫的破灭标志着互联网的一个转折点。2003 年之后互联网走向 Web 2.0 时代。Web 2.0 是对 Web 1.0 的继承与创新，在使用方式、内容单元、内容创建、内容编辑、内容获取和内容管理等方面 Web 2.0 较之于 Web 1.0 有很大的改进。

(1) 博客

博客（Blog）又称为网络日志，由 Weblog 缩写而来。博客的出发点是用户织网，发表新知识，链接其他用户的内容，博客网站对这些内容进行组织。博客是一种简易的个人信息发布方式。任何人都可以注册，完成个人网页的创建、发布和更新。

博客的模式充分利用网络的互动和更新即时的特点，让用户以最快的速度获取最有价值的信息与资源。用户可以发挥无限的表达力，即时记录和发布个人的生活故事和闪现的灵感。用户还可以文会友，结识和汇聚朋友，进行深度交流沟通。博客分为基本的博客、小组博客、家庭博客、协作式博客、公共社区博客和商业、企业、广告型的博客等。

(2) 维基

维基（Wiki）是一种多人协作的写作工具，Wiki 站点可以由多人维护，每个人都可以发表自己的意见，或者对共同的主题进行扩展和探讨。Wiki 是一种超文本系统，这种超文本系统支持面向社区的协作式写作，同时也包括一组支持这种写作的辅助工具。可以对 Wiki 文本进行浏览、创建、更改，而且其运行代价远比 HTML 文本小。Wiki 系统支持面向社区的协作式写作，为协作式写作提供必要帮助。Wiki 的写作者自然构成一个社区，Wiki 系统为这个社区提供简单的交流工具。Wiki 具有使用方便及开放的特点，有助于在社区内共享知识。

(3) 混搭

混搭（Mashup）指整合互联网上多个资料来源或功能，以创造新服务的互联网应用程序。常见的混搭方式除了图片外，一般利用一组开放编程接口（Open API）取得其他网站的资料或功能，例如，Amazon、Google、Microsoft、Yahoo 等公司提供的地图、影音及新闻等服务。由于对于一般使用者来说，撰写程序调用这些功能并不容易，所以一些软件设计人员开始制作程序产生器，替使用者生成代码，然后网页制作者就可以很简单地以复制-粘贴的方式制作出混搭的网页。例如，一个用户要在自己的博客上加上一段视频，一种方便的做法就是将这段视频上传至 YouTube 或其他网站，然后取回嵌入码，再贴回自己的博客。

(4) 社会化书签

社会化书签（Social Bookmark）又称为网络收藏夹，是普通浏览器收藏夹的网络版，提供便捷、高效且易于使用的在线网址收藏、管理和分享功能。它可以让用户把喜爱的网站随时加入自己的网络书签中。人们可以用多个标签而不是分类来标识和整理自己的书签，并与他人共享。用户收藏的超链接可以供许多人在互联网上分享，因此也有人称之为网络书签。社会化书签服务的核心价值在于分享。每个用户不仅仅能保存自己看到的信息，还能与他人分享自己的发现。每一个人的视野和视角是有限的，再加上空间和时间分割，一个人所能接触到的东西是片面的。知识分享可以大大降低所有参与用户获得信息的成本，使用户更加轻松地获得更多数量、更多角度的信息。

3. Web 3.0

Web 3.0 最本质的特征在于语义的精确性。实质上 Web 3.0 是语义 Web 系统，实现更加智能化的人与人和人与机器的交流功能，是一系列应用的集成。它的主要特点是:

1) 网站内的信息可以直接和其他网站相关信息进行交互，能通过第三方信息平台同时对多家网站的信息进行整合使用。

2）用户在互联网上拥有自己的数据，并能在不同网站上使用。

3）完全基于 Web，用浏览器就可以实现复杂的系统程序才具有的功能。

Web 3.0 将互联网本身转化为一个泛型数据库，具有跨浏览器、超浏览器的内容投递和请求机制，运用人工智能技术进行推理，运用 3D 技术搭建网站甚至虚拟世界。Web 3.0 会为用户带来更丰富、相关度更高的体验。Web 3.0 的软件基础将是一组应用编程接口(API)，让开发人员可以开发能充分利用某一组资源的应用程序。

BBN 技术公司的赫贝勒（Hebeler J）等给出了语义 Web 的主要组件和相关的工具［Hebeler et al. 2009］。如图 11-3 所示，语义 Web 的核心组件包括语义 Web 陈述、统一资源标识符(URI)、语义 Web 语言、本体和实例数据，形成了相互关联的语义信息。工具可以分为 4 类：建造工具用于语义 Web 应用程序的构建和演化，询问工具用于语义 Web 上的资源探查（Explore），推理机负责为语义 Web 添加推理功能，规则引擎可以扩展语义 Web 的功能。语义框架最终将这些工具打包成一个集成套件。

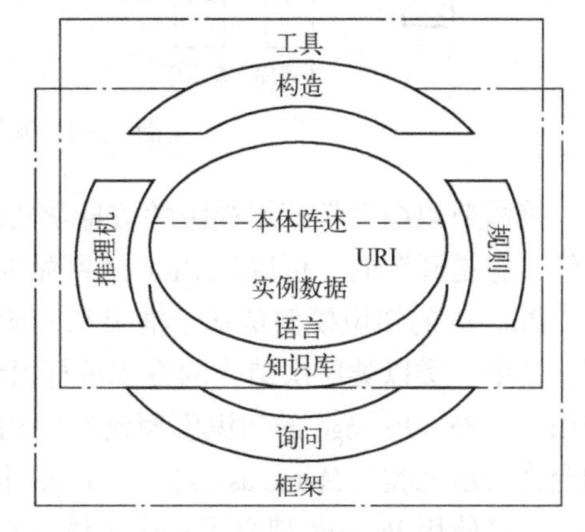

图 11-3　语义 Web 的主要组件和相关的工具

4. Web 4.0

Web 4.0——知识分配。在 Web 3.0，人类可以随心所欲地获取各种知识，当然这些知识都是先人们即时贡献出来的。这里的即时性，指的就是学堂里老师教学生的即时性。从 Web 3.0 开始，网络就具备了即时特性。但人们并不知道自己应该获取怎样的知识，即自己适合于学习哪些知识。比如一个 10 岁的孩子想在 20 岁的时候成为核物理学家，那么他应该怎样学习知识呢？这些问题就是 Web4.0 的核心——知识分配系统所要解决的问题。

11.3　本体知识管理

本体是语义 Web 的基础，本体可以有效地进行知识表达、知识查询，或不同领域知识的语义消解。本体还可以支持更丰富的服务发现、匹配和组合，提高自动化程度。本体知识管理（Ontology-based Knowledge Management）可实现语义级知识服务，提高知识利用的深度。本体知识管理还可以支持对隐性知识进行推理，方便异构知识服务之间实现互操作，方便融入领域专家知识及经验知识结构化等。

本体知识管理一般要求满足以下基本功能：① 支持本体多种表示语言和存储形式，具有本体导航功能；② 支持本体的基本操作，如本体学习、本体映射、本体合并等；③ 提供本体版本管理功能，支持本体的可扩展性和一致性。图 11-4 给出了一种本体知识管理框架，它由 3 个基本模块构成：

1）领域本体学习环境 OntoSphere。OntoSphere 主要功能包括 Web 语料的获取、文档分析、本体概念和关系获取、专家交互环境，最终建立满足应用需求的高质量领域本体。

2）本体管理环境 OntoManager。OntoManager 提供对已有本体的管理和修改编辑。

3）基于智能体的知识服务 OntoService。OntoService 提供面向语义的多智能体知识服务。下面分别介绍 Protégé、KAON 和 KMSphere 等。

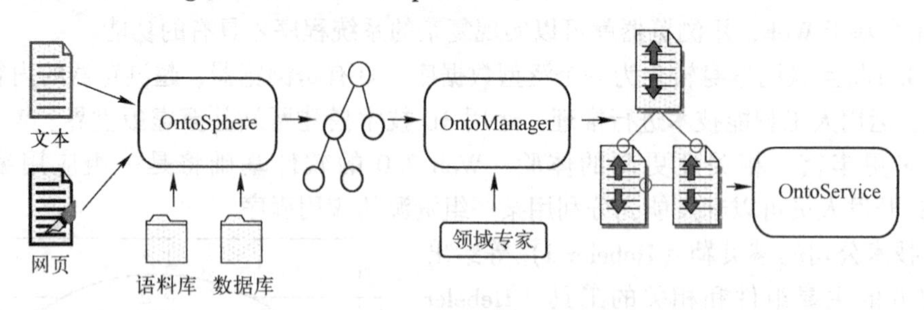

图 11-4 基于本体的知识管理框架

美国斯坦福大学斯坦福医学信息学实验室（Stanford Medical Informatics）开发了 Protégé 系统，它是开源的，可以从 Protégé 网站 http://protege. stanford. edu/免费下载使用。

Protégé 的知识模型是基于框架和一阶逻辑的。它的主要建模组件为类、槽、侧面和实例。其中，类以类层次结构的方式进行组织，并且允许多重继承。槽则以槽的层次结构进行组织。另外，Protégé 的知识模型允许使用 PAL（KIF 的子集）语言表示约束（Constraints）和允许表示元类（Metaclasses）。Protégé 也支持基于 OWL 语言的本体建模。

一旦使用 Protégé 建立了一个本体，本体应用可以有多种方式访问它。所有的本体中的词项可以使用 Protégé Java API 进行访问。Protégé 的本体可以采用多种方式进行导入和导出。标准的 Protégé 版本提供了对 RDF/S、XML、XML Schema、OWL 编辑和管理。

按照本体知识管理框架，中国科学院计算技术研究所智能科学实验室研制了知识管理系统 KMSphere［史忠植 2011］。图 11-5 给出了知识管理系统 KMSphere 的框架结构。

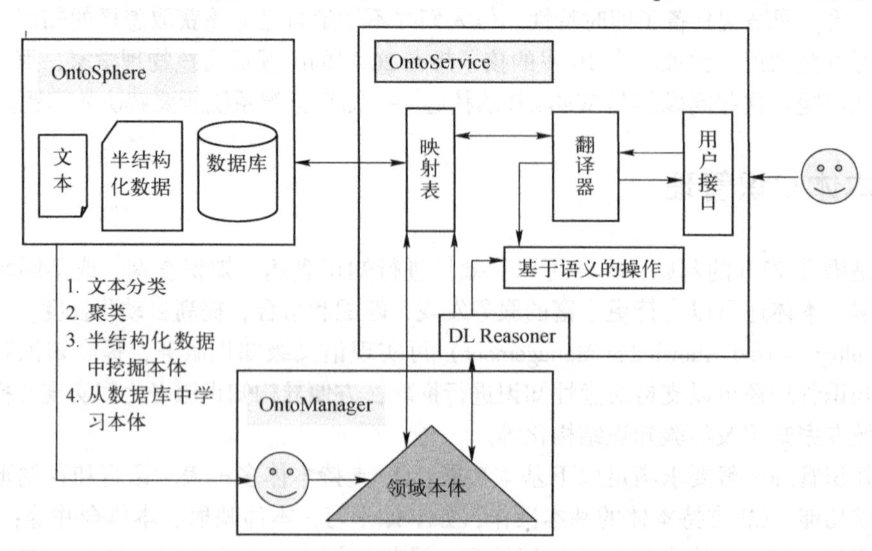

图 11-5 知识管理系统 KMSphere 的框架结构

1. OntoSphere

手工方法构造的本体一般具有较高的质量和丰富的语义。但这种本体构建方法枯燥单调、效率低而且代价高。现有的本体学习方法还不能获得高质量本体来满足实际应用的要求。作者将两者的优点结合起来提出了一个半自动本体获取框架，从领域应用需求开始，通过分析原始语料、本体概念学习和关系学习、领域专家确认等过程，并不断反复直到获得满足需求的本体。在概念学习过程中，通过利用语料库等工具发现新的领域概念，利用层次关系学习和关联规则等算法发现新的领域关系，提高了本体的质量。

半自动化本体获取环境 OntoSphere 框架结构如图 11-6 所示，主要提供以下功能：文档获取、源文档预处理、相关度计算、种子本体管理和词汇评价等。其中源文档预处理和相关度计算是核心部分。OntoSphere 在工作过程中，用户可以与系统进行交互。

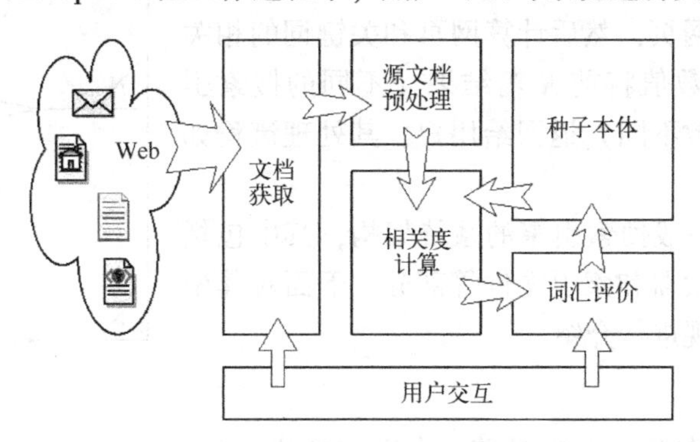

图 11-6 OntoSphere 框架结构图

2. OntoManager

可视化本体管理编辑环境 OntoManager，提供对已有本体的修改编辑等功能。本体的手工开发是一件单调枯燥的事情，并且难以保证其正确性，良好的工具支持是必不可少的。工具可以辅助概念识别、一致性检查和文档编写等，提高本体开发质量。根据工具在本体开发过程中的不同作用，可以分为本体开发工具、本体评价工具、本体合并和映射工具、本体注释工具、本体查询工具和推理引擎五大类。

OntoManager 参考了斯坦福大学的开源软件 Protégé，采用可视化的编辑环境，可以使用 OWL 代码编辑方式和图形化编辑方式。

3. OntoService

知识服务框架 OntoService 提供基于多智能体系统的知识共享服务，包括知识查询、主动知识分发服务和基于协议的知识共享机制。该部分内含 DDL 推理机，实现知识的映射。

11.4 搜索引擎

大型互联网搜索引擎的数据中心一般运行数千台甚至数十万台计算机，而且每天向计算机集群里添加数十台机器，以保持与网络发展的同步。搜集机器自动搜集网页信息，平均速度每秒数十个网页，检索机器则提供容错的可缩放的体系架构以应对每天数千万甚至数亿的用户查询请求。企业搜索引擎可根据不同的应用规模，从单台计算机到计算机集群都可以进行部署。

搜索引擎一般的工作过程：首先对互联网上的网页进行搜集，然后对搜集来的网页进行预处理，建立网页索引库，实时响应用户的查询请求，并对查找到的结果按某种规则进行排序后返回给用户。搜索引擎的重要功能是能够对互联网上的文本信息提供全文检索。

搜索引擎通过客户端程序接收来自用户的检索请求，现在最常见的客户端程序就是浏览器，实际上它也可以是一个用户开发的简单得多的网络应用程序。用户输入的检索请求一般是关键词或者是用逻辑符号连接的多个关键词，搜索服务器根据系统关键词字典，把搜索关键词转化为wordID，然后在标引库（倒排文件）中得到docID列表，对docID列表中的对象进行扫描并与wordID进行匹配，提取满足条件的网页，然后计算网页和关键词的相关度，并根据相关度的数值将前K篇结果（不同的搜索引擎，每页的搜索结果数不同）返回给用户，其处理流程如图11-7所示。

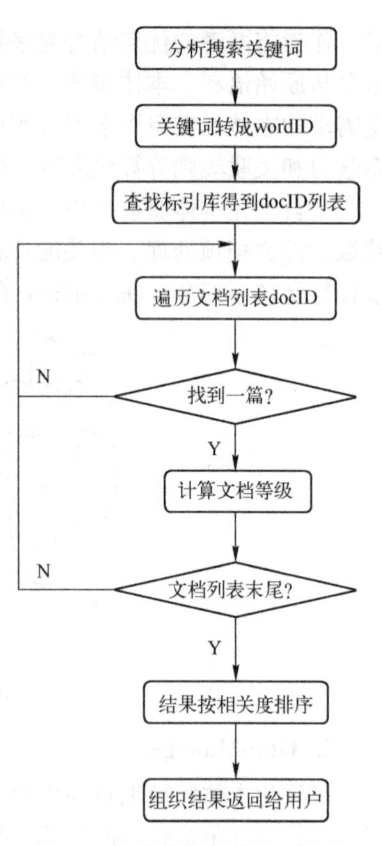

图11-7　搜索引擎的处理流程

图11-8描述了一般搜索引擎的系统架构，其中包括搜索器、索引器、检索器和索引文件等部分，下面对其中的主要部分的功能实现进行介绍。

1. 搜索器

搜索器的功能是在互联网中漫游，发现并搜集信息，它搜集的信息类型多种多样，包括HTML页面、XML文档、Newsgroup文章、FTP文件、字处理文档和多媒体信息等。搜索器是一个计算机程序，其实现常常采用分布式和并行处理技术，以提高信息发现和更新的效率。商业搜索引擎的搜索器每天可以搜集几百万甚至更多的网页。搜索器一般要不停地运行，要尽可能多、尽可能快地搜集互联网上的各种类型的新信息。因为互联网上的信息更新很快，所以还要定期更新已经搜集过的旧信息，以避免死链接和无效链接。另外，因为Web信息是动态变化的，所以搜索器、分析器和索引器要定期更新数据库，更新周期通常约为几周甚至几个月。索引数据库越大，更新也越困难。

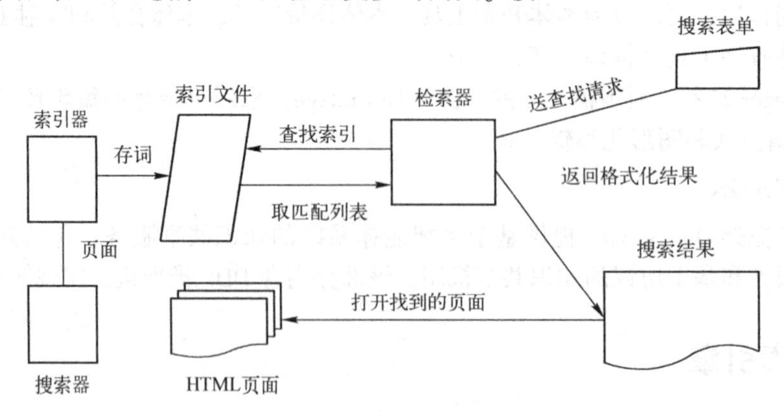

图11-8　搜索引擎的系统架构

互联网上的信息太多，即使功能强大的搜索器也不可能搜集互联网上的全部信息。因此，搜索器采用一定的搜索策略对互联网进行遍历并下载文档，例如，一般采用以宽度优先搜索策略为主、线性搜索策略为辅的搜索策略。

在搜索器实现时，系统中维护一个超链队列，或者堆栈，其中包含一些起始 URL，搜索器从这些 URL 出发，下载相应的页面，并从中抽取出新的超链加入队列或者堆栈中，上述过程不断重复队列直到堆栈为空。为提高效率，搜索引擎将 Web 空间按照域名、IP 地址或国家域名进行划分，使用多个搜索器并行工作，让每个搜索器负责一个子空间的搜索。为了便于将来扩展服务，搜索器应能改变搜索范围。

2. 分析器

对搜索器搜集来的网页信息或者下载的文档一般要首先进行分析，以用于建立索引，文档分析技术一般包括：分词（有些仅从文档某些部分抽词，如 Altavista）、过滤（使用停用词表 Stoplist）、转换（有些对词条进行单复数转换、词缀去除和同义词转换等工作），这些技术往往与具体的语言以及系统的索引模型密切相关。

3. 索引器

索引器的功能是对搜索器所搜索的信息进行分析处理，从中抽取出索引项，用于表示文档以及生成文档库的索引表。索引项有元数据索引项和内容索引项两种：元数据索引项与文档的语意内容无关，如作者名、URL、更新时间、编码、长度和链接流行度等；内容索引项是用来反映文档内容的，如关键词及其权重、短语和单字等。内容索引项可以分为单索引项和多索引项（或称短语索引项）两种。单索引项对于英文来讲是英语单词，比较容易提取，因为单词之间有天然的分隔符（空格）；对于中文等连续书写的语言，必须进行词语的切分。在搜索引擎中，一般要给单索引项赋予一个权值，以表示该索引项对文档的区分度，同时用来计算查询结果的相关度。使用的方法一般有统计法、信息论法和概率法。短语索引项的提取方法有统计法、概率法和语言学法。

为了快速查找到特定的信息，建立索引数据库是一种常用的方法，即将文档表示为一种便于检索的方式并存储在索引数据库中。索引数据库的格式是一种依赖于索引机制和算法的特殊数据存储格式。索引的质量是 Web 信息检索系统成功的关键因素之一。一个好的索引模型应该易于实现和维护、检索速度快、空间需求低。搜索引擎普遍借鉴了传统信息检索中的索引模型，包括倒排文档、矢量空间模型和概率模型等。例如，在矢量空间索引模型中，每个文档 d 都表示为一个范化矢量 $\boldsymbol{V}(d) = (t_1, w_1(d); \cdots; t_i, w_i(d); \cdots; t_n, w_n(d))$。其中，$t_i$ 为词条项，$w_i(d)$ 为 t_i 在 d 中的权值，一般被定义为 t_i 在 d 中出现频率 $tf_i(d)$ 的函数。

索引器的输出是索引表，它一般使用倒排形式（Inversion List），即由索引项查找相应的文档。索引表也可能记录索引项在文档中出现的位置，以便检索器计算索引项之间的相邻或接近关系（Proximity）。索引器可以使用集中式索引算法或分布式索引算法。当数据量很大时，必须实现实时索引（Instant Indexing），否则就无法跟上信息量急剧增加的速度。索引算法对索引器的性能（如大规模峰值查询时的响应速度）有很大的影响。一个搜索引擎的有效性在很大程度上取决于索引的质量。

4. 检索器

检索器的功能是根据用户的查询在索引库中快速检出文档，进行文档与查询的相关度评价，对将要输出的结果进行排序，并实现某种用户相关性反馈机制。检索器常用的信息检索模型有集合理论模型、代数模型、概率模型和混合模型等多种，可以查询到文本信息中的任意字词，无论是出现在标题还是正文中。

检索器从索引中找出与用户查询请求相关的文档，采用与分析索引文档相似的方法来处理用户查询请求。如在矢量空间索引模型中，用户查询 q 首先被表示为一个范化矢量 $\boldsymbol{V}(q)=(t_1,w_1(q);\cdots;t_i,w_i(q);\cdots;t_n,w_n(q))$，然后按照某种方法来计算用户查询与索引数据库中每个文档之间的相关度，而相关度可以表示为查询矢量 $\boldsymbol{V}(q)$ 与文档矢量 $\boldsymbol{V}(d)$ 之间的夹角余弦，最后将相关度大于阈值的所有文档按照相关度递减的顺序排列并返还给用户。当然搜索引擎的相关度判断并不一定与用户的需求完全吻合。

5. 用户接口

用户接口的作用是为用户提供可视化的查询输入和结果输出界面，方便用户输入查询条件、显示查询结果以及提供用户相关性反馈机制等，其主要目的是方便用户使用搜索引擎，高效率、多方式地从搜索引擎中得到有效的信息。用户接口的设计和实现必须基于人机交互的理论和方法，以适应人类的思维和使用习惯。

在查询界面中，用户按照搜索引擎的查询语法制定待检索词条及各种简单或高级检索条件。简单接口只提供用户输入查询串的文本框，复杂接口可以让用户对查询条件进行限制，如逻辑运算（与、或、非）、相近关系（相邻、NEAR）、域名范围（如 edu、com）、出现位置（如标题、内容）、时间信息和长度信息等。目前一些公司和机构正在考虑制定查询选项的标准。

在查询输出界面中，搜索引擎将检索结果展现为一个线性的文档列表，其中包含了文档的标题、摘要、快照和超链等信息。由于检索结果中相关文档和不相关文档相互混杂，用户需要逐个浏览以找出所需文档。搜索引擎按其工作方式主要可分为 3 种，分别是全文搜索引擎、目录索引搜索引擎和元搜索引擎，此外还有集合式搜索引擎和免费链接列表（Free For All Links，FFA）这两种非主流形式的搜索引擎。

11.5 知识图谱

11.5.1 知识图谱的定义

知识图谱（Knowledge Graph），也称为知识卡片。知识图谱旨在以结构化形式描述客观世界中概念、实体以及实体之间的关系，以其强大的语义处理能力和开放组织能力，为互联网时代的知识化组织和智能应用提供工具。2012 年 5 月 17 日，谷歌正式提出知识图谱，其初衷是为了提高搜索引擎的能力，改善用户的搜索质量以及搜索体验。

三元组是知识图谱的一种通用表示方式，即 $G=(E,R,S)$，其中 $E=\{e_1,e_2,\cdots,e_{|E|}\}$ 是知识库中的实体集合，共包含 $|E|$ 种不同实体；$R=\{r_1,r_2,\cdots,r_{|E|}\}$ 是知识库中的关系集合，共包含 $|R|$ 种不同关系；$S\subseteq E\times R\times E$ 代表知识库中的三元组集合。三元组的基本形式主要包括实体 1、关系、实体 2 和概念、属性、属性值等，实体是知识图谱中的最基本元素，不同的实体间存在不同的关系。概念主要指集合、类别、对象类型和事物的种类，例如，人物、地理等；属性主要指对象可能具有的属性、特征、特性、特点以及参数，例如，国籍、生日等；属性值主要指对象指定属性的值，例如，中国、1988-09-08 等。每个实体（概念的外延）可用一个全局唯一确定的 ID 来标识，每个属性-属性值对（Attribute-Value Pair,

AVP）可用来刻画实体的内在特性，而关系可用来连接两个实体，刻画它们之间的关联。

就覆盖范围而言，知识图谱也可分为通用知识图谱和行业知识图谱。通用知识图谱注重广度，强调融合更多的实体，较行业知识图谱而言，其准确度不够高，并且受概念范围的影响，很难借助本体库对公理、规则以及约束条件的支持能力规范其实体、属性、实体间的关系等。通用知识图谱主要应用于智能搜索等领域。行业知识图谱通常需要依靠特定行业的数据来构建，具有特定的行业意义。行业知识图谱中，实体的属性与数据模式往往比较丰富，需要考虑到不同的业务场景与使用人员。

11.5.2 知识图谱的架构

知识图谱的架构，包括知识图谱自身的逻辑结构以及构建知识图谱所采用的技术（体系）架构。首先介绍知识图谱的逻辑结构，从逻辑上将知识图谱划分为两个层次：数据层和模式层。在知识图谱的数据层，知识以事实（Fact）为单位存储在图数据库，例如，谷歌的 Graphed 和微软的 Trinity 都是典型的图数据库。如果以“实体–关系–实体”或者“实体–属性–属性值”三元组作为事实的基本表达方式，则存储在图数据库中的所有数据将构成庞大的实体关系网络，形成知识的“图谱”。

模式层在数据层之上，是知识图谱的核心。在模式层存储的是经过提炼的知识，通常采用本体库来管理知识图谱的模式层，借助本体库对公理、规则和约束条件的支持能力来规范实体、关系以及实体的类型和属性等对象之间的联系。本体库在知识图谱中的地位相当于知识库的模具，拥有本体库的知识库冗余知识较少。

图 11–9 给出了知识图谱技术的整体架构，其中点画线框内的部分为知识图谱的构建过程，同时也是知识图谱更新的过程。如图 11–9 所示，知识图谱的构建过程是从原始数据出发，采用一系列自动或半自动的技术手段，从原始数据中提取出知识要素（即事实），并将其存入知识库的数据层和模式层的过程。这是一个迭代更新的过程，根据知识获取的逻辑，每一轮迭代包含 3 个阶段：信息抽取、知识融合以及知识加工。

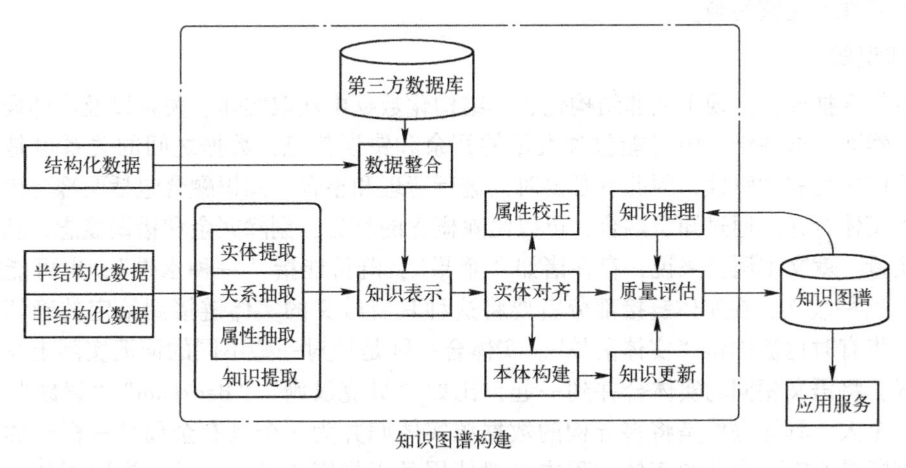

图 11–9　知识图谱架构

知识图谱有自顶向下和自底向上两种构建方式。所谓自顶向下构建是指借助百科类网站等结构化数据源，从高质量数据中提取本体和模式信息，加入知识库中；所谓自底向上构建，则是借助一定的技术手段，从公开采集的数据中提取出资源模式，选择其中置信度较高的新模式，经人工审核之后，加入知识库中。在知识图谱技术发展初期，多数参与企业和科研机构都是采用自顶向下的方式构建基础知识库，例如，Freebase 项目就是采用维基百科作为主要数据来源。随着自动知识抽取与加工技术的不断成熟，目前的知识图谱大多采用自底向上的方式构建，其中最具影响力的例子包括谷歌的 KnowledgeVault 和微软的 Satori 知识库，它们都是以公开采集的海量网页数据为数据源，通过自动抽取资源的方式来构建、丰富和完善现有的知识库。

11.5.3 知识图谱的构建

1. 信息抽取

信息抽取（Information Extraction）是知识图谱构建的第一步，其中的关键问题是如何从异构数据源中自动抽取信息得到候选知识单元。信息抽取是一种自动化地从半结构化和无结构数据中抽取实体、关系以及实体属性等结构化信息的技术，涉及的关键技术包括：实体抽取、关系抽取和属性抽取。

实体抽取，也称为命名实体识别（Named Entity Recognition，NER），是指从文本数据集中自动识别出命名实体。实体抽取的质量对后续的知识获取效率和质量影响极大，因此是信息抽取中最为基础和关键的部分。实体抽取主要抽取的是文本中的原子信息元素，如人名、组织/机构名、地理位置、事件/日期、字符值和金额值等。实体抽取任务有两个关键词：find & classify，找到命名实体，并进行分类。文本语料经过实体抽取，得到的是一系列离散的命名实体，为了得到语义信息，还需要从相关语料中提取出实体之间的关联关系，通过关系将实体（概念）联系起来，才能够形成网状的知识结构。研究关系抽取技术的目的，就是解决如何从文本语料中抽取实体间的关系这一基本问题。属性抽取的目标是从不同信息源中采集特定实体的属性信息。例如，针对某个公众人物，可以从网络公开信息中得到其昵称、生日、国籍和教育背景等信息。属性抽取技术能够从多种数据来源中汇集这些信息，实现对实体属性的完整勾画。

2. 知识融合

通过信息抽取，实现了从非结构化和半结构化数据中获取实体、关系以及实体属性信息的目标，然而，这些结果中可能包含大量的冗余和错误信息，数据之间的关系也是扁平化的，缺乏层次性和逻辑性，因此有必要对其进行清理和整合。知识融合包括两部分内容：实体链接和实体合并。通过知识融合，可以消除概念的歧义，剔除冗余和错误概念，从而确保知识的质量。就文本语义来说，存在诸如“苹果”，既可能指“一种水果”，也可能指“苹果公司”这种歧义，在实体链接部分就要将这种具有歧义的实体链接到给定的确切的知识上，这一步有时也被称作“实体消歧”。实体合并则是针对一些不同的词汇实际上是一个语义的情况，将语义相同的实体合并到一起，比如“贝克汉姆”“Beckham”“碧咸”其实指的是同一个人，具体操作是将多异构的数据源实体归并为一个具有全局唯一标识的实体对象。在判断是否需要合并的实体过程中一般使用基于规则或基于上下文提取词特征向量的方法。

3. 知识加工

通过信息抽取，可以从原始语料中提取出实体、关系与属性等知识要素。再经过知识融合，可以消除实体指称项与实体对象之间的歧义，得到一系列基本的事实表达。然而，事实本身并不等于知识，要想最终获得结构化、网络化的知识体系，还需要经历知识加工的过程。知识加工主要包括三个方面内容：本体构建、知识推理和质量评估。

本体是对概念进行建模的规范，是描述客观世界的抽象模型，以形式化方式对概念及其之间的联系给出明确定义。本体的最大特点在于它是共享的，本体中反映的知识是一种明确定义的共识。本体可以采用人工编辑的方式手动构建（借助本体编辑软件），也可以采用计算机辅助，以数据驱动的方式自动构建，然后采用算法评估和人工审核相结合的方式加以修正和确认。对于特定领域而言，可以采用领域专家和众包的方式人工构建本体。然而对于跨领域的全局本体库而言，采用人工方式不仅工作量巨大，而且很难找到符合要求的专家。因此，当前主流的全局本体库产品，都是从一些面向特定领域的现有本体库出发，采用自动构建技术逐步扩展得到的。

自动化本体构建过程包含三个阶段：实体并列关系相似度计算、实体上下位关系抽取和本体生成。例如，当知识图谱刚得到“阿里巴巴”“腾讯”“手机”这三个实体的时候，可能会认为它们三个之间并没有什么差别，但当它去计算三个实体之间的相似度后，就会发现，阿里巴巴和腾讯之间可能更相似，和手机差别更大一些。这就是第一步的作用，但这样下来，知识图谱实际上还是没有一个上下层的概念，它还是不知道，阿里巴巴和手机，根本就不隶属于一个类型，无法比较。因此在实体上下位关系抽取这一步，就需要去完成这样的工作，从而生成第三步的本体。当三步结束后，这个知识图谱可能就会明白，“阿里巴巴和腾讯，其实都是公司这样一个实体下的细分实体。它们和手机并不是一类”。

知识推理是指从知识库中已有的实体关系数据出发，经过计算机推理，建立实体间的新关联，从而拓展和丰富知识网络。知识推理是知识图谱构建的重要手段和关键环节，通过知识推理，能够从现有知识中发现新的知识。例如，已知（乾隆，父亲，雍正）和（雍正，父亲，康熙），可以得到（乾隆，祖父，康熙）或（康熙，孙子，乾隆）。知识推理的对象并不局限于实体间的关系，也可以是实体的属性值、本体的概念层次关系等。例如，已知某实体的生日属性，可以通过推理得到该实体的年龄属性。根据本体库中的概念继承关系，也可以进行概念推理，例如，已知（老虎，科，猫科）和（猫科，目，食肉目），可以推出（老虎，目，食肉目）。质量评估也是知识库构建技术的重要组成部分：①受现有技术水平的限制，采用开放域信息抽取技术得到的知识元素有可能存在错误（如实体识别错误、关系抽取错误等），经过知识推理得到的知识的质量同样也是没有保障的，因此在将其加入知识库之前，需要有一个质量评估的过程；②随着开放关联数据项目的推进，各子项目所产生的知识库产品间的质量差异也在增大，数据间的冲突日益增多，如何对其质量进行评估，对于全局知识图谱的构建起着重要的作用。引入质量评估的意义在于：可以对知识的可信度进行量化，通过舍弃置信度较低的知识，可以保障知识库的质量。

11.5.4 知识图谱的应用

通过知识图谱，不仅可以将互联网的信息表达成更接近人类认知世界的形式，而且提供了一种更好的组织、管理和利用海量信息的方式。目前知识图谱技术主要用于智能语义搜索、移动个人助理（如 Google Now、Apple Siri 等）以及深度问答系统（如 IBM Waston、Wolfram Alpha 等），支撑这些应用的核心技术正是知识图谱技术。

1. 语义搜索

各大搜索引擎基于互联网碎片化信息、百科、关联数据集、行业数据、领域知识分别构建通用、权威性行业知识图谱；结合语义关系［实体（属性）提取、同义拓展、关联推理］、索引、排序等技术、方法构建语义搜索引擎；结合语义识别、多任务人机协作、推荐系统智能理解用户搜索意图，挖掘潜在关联需求并聚焦关键数据（以便记录、迭代、重用知识）；以知识卡片等形式可视化搜索结果，最终提高搜索质量，降低知识误导风险，如Alphasense。

语义搜索基于语义分析、复杂逻辑判断（从文件、新闻、投资信息集中发现有专业价值信息），结合全球数据优化知识图谱，并辅助用户目标识别、决策制定，以提升其金融工作效率。

2. 深度问答

在深度问答应用中，系统同样会首先在知识图谱的帮助下对用户使用自然语言提出的问题进行语义分析和语法分析，进而将其转化成结构化形式的查询语句，然后在知识图谱中查询答案。对知识图谱的查询通常采用基于图的查询语句（如SPARQL），在查询过程中，通常会基于知识图谱对查询语句进行多次等价变换。例如，如果用户提问："如何判断是否感染了埃博拉病毒?"，则该查询有可能被等价变换成"感染埃博拉病毒的症状有哪些?"，然后再进行推理变换，最终形成等价的三元组查询语句，如（埃博拉，症状，?）和（埃博拉，征兆，?）等，据此进行知识图谱查询得到答案。深度问答应用经常会遇到知识库中没有现成答案的情况，对此可以采用知识推理技术给出答案。如果由于知识库不完善而无法通过推理解答用户的问题，深度问答系统还可以利用搜索引擎向用户反馈搜索结果，同时根据搜索的结果更新知识库，从而为回答后续的提问提前做出准备。

3. 智能推荐

由推荐系统整合领域知识图谱［赋予项目实体属性，支持语义分析（洞悉项目本质、潜在属性）、行业规律、知识挖掘与逻辑推理（从实体间关联关系、层次结构角度补全项目间关系并表示为图模型）］、传统推荐机制及算法等实现精准智能化推荐。如恒生金融资讯推荐系统通过知识图谱（实体）标签化用户、信息，结合协同过滤［基于用户、项目(资讯)］等算法智能化推荐金融资讯及产品。

4. 其他应用

企业知识图谱又称为企业图谱，基于行业规律（半）自动获取并精准筛选企业内部信息以构建辅助决策、提升企业间信息传递速率的结构化知识库，通过分类并关联知识、知识推理构建语义网络以提升信息质量及获取效率，通过外部知识图谱链接来优化企业图谱并可视化企业控股人及其关系网络、辅助企业信息资源动态更新及提供知识服务。风险监控知识图谱将组织内外部数据（用户基本及行为信息、组织信息等）转成机器易读形式，用图数据库实现N度快速搜索，用可视化技术辅助复杂网络关系展现及分析、推理以发现疑点（多为中心节点或与其高度相关节点），并用不一致性检验分析风险发生概率以监控疑点、降低因信息不对称导致的风险、支持对策制定。如金融反欺诈（基于嵌入式人物逻辑关系图谱、用户信息精准显示风险人物关系并挖掘潜在复杂关系以智能识别风险）、公安领域嫌犯研判等。

11.6 集体智能

11.6.1 集体智能的定义

集体智能（Collective Intelligence），有的称为集体智慧，有的称为群体智能，是一种共享的或者集体的智能，它是从许多个体的合作与竞争中涌现出来的，并没有集中的控制机制。集体智能在细菌、动物、人类以及计算机网络中形成，并以多种形式的协商一致的决策模式出现。

集体智能的规模有大有小，可能有个体集体智能、人际集体智能、成组集体智能、活动集体智能、组织集体智能、网络集体智能、相邻集体智能、社团集体智能、城市集体智能、省级集体智能、国家集体智能、区域集体智能、国际组织集体智能和全人类集体智能等，这些都是在特定范围内的群体所反映出来的智慧。

集体智能的形式可以是多种多样的，有对话型集体智能、结构型集体智能、基于学习的进化型集体智能、基于通信的信息型集体智能、思维型集体智能、群流型集体智能、统计型集体智能和相关型集体智能。

集体智能是大规模协作，为了实现集体智能，需要存在四项原则，即开放、对等、共享以及全球行动。开放就是要放松对资源的控制，通过合作来让别人分享想法和申请特许经营，这将使产品获得显著改善并得到严格检验。对等是利用自组织的一种形式，对于某些任务来说，它可以比等级制度工作得更有效率。而分享则使得他们可以扩大其市场，并且能够更快地推出产品。通信技术的进步已经促使全球性公司、全球一体化的公司没有地域限制，而有全球性的联系，使他们能够获得新的市场、理念和技术。

11.6.2 社群智能

社群智能（Social and Community Intelligence）是从社会感知中挖掘和理解个人和群体活动模式、大规模人类活动和城市动态规律，把这些信息用于各种创新性的服务，包括社会关系管理、人类健康改善、公共安全维护、城市资源管理和环境资源保护等。社群智能是在社会计算、城市计算和现实世界挖掘等相关领域发展基础上提出来的。从宏观角度讲，它隶属于社会感知计算（Socially-aware Computing）范畴。社会感知计算是通过人类生活空间逐步大规模部署的多种类传感设备，实时感知识别社会个体行为，分析挖掘群体社会交互特征和规律，辅助个体社会行为，支持社群的互动、沟通和协作。社群智能主要侧重于智能信息挖掘，具体功能包括：

1）多数据源融合，即要实现多个多模态、异构数据源的融合。综合利用三类数据源：互联网与万维网应用、静态传感设施、移动及可携带感知设备，来挖掘“智能”信息。

2）分层次智能信息提取。利用数据挖掘和机器学习等技术从大规模感知数据中提取多层次的智能信息：在个体级别识别个人情境信息，在群体（Group）级别提取群体活动及人际交互信息，在社会级别挖掘人类行为模式、社会及城市动态变化规律等信息。

社群智能的基本体系架构如图 11-10 所示，可以分为 5 层。感知层负责从三种信息源来获取原始数据；由于这些原始数据极有可能暴露用户的行踪和隐私，数据处理之前需要通过数据匿名保护层进行匿名化的工作；混合学习层采用各种机器学习和数据挖掘算法将原始感知数据转换为高级特征或情境信息；语义推理层与混合学习层相辅相成，通过基于专家知识明确设定好的逻辑规则对不同的特征或情境信息做进一步的集成，并最终得到社群智能信息；应用层包含大量的社群智能应用程序，它们可以从社群智能库中查询自己需要的信息来提供各种创新服务。

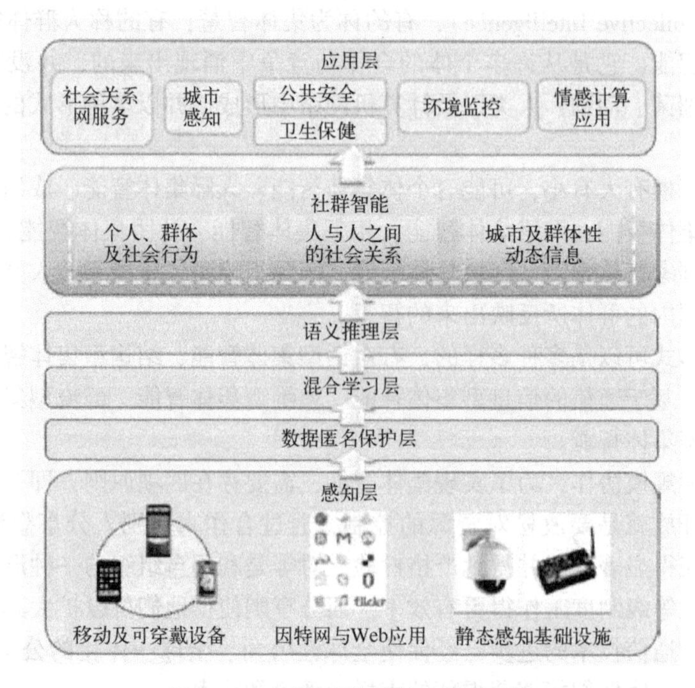

图 11-10　社群智能的基本体系架构

社群智能为开发一系列社会应用提供了可能。从用户角度来看，它可以开发各种社会关系网络服务来促进人与人之间的交流。从社会和城市管理角度来看，它可以实时感知现实世界的变化情况来为城市管理、公共卫生、环境监测等多个领域提供智能决策支持。作为一个新的研究领域，社群智能在感知、数据管理和智能信息抽取等多个方面都面临着新的问题和挑战。

11.6.3　集体智能系统

集体智能系统一般是复杂的大系统，甚至是复杂的巨系统。20 世纪 90 年代，钱学森提出了“开放的复杂巨系统（Open Complex Giant Systcn，OCGS）”的概念［钱学森等 1990］，并提出“从定性到定量的综合集成法”作为处理开放的复杂巨系统的方法论，着眼于人的智慧与计算机的高性能两者结合，以思维科学（认知科学）与人工智能为基础，用信息技术和网络技术构建“综合集成研讨厅（Hall for Workshop of Metasynthetic Engineering）”的体系，以可操作平台的方式处理与开放的复杂巨系统相联系的复杂问题。随着互联网的广泛普及，这种综合集成研讨厅可以是以互联网为基础的集体智能系统。

20 世纪 90 年代以来，多智能体系统迅速发展，为构建大型复杂系统提供良好的技术途径。作者将智能体技术和网格结构有机结合起来，研制了智能体网格智能平台（Agent Grid

Intelligence Platform，AGrIP）[Shi et al. 2006]。AGrIP 由底层集成平台 MAGE、中间软件层和应用层构成（图 11-11）。该平台创建协同工作环境，提供知识共享和互操作，成为开发大规模复杂的集成智能系统良好的工具。

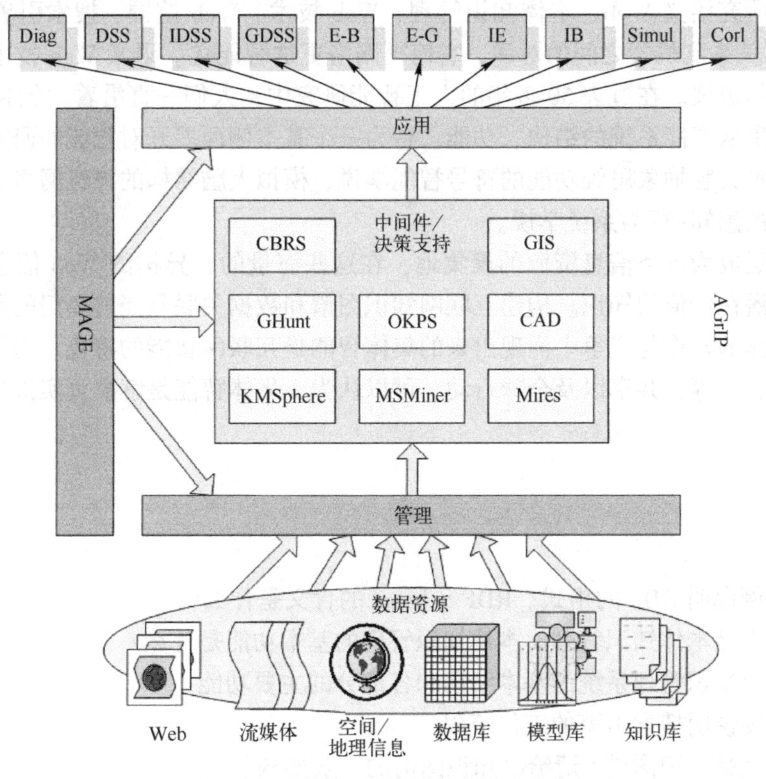

图 11-11　智能体网格智能平台 AGrIP

11.6.4　全球脑

人脑是由神经网络（硬件）和心智系统（软件）构成的智能系统。互联网已成为人们共享全球信息的基础设施。在互联网的基础上通过全球心智模型（World Wide Mind，WWM）就可实现全球脑（World Wide Brain，WWB）。

全球心智模型 WWM 是由心智模型 CAM 和 World Wide Web 构成。心智模型 CAM 分为记忆、意识和高级认知行为三个层次［史忠植 2015］。在心智模型 CAM 中，按照信息记忆的持续时间长短，记忆包含三种类型：长时记忆、短时记忆和工作记忆。记忆的功能是保存各种类型的信息。长时记忆中保存抽象的知识，例如，概念、行为、事件等。短时记忆存储当前世界（环境）的知识或信念，以及系统拟实现的目标或子目标。工作记忆存储了一组从感知器获得的信息，例如，照相机拍摄的视觉信息、从 GPS 获得的特定信息。这些记忆的信息用于支持 CAM 的认知活动。

互联网通过语义互联，使计算机能读懂网页的内容，在理解的基础上支持用户的互操作。这种互操作性是通过语义来保证的，而互操作的环境是异质、动态、开放、全球化的 Web。这样，就可以通过互联网语义互联，将人脑扩展成为全球脑，使其拥有全球丰富的信息和知识资源，为科学决策提供强大的支持。

11.7 本章小结

本章主要研究语义 Web、本体知识管理、Web 技术、Web 挖掘、搜索引擎和集体智能等。语义 Web 关系到机器之间的对话，它使得网络更加智能化。语义 Web 技术的演化，依赖于人工智能的进展。在过去 50 多年的人工智能研究中，人们一直沿着“模拟脑”的方向做出努力，分别从智能系统的结构、功能、行为三个基本侧面展开对智能的研究。这样，便先后形成了模拟大脑抽象思维功能的符号智能学说、模拟大脑结构的神经网络学说以及模拟智能系统行为的感知-行为系统学说。

互联网已经成为各类信息资源的聚集地，在这些海量的、异构的 Web 信息资源中，蕴含着具有巨大潜在价值的知识。构建互联网知识图谱和数据关联是当前热门的研究课题。

从许多个体的合作与竞争中涌现出来的集体智能是互联网智能的特色。为了实现集体智能，需要开放、对等、共享以及全球行动。可以认为，集体智能是解决真实世界复杂问题的有效途径。

习题

11-1　举例说明 RDF 的格式。RDF Schema 的含义是什么？

11-2　什么是本体知识管理？本体知识管理的基本功能是什么？

11-3　给出知识管理系统的基本结构和各部分的主要功能。

11-4　扼要说明搜索引擎的工作流程。

11-5　什么是知识图谱？请给出知识图谱的一般架构。

11-6　集体智能系统是什么？请利用多智能体构建集体智能系统。

第12章 类脑智能

通过脑科学、认知科学与人工智能领域的交叉合作，加强我国在智能科学这一交叉领域中的基础性、独创性研究，解决认知科学和信息科学发展中的重大基础理论问题，创新类脑智能前沿领域的研究。本章重点概述类脑智能的最新进展，提出类脑智能的发展路线图。

12.1 引言

人工智能是一门科学，致力于使机器智能化。而智能是使实体在其环境中有远见地、适当地发挥作用的能力。AI的这种理解是非常包容的，引进能力水平的连续范围从相当低水平的技术系统和低等动物的一端，到人类的另一端。人类水平的人工智能位于后者高端。

1955年，麦卡锡联合了申农、明斯基、罗彻斯特，发起了达特茅斯计划（Dartmouth Project）[McCarthy et al. 2006]。第二年正式启动该计划，洛克菲勒基金会提供了极有限的资助。这个计划不但是人工智能发展史的一个重要事件，也是计算机科学的一个里程碑。现在看来，那次讨论并没有实质上解决有关人工智能的任何具体问题，但它确立了研究目标，使人工智能成为计算机科学中一门独立的经验科学。

智能科学的研究表明，类脑计算是实现人类水平的人工智能的途径。类脑计算是基于神经形态工程，借鉴人脑信息处理方式，打破冯·诺依曼架构束缚，研究具有自主学习能力的超低功耗新型计算系统，适合实时处理非结构化信息，增强人类感知世界、适应世界、改造世界智力活动的能力。

20世纪60年代以来，冯·诺依曼体系结构是计算机体系结构的主流。在经典的计算机中，将数据处理的地方与数据存储的地方分开，存储器和处理器被一个在数据存储区域和数据处理区域之间的数据通道，或者说总线分开。固定的通道能力表明任何时刻只有有限数量的数据可以被“检查”和处理。处理器为了在计算时存储数据，配置有少量寄存器。在完成全部必要计算之后，处理器通过数据总线将结果再写回存储器，还是利用数据总线。通常，这个过程不会造成问题。为了使固定容量的总线上流量最小，大多数现代处理器在扩大寄存器的同时使用缓存，以在靠近计算点的地方提供临时的存储。如果一个经常重复进行的计算需要多个数据片段，处理器会将它们一直保存在该缓存内，而访问缓存比访问主存储器快得多、有效得多。然而，高速缓存的架构对这种模拟脑的计算挑战不起作用。即使是相对简单的脑也是由几十亿个突触联结的几千万个神经元组成，因此，要模拟这样庞大的相互联系的脑需耗费与计算机主存储器容量一样大的高速缓存，这会导致机器立即无法使用。现有计算机技术发展存在下列问题：

1）摩尔定律表明，未来10~15年内器件将达到物理微缩极限。

2）受限于总线的结构，在处理大型复杂问题上编程困难且能耗高。

3）在复杂多变实时动态分析及预测方面不具有优势。

4）不能很好地适应“数码宇宙”的信息处理需求。每天所产生的海量里，有 80%的数据是未经任何处理的原始数据，而绝大部分的原始数据半衰期只有 3 小时。

5）经过长期努力，计算机的运算速度达到千万亿次，但是智能水平仍很低下。

我们要向人脑学习，研究人脑信息处理的方法和算法，因此，发展类脑计算成为当今迫切需求。目前，国际上非常重视对脑科学的研究。2013 年 1 月 28 日，欧盟启动了旗舰“人类大脑计划（Human Brain Project）”，未来 10 年投入 10 亿欧元的研发经费，目标是用超级计算机多段多层完全模拟人脑，帮助理解人脑功能。2013 年 4 月 2 日，美国总统奥巴马宣布一项重大计划，即历时 10 年左右、总额 10 亿美元的研究计划“运用先进创新型神经技术的大脑研究（Brain Research through Advancing Innovative Neurotechnologies，BRAIN）”，目标是研究数十亿神经元的功能，探索人类感知、行为和意识，希望找出治疗阿尔茨海默氏症（又叫老年痴呆症）等与大脑有关疾病的方法。

IBM 承诺出资 10 亿美元用于其认知计算平台 Watson 的商业化。Google 收购了包括波士顿动力在内的 9 家机器人公司和 1 家机器学习公司。高通量测序之父罗思伯格（Rothberg J）和耶鲁大学教授许田成立了新型生物科技公司，结合深度学习和生物医学技术研发新药和诊断仪器技术。

随着欧、美等国相继启动各种人脑计划，中国也全面启动自己的脑科学计划。“中国脑计划”已经初步形成开展脑认知原理的基础、脑重大疾病、类脑人工智能的研究格局。类脑计算和人工智能研究是“中国脑计划”的重要组成部分，将以类脑人工智能研发与产业化为核心，从“湿”“软”“硬”和“大规模服务”这四个方向展开。具体包括：构建脑科学大数据和脑模拟平台，解析大脑认知和信息处理机制，即通常意义上的生物实验（湿）；发展类脑人工智能核心算法，研发类脑人工智能软件系统，如深度学习算法就是一个特例（软）；设计类脑芯片和类脑机器人，研发类脑人工智能硬件系统，从各种智能可穿戴设备到工业和服务机器人（硬）；开展类脑技术在包括脑疾病在内的重症疾病的早期诊断、新药研发以及智能导航、智能专业芯片、公共安全、智慧城市、航空航天新技术、文化传播等领域的应用研究，推动新技术产业化（大规模服务）。“中国脑计划”已获国务院批示，并被列为“事关我国未来发展的重大科技项目”之一。类脑智能研究将借鉴脑的多尺度结构及其认知机制，提出并实现受脑信息处理机制启发的智能框架、算法与系统。

12.2 大数据智能

大数据本质上是人类社会数据积累从量变到质变的必然产物，是在信息高速公路基础上的进一步升级和深化，是提升人工系统智能水平的重要途径，对人类社会的发展具有极其重大的影响和意义。

大数据是一个体量特别大、数据类别特别多的数据集，并且这样的数据集无法用传统软件工具对其内容进行抓取、管理和处理。大数据首先是指数据体量（Volumes）大，一般在 10TB 规模左右，但在实际应用中，很多企业用户把多个数据集放在一起，已经形成了 PB 级的数据量。其次是指数据类别（Variety）多，数据来自多种数据源，数据种类和格式日渐丰富，包括半结构化和非结构化数据。接着是数据处理速度（Velocity）快，在数据量非常庞大的情况下，也能够做到数据的实时处理。最后一个特点是指数据真实性（Veracity）

高，企业越发需要有效的信息之力以确保其真实性及安全性。大数据是需要新处理模式才能具有更强的决策力、洞察发现力和流程优化能力的海量、高增长率和多样化的信息资产。

美国政府在2012年3月正式启动“大数据研究和发展”计划，该计划涉及美国国防部、美国国防部高级研究计划局、美国能源部、美国国家卫生研究院、美国国家科学基金、美国地质勘探局6个联邦政府部门，宣布投资2亿多美元，用以大力推进大数据的收集、访问、组织和开发利用等相关技术的发展，进而大幅提高从海量复杂的数据中提炼信息和获取知识的能力与水平。该计划并不是单单依靠政府，而是与产业界、学术界以及非营利组织一起，共同充分利用大数据所创造的机会。这也是继1993年9月美国政府启动“信息高速公路”计划后，国家层面在信息领域又一次发力。联合国也发布了《大数据促发展：挑战与机遇》的白皮书。全球范围内对大数据的关注达到了前所未有的热度，各类计划如雨后春笋般纷纷破土而出。

2015年3月9日，百度董事长兼CEO李彦宏在全国政协会议上发言，建议设立国家层面的“中国大脑”计划，以智能人机交互、大数据分析预测、自动驾驶、智能医疗诊断、智能无人飞机、军事和民用机器人技术等为重要研究领域，支持企业搭建人工智能基础资源和公共服务平台，面向不同研究领域开放平台资源。

随着云计算、云存储和物联网等技术广泛应用，人们通过搜索引擎等获取信息，寻找知识，构建知识图；人类的各种社会互动、沟通，社交网络和传感器也正在生成海量数据；商业自动化导致海量数据存储，但用于决策的有效信息又隐藏在数据中，如何从数据中发现知识，大数据挖掘技术应运而生。

12.3 脑科学与类脑研究

人脑是世界上最复杂的物资，它是人的智能、意识等一切高级精神活动的生理基础。认知计算（Cognitive Computing）是指模仿人类大脑的计算系统，利用计算模型模仿人类思维过程，让计算机像人一样思维。认知计算涉及使用数据挖掘、模式识别和自然语言处理的自学习系统，以模仿人类大脑的工作方式。认知计算的目标是创建能够自动解决问题的信息技术系统，而无须人的援助。认知计算系统利用机器学习算法，通过挖掘反馈给它们的信息数据不断获取知识。该系统完善寻找模式和处理数据的方法，使它们成为有能力预见新的问题和建模可能的解决方案。

2005年7月，IBM公司和瑞士洛桑理工学院宣布开展蓝脑工程研究［Markram 2006］，对理解大脑功能和机能失调取得进展，并且提供在精神健康和神经病理探索解决棘手问题的方法。2006年末，蓝脑工程已经创建了大脑皮质功能柱的基本单元模型。2008年，IBM公司使用蓝色基因巨型计算机，模拟具有5500万神经元和5000亿个突触的老鼠大脑。IBM公司从美国国防部先进研究项目局（Defense Advanced Research Projects Agency，DARPA）得到490万美元的资助，研制类脑计算机。IBM Almaden研究中心和IBM T. J. Wason研究中心一起，斯坦福大学、威斯康辛-麦迪逊大学、康奈尔大学、哥伦比亚大学医学中心和加利福尼亚Merced大学都参加该项计划研究。

2007年以来，从针对小鼠和大鼠脑皮质规模的早期工作开始，IBM项目组的模拟在规模方面一直保持稳步增长。2009年5月，在与劳伦斯伯克利（Lawrence Berkeley）国家实验室的合作中，IBM项目组使用黎明蓝色基因（Dawn Blue Gene/P）超级计算机系统，获得了最新的研究结果（图12-1）。该研究成果充分利用了超级计算机系统的存储能力，是具有价值的猫科-规模脑皮质模拟（大致相当于人脑规模的4.5%）的里程碑。这些模拟网络展示了神经元通过自组织形成可重现且具有锁时特性的非同步分组。

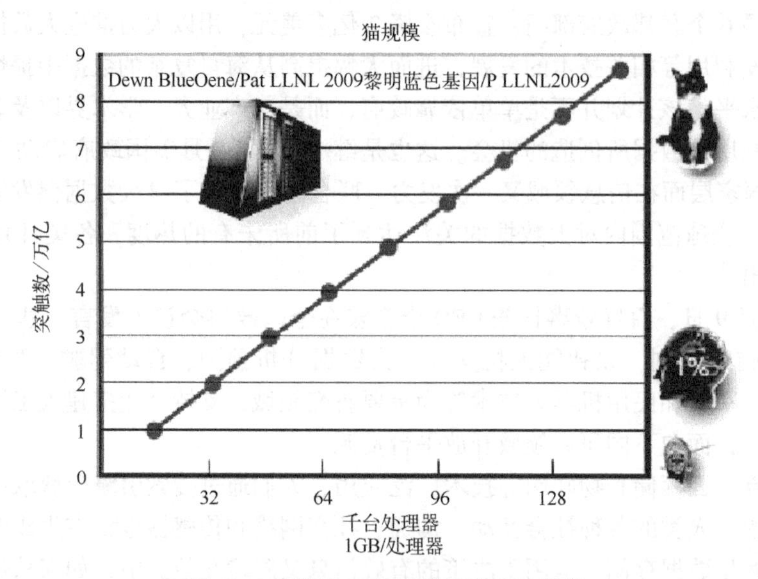

图12-1　利用C2的可伸缩脑皮质模拟

脑认知研究推动伴随大数据的认知计算时代到来。2014年3月6日，IBM宣布将其大数据分析平台更名为Watson Foundations，“Watson（沃森）”作为“认知计算”的代名词，成为IBM未来的大数据战略方向。认知计算系统能够通过辅助（Assistance）、理解（Understanding）、决策（Decision）、洞察与发现（Discovery），帮助企业更快地发现新问题、新机遇和新价值。当向沃森提问的时候，沃森处理的步骤如下：

1）将提出的问题分解为很多关于这个问题的“特征”。

2）在大量可能包含答案的信息中进行搜索，然后生成一系列潜在答案。

3）使用特有的算法，为每一个潜在答案打分。

4）提供评分最高的答案，以及答案的相关证据。

5）对评分进行权衡，为每个答案的评分指数进行评估。

目前，IBM把沃森系统应用到医疗行业。沃森能够对海量的医学数据进行处理和分析，快速了解患者情况，然后通过这些信息来进行“诊断”，仅需几秒钟时间，就可以得出较为准确的结果，把问答集成到临床和业务决策中，为医生的最终诊断提供依据和帮助。

2015年1月29日，在第29届美国人工智能大会上，IBM Thomas J. Watson研究中心的塞尔曼（Sellmann M）做了“智能决策”的特邀报告。报告指出人工智能技术的最新进展已经提供了商业上可行的协同战略决策支持系统愿景。这些认知系统集成了信息检索、知识表示、交互式建模以及社会学习能力与逻辑推理在不确定条件下的概率决策。认知计算获得了广泛应用，包括专家系统、自然语言编程、神经网络、机器人和虚拟现实。

12.3.1 欧盟人脑计划

2013年1月28日，欧盟委员会宣布“未来和新兴技术（FET）旗舰项目”的竞选结果，人脑计划（Human Brain Project，HBP）在今后10年中获得10亿欧元的科研资助。

人脑计划项目希望通过打造一个综合的基于信息通信技术的研究平台来研发出最详细的人脑模型。在瑞士洛桑联邦理工学院的马克拉姆（Markram H）的协调下，来自23个国家(其中16个是欧盟国家）的大学、研究机构和工业界的87个组织通力合作，用计算机模拟的方法研究人类大脑是如何工作的。该研究有望促进人工智能、机器人和神经形态计算系统的发展，奠定医学进步的科学和技术基础，有助于神经系统及相关疾病的诊疗及药物测试。

人脑计划旨在探索和理解人脑运行过程，研究人脑的低能耗、高效率运行模式及其学习功能、联想功能、创新功能等，通过信息处理、建模和超级计算等技术开展人脑模拟研究，应用超级计算技术开展人脑诊断和治疗、人脑接口和人脑控制机器人研究以及开发类似人脑的高效节能超级计算机等[Markram 2011]。

人脑计划分为5个方面，每个方面都是以现有工作为基础，进一步开展研究。

1. 数据

采集筛选过的、必要的战略数据来绘制人脑图谱并设计人脑模型，同时吸引项目外的研究机构来贡献数据。当今的神经认知科学已经积累了海量实验数据，大量原创研究带来了层出不穷的新发现。即便如此，构建多层次大脑图谱和统一的大脑模型所需的绝大部分核心知识依然缺失。因此，人脑计划的首要任务是采集和描述筛选过的、有价值的战略数据，而不是进行漫无目的的搜寻。人脑计划制定了数据研究的3个重点：

1）老鼠大脑的多层级数据。此前研究表明，对老鼠大脑的研究成果同样适用于所有的哺乳类动物。因此，对老鼠大脑组织的不同层级间关系的系统研究将会为人脑图谱和模型提供关键参考。

2）人脑的多层级数据。老鼠大脑的研究数据在一定程度上可以为人脑研究提供重要参考，但显然两者存在根本区别。为了定义和解释这些区别，人脑计划的研究团队采集关于人类大脑的战略数据，并尽可能积累到已有的老鼠大脑数据的规模，便于对比。

3）人脑认知系统结构。弄清大脑结构和大脑功能之间的联系是HBP的重要目标之一。HBP会把三分之一的研究重点放在负责具体认知和行为技能的神经元结构上，从其他非人类物种同样具备的简单行为一直到人类特有的高级技能，如语言。

2. 理论

人脑计划的第二个目标是研究数学和理论基础。定义数学模型，解释不同大脑组织层级与它们在实现信息获取、信息描述和信息储存功能之间的内在关系。如果缺乏统一、可靠的理论基础，很难解决神经科学在数据和研究方面碎片化的问题。因此，HBP应包含一个专注于研究数学原理和模型的理论研究协调机构，这些模型用来解释大脑不同组织层级与它们在实现信息获取、信息描述和信息储存功能之间的内在关系。作为这个协调机构的一部分，人脑计划应建立一个开放的“欧洲理论神经科学研究机构”（European Institute for Theoretical Neuroscience)，以吸引更多项目外的优秀科学家参与其中，并充当创新性研究的孵化器。

3. 信息与通信技术平台

建立一套综合的信息与通信技术平台（Information and Communications Technology Platforms，ICT）系统，为神经认知学家、临床研究者和技术开发者提供服务以提高研究效率。建议组建6大平台，即神经信息平台、人脑模拟平台、医疗信息平台、高性能计算平台、神经形态计算平台和神经机器人平台。

1）神经信息平台。人脑计划的神经信息平台将为神经科学家提供有效的技术手段，使他们更加容易地对人脑结构和功能数据进行分析，并为绘制人脑的多层级图谱指明方向。此平台还包含神经预测信息学的各种工具，这有助于对描述大脑组织不同层级间的数据进行分析并发现其中的统计性规律，也有助于对某些参数值进行估计，而这些值很难通过自然实验得出。在此前的研究中，数据和知识的缺乏往往成为我们系统认识大脑的一个重要障碍，而上述技术工具的出现使这一难题迎刃而解。

2）人脑模拟平台。人脑计划会建立一个足够规模的人脑模拟平台，旨在建立和模拟多层次、多维度的人脑模型，以应对各种具体问题。该平台将在整个项目中发挥核心作用，为研究者提供建模工具、工作流和模拟器，帮助他们从老鼠和人类的大脑模型中汇总出大量且多样的数据来进行动态模拟。这使“计算机模拟实验”成为可能，而在只能进行自然实验的传统实验室中是无法做到这一点的。借助平台上的各种工具可以生成各种输入值，而这些输入值对于人脑计划中的医学研究（疾病模型和药物效果模型）、神经形态计算、神经机器人研究至关重要。

3）高性能计算平台。人脑计划的超级计算平台将为建立和模拟人脑模型提供足够的计算能力。其不仅拥有先进的百亿亿次级超级计算技术，还具备全新的交互计算和可视化性能。

4）医疗信息平台。人脑计划的医疗信息平台需要汇集来自医院档案和私人数据库的临床数据（以严格保护患者信息安全为前提）。这些功能有助于研究者定义出疾病在各阶段的“生物签名”，从而找到关键突破点。一旦研究者拥有了客观的、有生物学基础的疾病探测和分类方法，他们将更容易找到疾病的根本起源，并相应地研发出有效治疗方案。

5）神经形态计算平台。人脑计划的神经形态计算平台将为研究者和应用开发者提供所需的硬件和设计工具来帮助他们进行系统开发，同时还会提供基于大脑建模的多种设备及软件原型。借助此平台，开发者能够开发出许多紧凑的、低功耗的设备和系统，而这些正在逐渐接近人类智能。

6）神经机器人平台。人脑计划的神经机器人平台为研究者提供开发工具和工作流，使他们可以将精细的人脑模型连接到虚拟环境中的模拟身体上，而以前他们只能依靠人类和动物的自然实验来获取研究结论。该平台为神经认知学家提供了一种全新的研究策略，帮助他们洞悉隐藏在行为之下的大脑的各种多层级的运作原理。从技术角度来说，该平台也将为开发者提供必备的开发工具，帮助他们开发一些有接近人类潜质的机器人，而以往的此类研究由于缺乏这个“类大脑”化的中央控制器，这个目标根本无法实现。

4. 应用

人脑计划的第四个主要目标是可以成功地体现出为神经认知科学基础研究、临床科研和技术开发带来的各种实用价值。

1）统一的知识体系原则。HBP 项目中的“人脑模拟平台”和“神经机器人平台”会对负责具体行为的神经回路进行详尽解释，研究者可利用它们来实施具体应用，例如，模拟基因缺陷的影响、分析大脑不同层级组织细胞减少的后果、建立药物效果评价模型。并最终得到一个可以将人类与动物从本质上区分开来的人脑模型，例如，该模型可以表现出人类的语言能力。这些模型将使我们对大脑的认识发生质的变化，并且可以立即应用于具体的医疗和技术开发领域。

2）对大脑疾病的认识、诊断和治疗。研究者可充分使用医疗信息平台、神经形态计算平台和人脑模拟平台来发现各种疾病演变过程中的生物签名，并对这些过程进行深入分析和模拟，最终得出新的疾病预防和治疗方案。这项工作将充分体现出 HBP 项目的实用价值。新诊断技术在疾病还未造成不可逆的危害前，就能提前对其进行诊断，并针对每位患者的实际情况研发相应的药物和治疗方案，实现“个人定制医疗”，这将最终有利于患者治疗并降低医疗成本。对疾病更好地了解和诊断也会优化药物研发进程，更好地筛选药物测试候选人和临床测试候选人，这无疑有益于提高后期的实验成功率，降低新药研发成本。

3）未来计算技术。研究者可以利用人脑计划的高性能计算平台、神经形态计算平台和神经机器人平台来开发新兴的计算技术和应用。高性能计算平台将会为他们配备超级计算资源，以及集成了多种神经形态学工具的混合技术。借助神经形态计算平台和神经机器人平台，研究者可以打造出极具市场应用潜力的软件原型。这些原型包括家庭机器人、制造机器人和服务机器人，它们虽然看起来不显眼，但却具备强大的技术能力，包括数据挖掘、机动控制、视频处理和成像以及信息通信等。

5. 社会伦理

考虑到人脑计划的研究和技术带来的巨大影响，HBP 项目会组建一个重要的社会伦理小组，来资助针对人脑计划项目对社会和经济造成的潜在影响的学术研究，该小组会在伦理观念上影响人脑计划研究人员，管理和提升他们的伦理道德水平和社会责任感，其首要任务是在具有不同方法论和价值观的利益相关者和社会团体之间展开积极对话。

人脑计划的路线图如图 12-2 所示。

12.3.2 美国脑计划

2013 年 4 月 2 日，美国白宫正式宣布“通过推动创新性神经技术进行脑研究（Brain Research through Advancing Innovative Neurotechnologies，BRAIN）”的计划，简称“脑计划”。该计划被认为可与人类基因组计划相媲美，以探索人类大脑工作机制，绘制脑活动全图，针对无法治愈的大脑疾病开发新疗法。

美国“脑计划”公布后，国家卫生研究院随即成立“脑计划”工作组。“脑计划”工作组提出了 9 个资助领域：统计大脑细胞类型；建立大脑结构图；开发大规模神经网络记录技术；开发操作神经回路的工具；了解神经细胞与个体行为之间的联系；把神经科学实验与理论、模型、统计学等整合；描述人类大脑成像技术的机制；为科学研究建立收集人类数据的机制；知识传播与培训。

人脑图谱是 21 世纪科学的极大挑战。人脑连接体项目（Human Connectome Project，HCP）将阐明大脑功能和行为背后的神经通路，是应对这一挑战的关键因素。解密这个惊人的复杂的连接图将揭示什么是我们人类独有的，并使每个人都各不相同。

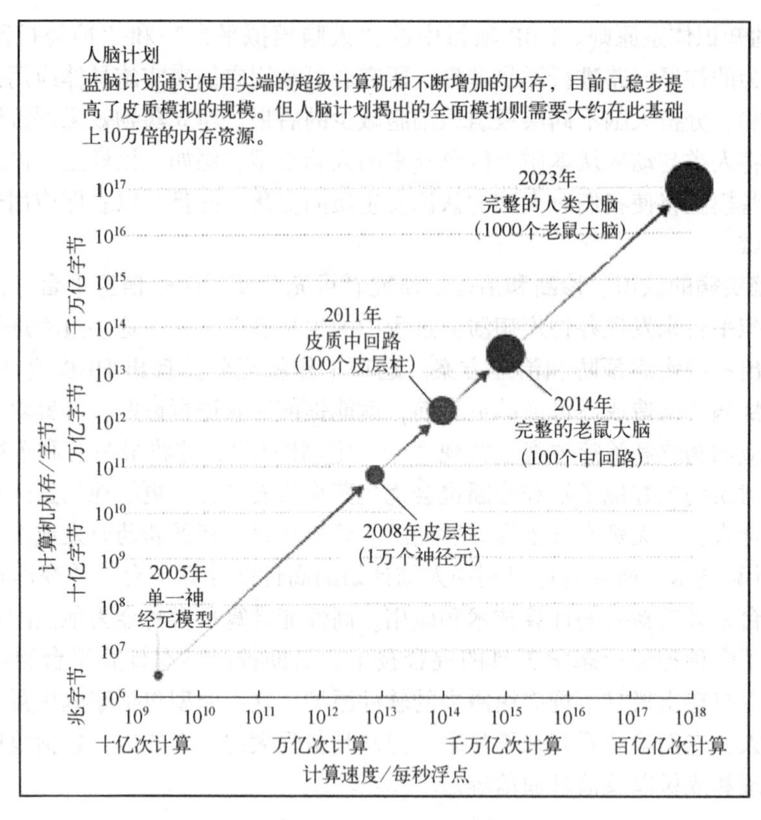

图 12-2　人脑计划的路线图

该研究项目（WU-Minn HCP Consortium）由华盛顿大学、明尼苏达大学和牛津大学领导，其目标是使用无创性影像学的尖端技术，创建 1200 健康成人（双胞胎和他们的非孪生兄弟姐妹）的综合人脑回路图谱，这将会产生大脑连通性的宝贵信息，揭示与行为的关系、遗传和环境因素对大脑行为个体差异的贡献。华盛顿大学的范·埃森（Van Essen）实验室开发了连接组工作台，提供了灵活、用户方便访问、免费提供存储在 ConnectomeDB 数据库的海量数据，并在开发其他脑图谱分析方法方面发挥带头作用。连接组工作台的 beta 版本已经发布在网站 www. humanconnectome. org 上。

美国波士顿大学认知和神经系统学院长期以来开展脑神经模型的研究。早在 1976 年格罗斯伯格（Grossberg S）提出了自适应共振理论（ART）［Grossberg 1976］。其通过自顶向下期望控制预测性编码和匹配，以此有利于集中注意力，使同步化和增益调节注意特征表象，并且引发能有效抵制彻底遗忘的快速学习。实现快速稳定学习而不致彻底遗忘的目标通常被归结为稳定性/可塑性两难问题。稳定性/可塑性两难问题是每一个需要快速而且稳定地学习的脑系统必须要解决的问题。我们希望找到一个在所有脑系统中运行的相似的原理，这个原理可以基于整个生命过程中不断变化的条件做出不同的反应来稳定学习不断增长的知识。ART 预设人类和动物的感知和认知的一些基本特征就是解决大脑稳定性/可塑性两难问题的部分答案。尤其是，人类是一种有意识的生物，可以学习关于世界的预期并且对将要发生的事情做出推断。人类还是一种注意力型的生物，会将数据处理的资源集中于任何时候有限数量的可接收信息上。人类怎么会既是有意识的又是注意力型的生物？这两种处理程序是相关联的吗？稳定性/可塑性两难问题以及运用共振状态的解决方案提供了一种理解这个问题的统一框架。

ART假设在使得我们快速而稳定地学习不断变化世界这一过程的机制，以及使得我们学习关于这个世界的推测、验证关于它的假设和将注意力集中于感兴趣的信息上这一过程的机制之间，有密切的联系。ART还提出，要解决稳定性/可塑性两难问题，只有共振状态可以驱动快速的新学习过程，这也是这个理论名称的由来。

最近的ART模型，被称作LAMINART，开始展示ART的预测可能在丘脑皮质回路中得以具体化。LAMINART模型使得视觉发展、学习、感知组织、注意和三维视觉的性质一体化。然而，它们没有将学习的峰电位动力学、高阶特异性丘脑核和非特异性丘脑核、规律性共振和重置的控制机制，以及药理学调制包含在内。

2008年，格罗斯伯格等提出了同步匹配适应共振理论SMART（Synchronous Matching Adaptive Resonance Theory）模型［Grossberg 2008］，该模型提供了大脑是怎样协调多级的丘脑和皮质进程来快速学习、稳定记忆外界的重要信息。同步匹配适应共振理论SMART模型，展示了自底向上和自顶向下的通路是如何一起工作并通过协调学习、期望、专注、共振和同步这几个进程来完成上述目标的。特别地，SMART模型解释了怎样通过大脑细微回路，尤其是在新皮层回路中的细胞分层组织实现专注学习的需求，以及它们是怎样和第一层（比如外侧膝状体，LGN）与更高层（比如枕核），还有非特异性丘脑核相互作用的。

SMART模型超越ART和LAMINART模型的地方在于，其说明了这些特征怎样自然地在LAMINART结构中共存。特别是SMART解释和模拟了：浅层皮质回路可能是怎样与特异性初级和较高级丘脑核以及非特异性丘脑核相互作用，从而控制用于调控认知学习和抵制彻底遗忘的动态缓冲学习记忆的匹配或不匹配的过程；峰电位动力学怎样被包含在振动频率可以提供附加的可用来控制认知导向的诸如匹配和快速学习的动作的同步共振中；基于乙酰胆碱的过程怎样有可能使得被预测的警觉控制的性质具体化，这个性质只利用网络上本地的计算信号控制经由对不断变化的环境数据敏感的方式来学习识别类的共性规律。

SMART模型首次从原理上将认知与大脑振动联系起来，特别是在γ和β频域，这是从一系列皮质和皮质下结构中得到的记录。SMART模型表明β振动为什么可以成为调制的自顶向下的反馈和重置的标志。SMART模型发展了早前的模拟工作，解释了当调制的自顶向下的期望与连贯的自底向上的输入类型相匹配时，γ振动是怎样产生的。这样一个匹配使得细胞更有效地越过它们的激励阈值来激发动作电位，进而导致在共享自顶向下的激发调制的细胞中局域γ频率同步的整体性增强。

SMART模型还将不同的振动频率与峰电位时序相关的突触可塑性（Spike Timing-Dependent Plasticity，STDP）联系在一起。在突触前和突触后细胞的平均激励周期在10～20 ms之间时，也就是在STDP学习的窗口中时，学习情景更易被限制在匹配条件下，这与实验结果相符。这个模型预测STDP将进一步加强相关的皮质和皮质下区域的同步兴奋度，在快速学习规律中的乱真的同步化对长期记忆权值的影响可以被匹配状态下的同步共振阻止或者快速反转。在匹配状态下被放大的γ振动，通过将突触前激动压缩进狭窄的时域窗口，将有助于激动传遍皮质等级结构。这个预测与观察到的外侧膝状体（Lateral Geniculate Nucleus）成对的突触前激励对在视觉皮层中产生突触后兴奋的效果在激动间隔增加的时候快速降低是相一致的。

不同的振荡频率与匹配/共振（γ 频率）和不匹配/重置（β 频率）一起，将这些频率联系起来，不仅为选择学习，更为发现支持新学习的皮质机制的活跃的搜索过程。不匹配也预测会在 N200 ERP 的组成部分中表达的事实，指出新实验可以将 ERP 和振荡频率结合起来，作为动态规律性学习的认知过程索引。

在美国国家科学基金会的资助下，波士顿大学认知和神经系统学院成立了教育、科学和技术学习卓越中心（CELEST）。在 CELEST，计算模型的设计者、神经科学家、心理学家和工程师，与来自哈佛大学、麻省理工学院、布兰代斯大学和波士顿大学的认知和神经系统部门的研究人员进行交流协作，研究有关脑如何计划、组织、通信和记忆等基本原理，特别是应用学习和记忆的脑模型，构建低功耗、高密度的神经芯片，实现越来越复杂的大规模脑回路，解决具有挑战性的模式识别问题。

波士顿大学认知和神经系统学院设计了一种软件称为 MoNETA（Modular Neural Exploring Traveling Agent，模块化的神经探索搜索主体）［Versace et al. 2010］，它是一个芯片上的大脑。MoNETA 将运行在美国加利福尼亚惠普实验室研发的类脑（Train Inspired）微处理器上，其工作原理正是那些把哺乳动物与无智商的高速机器区别开来的最基本原则。MoNETA 正好是罗马神话中记忆女神的名字“莫内塔”，会做其他计算机从未做过的事情。它将感知周围的环境，决定哪些信息是有用的，然后将这些信息加入逐渐成形的现实结构中；而且在一些应用中，它会制订计划以保证自身的生存。换句话说，MoNETA 将具有如同蟑螂、猫以及人所具有的动机。MoNETA 与其他人工智能的区别在于，它不需要显式地编程，像哺乳动物的脑一样具有适应性和效用性，可以在各种各样的环境下进行动态学习。

12.3.3 中国脑计划

中国脑计划以阐释人类认知的神经基础（认识脑）为主体和核心（一体），同时展现“两翼”：其中一翼是大力加强预防、诊断和治疗脑重大疾病的研究（保护脑）；另一翼是在大数据快速发展的时代背景下，受大脑运作原理及机制的启示，通过计算和系统模拟推进人工智能的研究（模拟脑），如图 12-3 所示［Poo et al. 2016］。

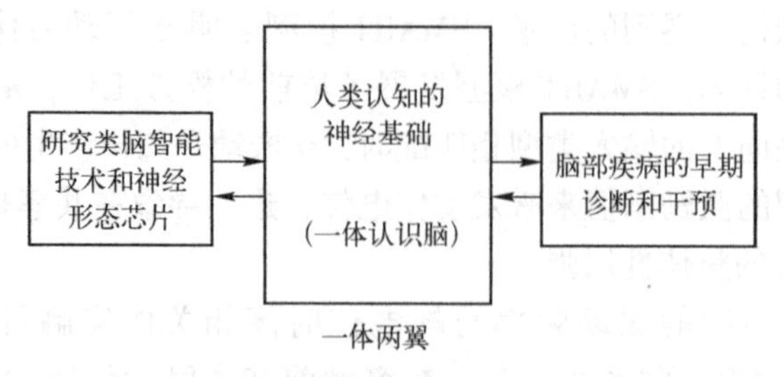

图 12-3　中国脑计划

1. 人类认知的神经基础

理解人类的认知过程是理解自然的终极挑战。它不仅需要描述不同层次的认知现象，从行为到神经系统到神经环路，再到细胞和分子，还需要对不同层次现象之间因果联系的机制进行理解。由于脑成像技术和分子细胞生物学的迅速发展，在宏观和微观层面上对大脑的理解已取得了很大进展。然而，在介观层面上，我们的认识存在着巨大的差距。我们很少知道神经环路是如何从不同脑区的特定类型的神经元聚集起来的，以及特定的神经环路是如何在认知过程和行为中发挥其信号处理功能的。对大脑介观层次的理解，必须确定所有神经元的类型。近年来，单细胞 RNA 测序技术的发展，加快了细胞类型识别的步伐，即根据不同的蛋白质表达谱对神经元进行分类。根据日本脑计划项目对猕猴的研究重点，中国脑计划项目对猕猴的认知研究具有重要意义，介观结构和功能定位的猕猴神经回路需要通过单细胞 RNAseq 和单神经元连接体分析进行细胞类型识别。

2. 脑部疾病的早期诊断与干预

据估计，目前中国约有 1/5 人口患有慢性神经精神疾病或神经退行性疾病。中国脑计划的目的是研究脑部疾病的致病机制，并制定有效的诊断和治疗方法，这些脑部疾病包括发育障碍（如自闭症和精神发育迟滞）、神经精神疾病（如抑郁和成瘾）和神经退行性疾病（如阿尔茨海默病和帕金森病）。现在迫切需要减少与这些疾病有关的日益增加的社会负担，然而，鉴于目前的治疗大多无效，这就需要在症状出现的前驱阶段进行早期诊断，采取早期干预措施来制止或延缓疾病的进展。早期诊断受益于在分子、细胞和神经环路水平上揭示疾病病理生理学的研究。鉴于大多数脑部疾病常因共同的神经回路损害而表现出重叠症状，因此对特定脑功能的定量分析将为识别高危人群提供宝贵的信息。早期诊断和干预方法的研究需要从健康和高危人群中收集纵向数据。这只能通过科学家、临床医生和公共卫生组织之间的精心组织来实现。中国几乎所有的脑部疾病都是世界上最大的患者人群，迫切需要早期诊断和干预。随着生活水平的提高、公共卫生体系的不断完善、政府对全民医疗的坚定承诺，中国脑计划有着良好的条件，能够组织大规模的旨在有效地进行早期诊断和干预的方案。

3. 类脑智能研究

人脑是目前唯一的真正的智能系统，能够以极低的能量消耗来应对不同的认知功能。学习大脑的信息处理机制显然是建立更强大的人工智能的一种很有希望的方法。大脑是进化而成的一个高效能系统，其结构和基本机制可能为未来计算基础设施的设计提供启示。中国脑计划项目旨在更好地了解脑部的多层次机制和原理，并有望促进神经科学家和人工智能研究人员之间的深入和密切合作。认知计算模型和大脑启发的芯片将是智能分支的主要焦点。在过去几十年里，人工智能取得了显著成就，包括最近的深度学习模式，均部分地受到神经科学的启发。中国脑计划项目将把重点放在开发认知机器人，将其作为整合大脑的计算模型和设备平台。目标是建立与人类高度互动并在不确定环境中有适当反应的智能机器人，具备通过互动学习解决各种问题的技能，以及传递和推广从不同任务获得的知识的能力，甚至与其他机器人分享所学知识。

完全了解人脑的结构和功能是神经科学的一个有吸引力但却很遥远的目标。然而，神经科学对大脑的有限认识对于解决我们社会面临的一些紧迫问题已经是很有帮助的。中国脑计划的目标是在基础和应用神经科学之间取得平衡，在这一平衡中，一些科学家探求大脑的秘密，而其他人可能会应用已有的知识来预防和治疗脑部疾病，以及开发类脑智能技术。

12.4 神经形态芯片

计算机的“冯·诺依曼架构”与“人脑架构”的本质结构不同，人脑的信息存储和处理，通过突触这一基本单元来实现，因而没有明显的界线。正是人脑中的千万亿个突触的可塑性——各种因素和各种条件经过一定的时间作用后引起的神经变化（可变性、可修饰性等），使得人脑的记忆和学习功能得以实现。

模仿人类大脑的理解、行动和认知能力，成为重要的仿生研究目标，近期该领域的最新成果就是推出了神经形态芯片。《麻省理工科技评论》（*MIT Technology Review*）2014 年 4 月 23 日刊出了“2014 十大突破性科学技术”的文章，高通（Qualcomm）公司的神经形态芯片（Neuromorphic Chips）名列其中。

神经形态芯片的研究已有 20 多年的历史。1989 年，加州理工学院米德（Mead C）定义神经形态芯片：“模拟芯片不同于只有二进制结果（开/关）的数字芯片，可以像现实世界一样得出各种不同的结果，可以模拟人脑神经元和突触的电子活动。”

语音处理芯片公司 Audience 公司，对神经系统的学习性和可塑性、容错、免编程、低能耗等特征进行了研究，研发出基于人的耳蜗而设计的神经形态芯片，可以模拟人耳抑制噪声，应用于智能手机。Audience 公司也由此成为行业内领先的语音处理芯片公司。

高通（Qualcomm）公司的“神经网络处理器”与一般的处理器工作原理不同。从本质上讲，它仍然是一个由硅晶体材料构成的典型计算机芯片，但是它能够完成“定性”功能，而非“定量”功能。高通开发的软件工具可以模仿大脑活动，处理器上的“神经网络”按照人类神经网络传输信息的方式而设计，它可以允许开发者编写基于“生物激励”程序。高通设想其“神经网络处理器”可以完成“归类”和“预测”等认知任务。

高通公司给其“神经网络处理器”起名为“Zeroth”。Zeroth 的名字起源于“第零原则”。“第零原则”规定，机器人不得伤害人类个体，或者因不作为致使人类个体受到伤害。高通公司研发团队一直致力于开发一种突破传统模式的全新计算架构。他们希望打造一个全新的计算处理器，模仿人类的大脑和神经系统，使终端拥有大脑模拟计算驱动的嵌入式认知——这就是 Zeroth。“仿生式学习”“使终端能够像人类一样观察和感知世界”“神经处理单元（NPU）的创造和定义”是 Zeroth 的三个目标。关于“仿生式学习”，高通公司是通过基于神经传导物质多巴胺的学习（又名“正强化”）完成的，而非编写代码实现。

IBM 公司在 1956 年创建第一台人脑模拟器（512 个神经元）以来，就一直在从事对类脑计算机的研究，模仿突触的线路组成、基于庞大的类神经系统群开发神经形态芯片也就自然而然地进入了其视野。其中，IBM 第一代神经突触（Neurosynaptic）芯片用于“认知计算机”的开发。尽管“认知计算机”无法像传统计算机一样进行编程，但可以通过积累经验进行学习，发现事物之间的相互联系，模拟大脑结构和突触可塑性。

2008 年，在美国国防高级研究计划局（DARPA）的资助下，IBM 的“自适应可变神经可塑可扩展电子设备系统”项目（SyNAPSE）第二阶段项目则致力于创造既能同时处理多源信息又能根据环境不断自我更新的系统，实现神经系统的学习性和可塑性、容错、免编程、低能耗等特征。项目负责人莫得哈（Modha D）认为，神经芯片将是计算机进化史上的又一座里程碑。

2011 年，IBM 首先推出了单核含 256 个神经元、256×256 个突触和 256 个轴突的芯片原型。当时的原型已经可以处理像玩 Pong 游戏这样复杂的任务。不过相对来说还是比较简单，从规模上来说，这样的单核脑容量仅相当于虫脑的水平。

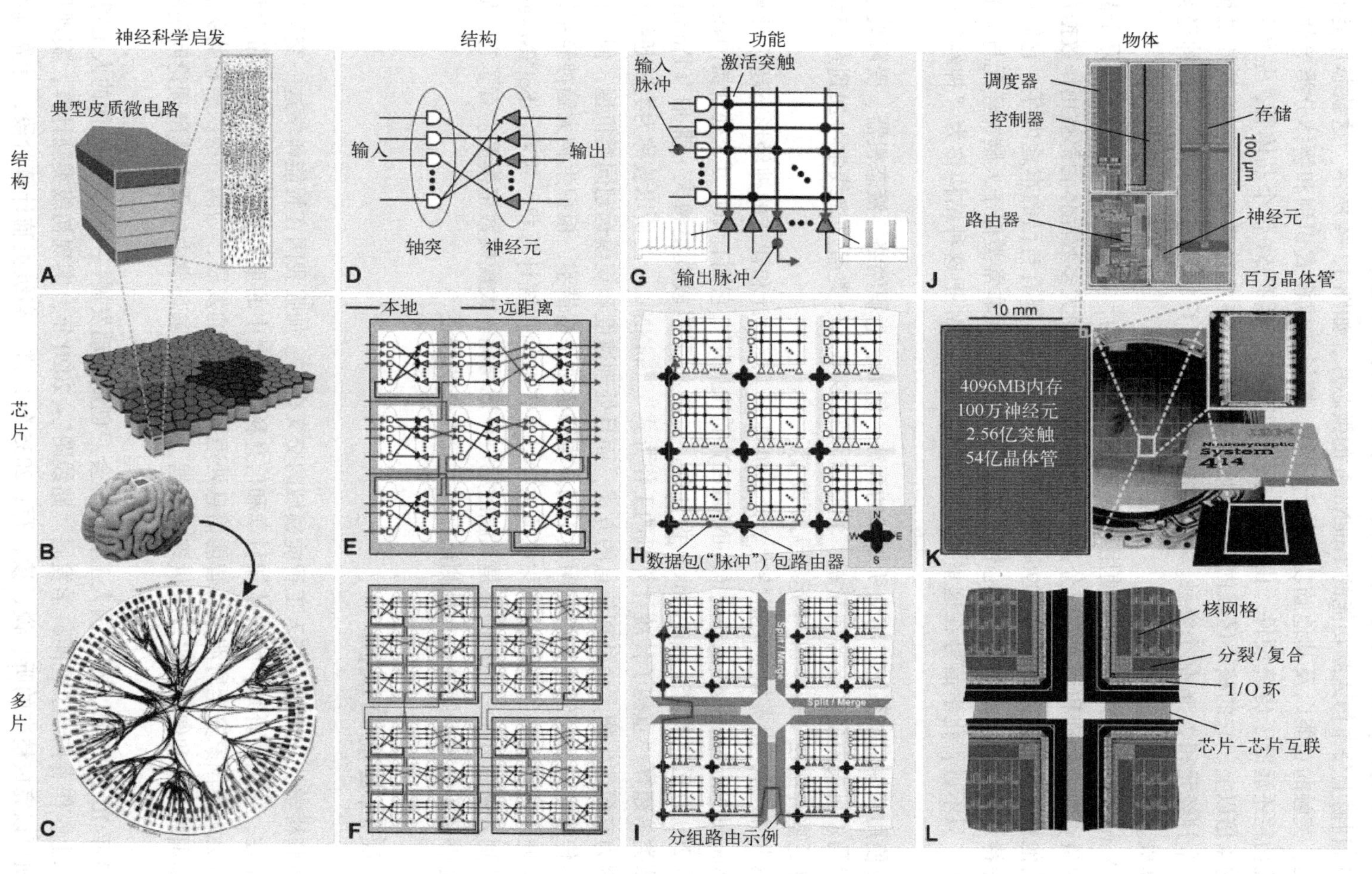

图12-4　IBM的TrueNorth芯片

经过3年的努力，IBM在复杂性和使用性方面取得了突破。2014年8月8日，IBM在《Science》刊物上公布仿人脑功能的TrueNorth的微芯片，如图12-4所示。这款芯片能够模拟神经元、突触的功能以及其他脑功能执行计算，擅长完成模式识别和物体分类等烦琐任务，而且功耗还远低于传统硬件。由三星电子负责生产，拥有54亿个晶体管，是传统PC处理器的4倍以上。它的核心区域内密密麻麻地挤满了4096个处理核心，产生的效果相当于100万个神经元和2.56亿个突触。目前，IBM已经使用了16块芯片开发了一台神经突触超级计算机。

TrueNorth的4096个核心之间使用了类似于人脑的结构，每个核心包含约120万个晶体管，其中负责数据处理和调度的部分只占据少量晶体管，而大多数晶体管都被用作数据存储以及与其他核心沟通方面。在这4096个核心中，每个核心都有自己的本地内存，它们还能通过一种特殊的通信模式与其他核心快速沟通，其工作方式非常类似于人脑神经元与突触之间的协同，只不过，化学信号在这里变成了电流脉冲。IBM把这种结构称为“神经突触内核架构”。

IBM使用软件生态系统，将众所周知的算法，例如，卷积网络，液态机器、受限玻尔兹曼机、隐马尔可夫模型、支持向量机、光学流量和多模态分类通过离线学习加到系统结构中。现在这些算法在TrueNorth中运行无须改变。

2018年11月，由英国曼彻斯特大学计算机科学学院设计和建造的神经形态超级计算机Spiking Neural Network Architecture（SpiNNaker）首次启用。它拥有100万个处理器内核，每秒可执行200万亿次操作。SpiNNaker设计师、计算机工程教授史蒂夫·弗伯（Furber S）表示，该类脑超算“重构了传统计算机的工作方式”。SpiNNaker之所以被称为类脑超级计算机，是因为它模仿生物大脑处理信息的方式，而且处理速度和规模远超同类机型，但在体系结构上与传统意义的超级计算机有明显不同。类脑机则是指借鉴、模拟生物大脑神经系统结构和信息处理过程的智能机器，而非单纯进行计算任务的传统计算机。现在，SpiNNaker能够建模达到人脑百分之一的比例，是人脑的第一个低功耗、大规模数字模型。有了它，研究人员将能够精确地模拟脑区，并且测试有关大脑工作的假说。

12.5 类脑智能路线图

通过脑科学、认知科学与人工智能领域的交叉合作，加强我国在智能科学这一交叉领域中的基础性、独创性研究，解决认知科学和信息科学发展中的重大基础理论问题，带动我国经济、社会乃至国家安全所涉及的智能信息处理关键技术的发展，为防治脑疾病和脑功能障碍、提高国民素质和健康水平等提供理论依据，并为探索脑科学中的重大基础理论问题做出贡献。

2013年10月29日，在中国人工智能学会“创新驱动发展——大数据时代的人工智能”高峰论坛上，作者描绘了智能科学发展“路线图”：2020年，实现初级类脑计算，实现目标是计算机可以完成精准的听、说、读、写；2035年，进入高级类脑计算阶段，计算机不但具备“高智商”，还将拥有“高情商”；2049年，智能科学与纳米技术结合，发展出神经形态计算机，具有全意识，实现超脑计算。

类脑智能路线图的具体内容和研究所面临的挑战可参阅史忠植的《心智计算》[史忠植

2015]。

习题

12-1　什么是大数据？它的理论基础是什么？能否具有统一的数据结构？

12-2　什么是认知计算？请给出 IBM 沃森系统处理问题的步骤。

12-3　欧盟人脑计划研究主要分为哪 5 个方面？

12-4　什么是神经形态芯片？实现神经形态芯片有哪些途径？

12-5　展望人工智能的发展，提出类脑智能路线图分为初级类脑计算、高级类脑计算和超脑计算。你的想法是什么？

参考文献

[1] 蔡自兴，等．人工智能及其应用［M］. 5版．北京：清华大学出版社，2016.

[2] 戴汝为．社会智能科学［M］. 上海：上海交通大学出版社，2006.

[3] 董振东，董强，郝长伶．知网的理论发现［J］. 中文信息学报，2007，21(4)：3-9.

[4] 冯志伟．计算语言学基础［M］. 北京：商务印书馆，2001.

[5] 冯志伟．自然语言处理的历史与现状［J］. 中国外语，2008，5(1)：14-22.

[6] 郭斌，张大庆，於志文，等．数字脚印与“社群智能”［J］. 中国计算机学会通讯，2011，7(3)：53-59.

[7] 李德毅，杜鹢．不确定性人工智能［M］. 2版．北京：国防工业出版社，2014.

[8] 李德毅，于剑．人工智能导论［M］. 北京：中国科学技术出版社，2018.

[9] 李航．统计学习方法［M］. 北京：清华大学出版社，2012.

[10] 刘亚，艾海舟，徐光佑．基于主运动分析的野外视觉侦察系统——运动目标检测、跟踪及全景图的生成［J］. 机器人，2001，23(3)：250-256.

[11] 陆汝钤．人工智能：上、下册［M］. 北京：科学出版社，2000.

[12] 钱学森，于景元，戴汝为．一个科学新领域——开放的复杂巨系统及其方法论［J］. 自然杂志，1990，13 (1)：3-10.

[13] 史忠植，余志华．认知科学和计算机［M］. 北京：科学普及出版社，1990.

[14] 史忠植．高级人工智能［M］. 3版．北京：科学出版社，2011.

[15] 史忠植．逻辑-对象知识模型［J］. 计算机学报，1990，13(10)：787-791.

[16] 史忠植．人工智能［M］. 北京：机械工业出版社，2016.

[17] 史忠植．神经网络［M］. 北京：高等教育出版社，2009.

[18] 史忠植．心智计算［M］. 北京：清华大学出版社，2015.

[19] 史忠植．知识发现［M］. 2版．北京：清华大学出版社，2011.

[20] 史忠植．知识工程［M］. 北京：清华大学出版社，1988.

[21] 史忠植．智能科技创新驱动发展——从大数据到智能科学．特邀报告［C］. 中国人工智能学会“创新驱动发展——大数据时代的人工智能”高峰论坛，深圳，2013.

[22] 史忠植．智能科学［M］. 3版．北京：清华大学出版社，2019.

[23] 史忠植．智能主体及其应用［M］. 北京：科学出版社，2000.

[24] 席裕庚．动态不确定环境下广义控制问题的预测控制［J］. 控制理论与应用，2000，17(5)：665-670.

[25] 于剑．机器学习：从公理到算法［M］. 北京：清华大学出版社，2017.

[26] 俞士汶．计算语言学概论［M］. 北京：商务印书馆，2003.

[27] 詹金武．基于人工智能的TBM选型及掘进适应性评价方法与决策支持系统［D］. 北京：北京交通大学，2019.

[28] 张钹，张铃．问题求解的理论与应用［M］. 北京：清华大学出版社，1990.

[29] 钟义信．高等人工智能原理——观念·方法·模型·理论［M］. 北京：科学出版社，2014.

[30] 周志华，王珏．机器学习及其应用［M］. 北京：清华大学出版社，2007.

[31] 周志华．机器学习［M］. 北京：清华大学出版社，2016.
[32] 宗成庆．统计自然语言处理［M］. 2 版．北京：清华大学出版社，2013.
[33] 朱志刚，徐光佑，林学訚，等．多尺度全覆盖视觉导航方法［J］. 机器人，1998，20(4)：266-272.
[34] Abbott A, Schiermeier Q. Graphene and virtual brain win billion-euro competition [J]. Nature, 2013, 493: 585-586.
[35] Alami R, Clodic A, Montreuil V, et al. Toward human-aware robot task planning [C]. AAAI Spring Symposium: To Boldly Go Where No Human-Robot Team Has Gone Before, Stanford, 2006: 39-46.
[36] Albus J S, Bekey G A, Holland J H, et al. A proposal for a decade of the mind initiative [J]. Science, 2007, 317(5843): 1321.
[37] Albus J S, MeCain H G, Lumia R. NASA/NBS standard reference model for telerobot control system architecture (NASREM) [J]. NBS Technical Note, 1988: 1235.
[38] Allen J. 自然语言理解［M］. 刘群，张华平，骆卫华，等译．北京：电子工业出版社，2005.
[39] Ananthanarayanan R, Modha D S. Anatomy of a cortical simulator [C]. Proceedings of the ACM/IEEE Conference on Supercomputing, New York, 2007: 3-14.
[40] Ananthanarayanan R, Esser S K, Simon H D, et al. The cat is out of the bag: Cortical simulations with 109 neurons and 1013 synapses [C]. Proceedings of the ACM/IEEE Conference on Supercomputing, New York, 2009: 1-12.
[41] Andrieu C, De Freitas N, Doucet A, et al. An introduction to MCMC for machine learning [J]. Machine Learning, 2003, 50(1): 5-43.
[42] Ayache N, Lustman F. Fast and reliable passive trinocular stereovision [C]. Proceedings of the International Conference in Computer Vision, London, 1987, 87: 422-427.
[43] Bar-Cohen Y, Hanson D, Marom A. 机器人革命：即将到来的机器人时代［M］. 潘俊，译．北京：机械工业出版社，2015.
[44] Bellman R E. An introduction to artificial intelligence: Can computers think? [M]. San Francisco: Boyd &. Fraser Publishing Company, 1978.
[45] Berners-Lee T, Hall W, Hendler J A, et al. A framework for web science [J]. Foundations and Trends in Web Science, 2006, 1(1): 1-130.
[46] Berners-Lee T, Hendler J, Lassila O. The semantic web [J]. Scientific American, 2001, 281(5): 29-37.
[47] Bezdek J C. On the relationship between neural networks, pattern recognition and intelligence [J]. International Journal of Approximate. Reasoning, 1992, 6(2): 85-107.
[48] Bezdek J C. What is computational intelligence? [M]//Zurada J M, Marks R J, Robinson C J. Computational intelligence imitating life. New York: IEEE Press, 1994: 1-12.
[49] Blank D, Ktunar D, Meeden L. Bringing up robot: Fundamental mechanisms for creating a self-motivated, self-organizing architecture [J]. Cybernetics and Systems, 2005, 36(2): 125-150.
[50] Bonabeau E, Dorigo M, Theraulaz G. Inspiration for optimization from social insect behavior [J]. Nature, 2000, 406(6791): 39-42.
[51] Bonasso R. Integrating reaction plans and layered competences through synchronous control [C]. Proceedings of IJCAI, Sydney, 1991.
[52] Borst W. Construction of engineering ontologies for knowledge sharing and reuse [D]. Enschede: University of Twente, 1997.

[53] Brooks R A. Intelligence without reasoning [C]. Proceedings of IJCAI, Sydney, 1991b: 569-595.
[54] Brooks R A. Intelligent without representation [J]. Artificial Intelligence, 1991a, 47: 139-159.
[55] Brooks R. A robust layered control system for a mobile robot [J]. IEEE Journal of Robotics and Antomation, 1986, 2(1): 14-23.
[56] Buchanan B, Shortliffe E H. Experiments of the stanford heuristic programming project [M]. Reading, MA: Addison-Wesley, 1984.
[57] Carbonell J G. Analogy in problem solving [M]//Michalski R S Carbonell J G, Mitchell T M. Machine learning: An artificial intelligence approach. San Mateo: Morgan Kaufmann, 1986.
[58] Charniak E, McDermott D. Introduction to artificial intelligence [M]. Reading, MA: Addison-Wesley, 1985.
[59] Chen M S, Park J S, Yu P S. Data mining for path traversal patterns in a web environment [C]. Proceedings of 16th IEEE International Conference on Distributed Computing Systems, Wanchai, 1996: 358-392.
[60] Cohen P R, Levesque H J. Intention is choice with commitment [J]. Artificial Intelligence, 1990, 42: 213-261.
[61] Colorni A, Dorigo M, Maniezzo V. Distributed optimization by ant colonies [C]. Proceedings of First European Conference on Artificial Life, Paris, 1991: 134-142.
[62] Connell J. SSS: A hybrid architecture applied to robotnavigation [C]. Proceedings of IEEE ICRA, Nice, 1992.
[63] Dai W Y, Yang Q, Xue G R, et al. Boosting for transfer learning [C]. Proceedings of the Twenty-Fourth International Conference on Machine Learning (ICML 2007), Corvallis, 2007: 193-200.
[64] Dasgupta D, Attoh O N. Immunity based systems: A survey [C]. Proceedings of IEEE International Conference on Systems, Man, and Cybernetics, Orlando, 1997, 369-374.
[65] Davies J. Semantic web technology: Trends and research [M]. Hoboken: John Wiley and Sons Ltd, 2006.
[66] de Kleer J. A comparison of ATMS and CSP techniques [C]. Proceedings of IJCAI-89, Menlo Park, 1989: 290-296.
[67] de Kleer J. An assumption-based TMS [J]. Artificial Intelligence, 1986, 28: 127-162.
[68] Decker K S, Lesser V R. Designing a family of coordination algorithms [C]. Proceedings of the First International Conference on Multi-Agent Systems, San Francisco, 1995.
[69] Dempster A P. The dempster-shafer calculus for statisticians [J]. International Journal of Approximate Reasoning, 2008, 48: 265-377.
[70] Deneubourg J L, Goss S, Franks N, et al. The dynamics of collective sorting: Robot-like ants and ant-like robots [C]. Proceedings of the 1st International Conference on Simulation of Adaptive Behavior: From Animals to Animats, Cambridge, 1991, 1: 356-365.
[71] Doi M, Suzuki K, Hashimoto S. Integrated communicative robot "BUGNOID" [C]. Proceedings of 11th IEEE International Workshop on Robot and Human Interactive Communication, Berlin, 2002: 259-264.
[72] Doitsidis L, Valavanis K P, Tsourveloudis N C. Fuzzy logic based autonomous skid steering vehicle navigation [C]. Proceedings of the IEEE International Conference on Robotics and Automation, Piscataway, 2002: 2171-2177.
[73] Dorigo M, Gambardella L. Ant colony system: A cooperative learning approach to the traveling salesman problem [J]. IEEE Transactions on Evolutionary Computation, 1997, 1(1): 53-66.
[74] Doyle J. A truth maintenance system [J]. Artificial Intelligence, 1979, 12(3): 231-272.
[75] Duda R O, Hart P E, Nilsson N J. Subjective Bayesian methods for rule-based inference systems [C].

AFIPS Conference Proceedings of the 1976 National Computer Conference, New York, 1976: 1075-1082.
[76] Eliasmith C, Anderson C H. Neural engineering: Computation, representation, and dynamics in neurobiological systems [M/OL]. TLFeBOOK, 2003.
[77] Eliasmith C, Stewart T C, Choo X, et al. Large-scale model of the functioning brain [J]. Science, 2012, 338: 1202-1205.
[78] Eliasmith C. How to build a brain: A neural architecture for biological cognition [M]. London: Oxford Press, 2013.
[79] Farmer J D, Packard N H, Perelson A. The immune system, adaptation, and machine learning [J]. Physica D, 1986, 22(1-3): 187-204.
[80] Fayyad U, Piatetsky-Shapiro G, Smyth P. From data mining to knowledge discovery in databases [J]. AI Magazine, 1996: 37-54.
[81] Fikes R, Nilsson N J. STRIPS: A new approach to the application of theorem proving to problem solving [J]. Artificial Intelligence, 1971, 2(3/4): 189-208.
[82] Fillmore C J. The case for case [M]//bach E, harms R T. Universals in linguistic theory. New York: Holt, Rinehart, and Winston, 1968: 1-88.
[83] Freund Y, Schapire R E. A decision theoretic generalization of on-line learning and an application to boosting [J]. Journal of Computer and System Sciences, 1997: 55(1): 119-139.
[84] Fu K S. Syntactic methods in pattern recognition [M]. New York: Academic Press, Inc., 1974.
[85] Fu K S. Syntactic pattern recognition and application [M]. Englewood Cliffs, NJ: Prentice Hall Inc, 1982.
[86] Gallagher S. How google and microsoft taught search to understand the web [J/OL]. http://arstechnica. com/information-technology/2012/06/inside-the-architecture-of-googles-knowledge-graphand-microsofts-satori/, 2012.
[87] Gasser L, Braganza C, Herman N. Implementing distributed AI systems using MACE [M]//Bond A H, Gasser L Readings in distributed artificial intelligence. San Mateo: Morgan Kaufmann, 1988: 445-450.
[88] Gat E. Reliable goal-directed reactive control for real-world autonomous mobile robots [D]. Blacksburg: Virginia Polytechnic Institute and State University, 1991.
[89] Genesereth M R, Thielscher M. General game playing. Synthesis lectures on artificial intelligence and machine learning [M]. San Rafael: Morgan & Claypool Publishers, 2014.
[90] Gesu V. A distributed architecture for autonomous navigation of robots [C]. Proceedings of the 15'IEEE International workshop on computer architectures for machine perception, Padova, 2000.
[91] Gmytrasiewicz P J, Durfee E H, Wehe D K. A decision-theoretic approach to coordinating multi-agent interactions [C]. IJCAI, Sydney, 1991: 62-68.
[92] Goertzel B, Garis H d, Pennachin C, et al. OpenCogBot: Achieving generally intelligent virtual agent control and humanoid robotics via cognitive synergy [M]//Shi Z Z, et al. Progress of Advanced Intelligence. Beijing: Tsinghua University Press, 2010, 2: 47-58.
[93] Grossberg S, Massimiliano V. Spikes, synchrony, and attentive learning by laminar thalamocortical circuits [J]. Brain Research, 2008, 1218: 278-312.
[94] Grossberg S. Adaptive pattern classification and universal recoding: Ⅰ. Parallel development and coding of neural detectors [J]. Biological Cybernetics, 1976, 23: 121-134.
[95] Grossberg S. Consciousness CLEARS the mind [J]. Neural Networks, 2007, 20(9): 1040-1053.
[96] Grossberg S. Foundations and new paradigms of brain computing: Past, present, and future [J]. AI * IA,

Palermo, 2011: 1-7.
[97] Grossberg S. How does a brain build a cognitive code? [J]. Psychological Review, 1980, 87: 1-51.
[98] Grossberg S. Laminar cortical dynamics of visual form perception [J]. Neural Networks, 2003, 16(5-6): 925-931.
[99] Grosz B J, Hunsberger L. The dynamics of intentions in collaborative intentionality [J]. Cognitive Systems Research (Special Issue on Cognition, Joint Action and Collective Intentionality), 2005, 7: 2-3.
[100] Grosz B. Collaborative systems: 1994 AAAI presidential address [J]. AI Magazine, 1996, 2(17): 67-85.
[101] Gutowitz H. Complexity-seeking ants [C]. Proceedings. of the Third European Conference on Artificial Life, Granada, 1993: 429-439.
[102] Hansen L K, Salamon P. Neural network ensembles [J]. IEEE Transactions on Pattern Analysis and Machine Intelligence, 1990, 12(10): 993-1001.
[103] Harari Y N. 人类简史：从动物到上帝 [M]. 林俊宏，译. 北京：中信出版社, 2014.
[104] Hayes-Roth B. Agents on stage: Advancing the state of the art of AI [C]. IJCAI, Montreal, 1995: 967-971.
[105] Hebb D O. The organization of behavior: A neuropsychological theory [M]. New York: Wiley, 1949.
[106] Hebeler J, Fisher M, Blace R, et al. Web 3.0 与 Semantic Web 编程 [M]. 唐富年，唐荣年，译. 北京：清华大学出版社, 2009.
[107] Hewitt C, Lieberman H. Design issues in parallel architecture for artificial intelligence [R]. MIT AI Memo 750, 1983.
[108] Hewitt C. Open information systems semantics for distributed artificial intelligence [J]. Artificial Intelligence, 1991, 47(1-3): 79-106.
[109] Hinton G E, Oindero S, Ten Y W. A fast learning algorithm for deep belief nets [J]. Neural Computation, 2006, 18(7): 1527-1554.
[110] Hinton G E, Salakhutdinov R R. Reducing the dimensionality of data with neural networks [J]. Science, 2006, 313(5786): 504-507.
[111] Hinton G E. A practical guide to training restricted Boltzmann machines [R]. UTML TR 2010-003, 2010.
[112] Hinton G E. Deep learning [C]. 29th AAAI Coference on Artificial Intelligence, Austin, 2015.
[113] Hinton G E. Training products of experts by minimizing contrastive divergence [J]. Neural Computation, 2002, 14: 1771-1800.
[114] Hinton G, Sejnowski T, Ackley D. Boltzmann machines: Constraint satisfaction networks that learn [R]. Carnegie-Melon Technical Report, CMU-CS-84-U9, 1984.
[115] Hitzler P, Krotszsch M. 语义 Web 技术基础 [M]. 俞勇，译. 北京：清华大学出版社, 2012.
[116] Holland J H. Adaptation in natural and artificial systems [M]. Michigan: University of Michigan Press, 1975.
[117] Hong J, Lee W, Lee B, et al. An efficient production algorithm formultihead surface mounting machines using the biological immune algorithm [J]. International Journal for Fuzzy Systems, 2000, 2(1): 45-53.
[118] Hopfield J J, Tank D W. Neural computation of decisions in optimization problems [J]. Biological Cybernetics, 1985, 52(14): 141-152.
[119] Hopfield J J. Neural networks and physical systems with emergent collective computational abilities [J]. Proceedings of the National Academy of Sciences of the USA, 1982, 79: 2554-2558.

[120] Janet J A. The essential visibility graph: An approach to global motion planning for autonomous mobile robots [C]. Proceedings of IEEE International Conference on Robotics and Automation, Nagoya, 1995.

[121] Jennings N J. An agent-based approach for building complex software systems [J]. Communications of the ACM, 2001, 44(4): 35-41.

[122] Kennedy J, Eberhart R. Particle swarm optimization [C]. Proceedings of IEEE International Conference On Neural Networks, Washington, 1995: 1942-1948.

[123] Kennedy J, Eberhart R C. Swarm intelligence [M]. San Mateo: Morgan Kaufmann Publishers, 2001.

[124] Khatib O. Real-time obstacle avoidance for manipulators and mobile robots [J]. The International Journal of Robotics Research, 1986, 5(1): 90-98.

[125] Kleinberg J. Authoritative sources in a hyperlinked environment [C]. Proceedings of 9th ACM-SIAM Symposium on Discrete Algorithms (SODA), San Francisco, 1998: 668-677.

[126] Kohonen T, Kashi S. Self-organization of a massive document collection [J]. IEEE Transactions On Neural Networks, 2000, 11(3): 67-70.

[127] Kohonen T. Self-organized formation of topologically correct feature maps [J]. Biological Cybernetics, 1982, 43: 59-69.

[128] Kolp M. Orgallizational multi-agent architectures: A mobile robot example [C]. Proceedings of AAMAC, Bologna, 2002.

[129] Kraus S, Ephrati E, Lehmann D. Negotiation in a non-cooperative environment [J]. Journal of Experimental and Theoretical Artificial Intelligence, 1991, 1: 255-281.

[130] Kraus S, Wilkenfeld J, Zlotkin G. Multiagent negotiation under time constraints [J]. Artificial Intelligence, 1995, 75(2): 297-345.

[131] Kurzwell R. Age of intelligent machines [M]. Cambridge: The MIT Press, 1990.

[132] Laird J E, Kinkade Keegan R, Mohan S W, et al. Cognitive robotics using the soar cognitive architecture [C]. CogRob 2012—The 8th International Cognitive Robotics Workshop, Toronto, 2012.

[133] Langton C G. Artificial life. Vol I [M]. Reading, MA: Addison-Wesley, 1989.

[134] LeCun Y, Bottou L, Bengio Y, et al. Gradient-based learning applied to document recognition [J]. Proceedings of the IEEE, 1998, 86(11): 2278-2324.

[135] LeCun Y, Boser B, Denker J S, et a1. Handwritten digit recognition with a back-propagation network [C]. Advances in Neural Information Processing Systems, Denver, 1989: 396-404.

[136] Lenat D B. Cyc: A large-scale investment in knowledge infrastructure [J]. Communications of the ACM, 1995, 38(11): 32-38.

[137] Lenat D, Witbrock M, Baxter D, et al. Harnessing cyc to answer clinical researchers' ad hoc queries [J]. AI Magazine, 2010, 31(3): 13-32.

[138] Lesser V R, Corkill D D. The distributed vehicle monitoring testbed: A tool for investigating distributed problem solving networks [J]. Artificial Intelligence, 1983: 15-33.

[139] Lesser V R. A retrospective view of FA/C distributed problem solving [J]. IEEE Transactions on Systems, Man and Cybernetics, 1991, 21(6): 1347-1362.

[140] Levesque H, Gerhard L. Cognitive robotics [M]//van Harmelen F, Lifschitz V, Porter B. Handbook of knowledge representation. Amsterdam: Elsevier, 2007.

[141] Licklider J C R, Clark W. On-line man computer communication [C]. Proceedings of the Spring Joint Computer Conference, New York, 1962: 113-128.

[142] Lindenmayer A. Mathematical models for cellular interaction in development [J]. Journal of Theoretical Biology, 1968: 18: 280-315.
[143] Lindsay R, Buchanan B G, Feigenbaum E A, et al. Applications of artificial intelligence for organic chemistry: The dendral project [M]. New York: McGraw Hill, 1980.
[144] Liu B. Web 数据挖掘 [M]. 俞勇, 薛贵荣, 韩定一, 译. 北京: 清华大学出版社, 2009.
[145] Luger G E. 人工智能复杂问题求解的结构和策略 [M]. 5 版. 史忠植, 张银奎, 赵志崑, 等译. 北京: 机械工业出版社, 2006.
[146] Lumer E, Faieta B. Diversity and adaption in populations of clustering ants [C]. Proceedings of the Third International Conference on Simulation of Adaptive Behaviour: From Animals to Animats, Cambridge, 1994, 3: 501-508.
[147] Machens C K. Building the human Brain [J]. Science, 2012, 338(6111): 1156-1157.
[148] Maes P. The dynamics of action selection [C]. Proceedings of IJCAI-89, Detroit, 1989: 991-997.
[149] Markram H, Meier K, Lippert T, et al. Introducing the human brain project [J]. Procedia Computer Science, 2011, 7: 39-42.
[150] Markram H. The blue brain project [J]. Nature Reviews Neuroscience, 2006, 7: 153-160.
[151] McCarthy J, Minsky M L, Rochester N, et al. A proposal for the dartmouth summer research project on artificial intelligence [J]. AI Magazine, 2006: 27: 12-14.
[152] McCarthy J. Circumscription—A form of non-monotonic reasoning [J]. Artificial Intelligence, 1980, 13(1-2): 27-39.
[153] McCarthy J. From here to human-level AI [J]. Artificial Intelligence, 2007, 171: 1174-1182.
[154] McCarthy J. The future of AI—A manifesto [J]. AI Magazine, 2005, 26(4): 39.
[155] McClelland J L, Rumelhart D E. Parallel distributed processing: Explorations in parallel distributed processing [M]. London: The MIT Press, 1986.
[156] McCulloch W S, Pitts W. A logic calculus of the ideas immanent in nervous activity [J]. Bulletin of Mathematical Biophysics, 1943, 5: 115-133.
[157] Mead C. Analog VLSI and neural systems [M]. Reading, MA: Addison-Wesley, 1989.
[158] Merolla P A, Arthur J V, Alvarez-Icaza R, et al. A million spiking-neuron integrated circuit with a scalable communication network and interface [J]. Science, 2014, 345(6197): 668-672.
[159] Miller G A, Beckwith R, Fellbaum C, et al. Introduction to wordNet: An on-line lexical database [J]. International Journal of Lexicography, 1990, 3(4): 235-244.
[160] Minsky M, Papert S. Perceptrons [M]. London: The MIT Press, 1969.
[161] Minsky M. A framework for representing knowledge [M]//Winston P H The Psychology of Computer Vision. New York: McGraw-Hill, 1975.
[162] Minsky M. The society of mind [M]. New York: Simon & Schuster, 1985.
[163] Moravec H P. Visual mapping by a robot rover [C]. Proceedings of the 6th International Joint Conference on Artificial Intelligence, Tokyo, 1979: 599-601.
[164] Moravec H. 机器人 [M]. 马小军, 时培涛, 译. 上海: 上海科学技术出版社, 2001.
[165] Newell A, Laird J E, Rosenbloom P S. SOAR: An architecture for general intelligence [J]. Artificial Intelligence, 1987, 33(1): 1-64.
[166] Newell A, Simon H A. Computer science as empirical inquiry: Symbols and search [J]. Communications of the Association for Computing Machinery, 1976, 19(3): 113-126.

[167] Newell A. Unified theories of cognition [M]. Cambridge: Harvard University Press, 1990.
[168] Nilsson N J. Artificial intelligence: A new synthesis [M]. San Mateo: Morgan Kaufmann Publishers, 1998.
[169] Nilsson N J. Principles of artificial intelligence [M]. Berlin: Springer, 1982.
[170] Nilsson N J. The quest for artificial intelligence: A history of ideas and achievements [M]. Cambridge: Cambridge University Press, 2010.
[171] Nilsson N J. Understanding beliefs [M]. Massachusetts: The MIT Press, 2014.
[172] O'Reilly T. What is web2.0. Design patterns and business models for the next generation of software [J/OL]. http://oreilly.com/web2/archive/what-is-web-20.html, 2005.
[173] Page L, Brin S, Motwani R, et al. The pagerank citation ranking: Bringing order to the web [R]. Technical Report, Stanford InfoLab, 1999.
[174] Pan S J, Yang Q. A survey on transfer learning [J]. IEEE Transaction on DataEngineering, 2010, 22 (10): 1345-1359.
[175] Pearl J. Causality: Models, reasoning, and inference [M]. Cambridge: Cambridge University Press, 2000.
[176] Perkowitz M, Etzioni O. Adaptive web sites: Automatically synthesizing web pages [C]. AAAI'98, Madison, 1998: 727-732.
[177] Piaget J. 发生认识论原理 [M]. 王宪钿, 等译. 北京: 商务印书馆, 1972.
[178] Piaggio M. HEIR-A non hierarchical architecture for intelligent robots [C]. ATAL'98, Paris, 1998.
[179] Poo M M, Du J L, Ip N Y, et al. China brain project: Basic neuroscience, brain diseases, and brain-inspired computing [J]. Neuron, 2016, 92(3): 591-596.
[180] Quillian M R. Word concepts: A theory and simulation of some basic semantic capabilities [J]. Behavioural Science, 1967, 12: 410-430.
[181] Quinlan J R. C4.5: Programs for machine learning [M]. San Mateo: Morgan Kaufmann Publishers, 1993.
[182] Quinlan J R. Induction of decision tree [J]. Machine Learning, 1986, 1(1): 81-106.
[183] Ram A, Arkin R, Boone G. Using genetic algorithms to learn reactive control parameters for autonomous robotic navigation [J]. Adaptive Behavior, 1994, 2(3): 277-304.
[184] Reiter R. On closed world data bases [M]//Gallaire H, Minker J. Logic and data bases. New York: Plenum, 1978: 119-140.
[185] Reiter R. A logic for default reasoning [J]. Artificial Intelligence, 1980, 13(1-2): 81-132.
[186] Robinson J A. A machine-oriented logic based on the resolution principle [J]. JACM, 1965, 12(1): 23-41.
[187] Rooney B. The social robot architecture: Towards sociality in a real world domain [C]. Towards Intelligent Mobile Robots, Bristol, 1999.
[188] Rosenblatt F. The perceptron: A probabilistic model for information storage and organization in the brain [J]. Phychological Review, 1958, 65: 386-408.
[189] Rosenblatt J. DAMN: A distributed architecture for mobile navigation [D]. Pittsburgh: Carnegie Mellon University, 1997.
[190] Rosenschein J S, Genesereth M R. Deals among rational agents [C]. Proceedings of the Ninth International Joint Conference on Artificial Intelligence (IJCA-85), Los Angeles, 1985: 91-99.
[191] Rumelhart D E, McClelland J L, PDP Research Group. Parallel distributed processing: Explorations in the microstructure of cognition. Vol 1 and 2 [M]. Cambridge, MA: MIT Press, 1986.
[192] Russell S, Norvig P. 人工智能——一种现代方法 [M]. 2 版. 姜哲, 金奕江, 张敏, 等译. 北京:

人民邮电出版社，2004.
[193] Salton G, Wong A, Yang C S. A vector space model for automatic indexing [J]. Communications of the ACM, 1975, 18(11): 613-620.
[194] Saridis G. Toward the realization of Intelligent Controls [J]. Proceedings of the IEEE, 1979, 67(4): 1115-1133.
[195] Schank R C. Conceptual dependency: A theory of natural language understanding [J]. Cognitive Psychology, 1972, 4(3): 532-631.
[196] Schank R C. Dynamic memory: A theory of learning in computers and people [M]. New York: Cambridge University Press, 1982.
[197] Schapire R E. The strength of weak learnability [J]. Machine Learning, 1990, 5(2): 197-227.
[198] Schemmel J, Brüderle D, Meier K, et al. A wafer-scale neuromorphic hardware system for large-scale neural modeling [C]. ISCAS, Paris, 2010: 1947-1950.
[199] Searle J. Minds, a brief introduction [M]. New York: Oxford University Press, 2004.
[200] Searle J. Minds, brain and programs [J]. Behavioral and Brain Sciences, 1980, 3(3): 417-457.
[201] Shafer G. A mathematical theory of evidence [M]. Princeton: Princeton University Press, 1976.
[202] Shannon C E. A mathematical theory of communication [J]. Bell System Technical Journal, 1948, 27: 379-423, 623-656.
[203] Shi Z Z, Dong M K, Jiang Y C, et al. A logic foundation for the semantic web [J]. Science in China, Series F, Information Sciences, 2005, 48(2): 161-178.
[204] Shi Z Z, Huang H, Luo J W, et al. Agent-based grid computing [J]. Applied Mathematical Modeling, 2006, 30: 629-640.
[205] Shi Z Z, Ma G, Yang X, et al. Motivation learning in mind model CAM [J]. International Journal of Intelligence Science, 2015, 5(2): 63-71.
[206] Shi Z Z, Wang X F, Yue J P. Cognitive cycle in mind model CAM [J]. International Journal of Intelligence Science, 2011, 1(2): 25-34.
[207] Shi Z Z, Wang X F, Yang X. Cognitive memory systems in consciousness and memory model [C]. IEEE WCCI, Beijing, 2014: 3887-3893.
[208] Shi Z Z, Wang X F. A mind model CAM in intelligence science [J]. International Journal of Advanced Intelligence, 2011, 3(1): 119-129.
[209] Shi Z Z, Wang X F. A mind model CAM: Consciousness and memory model [C]. Proceedings of Cognitive Science, ICCS, Beijing, 2010: 148-149.
[210] Shi Z Z, Yue J P, Ma G. A cognitive model for multi-agent collaboration [J]. International Journal of Intelligence Science, 2014, 4(1): 1-6.
[211] Shi Z Z, Yue J P, Zhang J H. Mind modeling in intelligence science [C]. IJCAI WIS, Beijing, 2013: 30-35.
[212] Shi Z Z, Zhang H J, Dong M K. MAGE: Multi-agent environment [C]. ICCNMC, Shanghai, 2003: 181-188.
[213] Shi Z Z, Zhang J H, Yang X, et al. Computational cognitive models for brain-machine collaborations [J]. IEEE Intelligent Systems, 2014: 24-31.
[214] Shi Z Z, Zhang J H, Yue J P, et al. A cognitive model for multi-agent collaboration [J]. International Journal of Intelligence Science, 2014, 4(1): 1-6.

[215] Shi Z Z, Zhang J H, Yue J P, et al. A motivational system for mind model CAM [C]. AAAI Symposium on Integrated Cognition, Virginia, 2013: 79-86.

[216] Shi Z Z, Zhang S. Case-based introspective learning [C]. IEEE ICCI, Irvine, 2005.

[217] Shi Z Z, Zhou H, Wang J. Applying case-based reasoning to engine oil design [J]. Artificial Intelligence in Engineering, 1997, 11: 167-172.

[218] Shi Z Z. Advanced artificial intelligence [M]. Singapore: World Scientific Publishing Co. , 2011.

[219] Shi Z Z. Foundations of intelligence science [J]. International Journal of Intelligence Science, 2011, 1(1): 8-16.

[220] Shi Z Z. Hierarchical model of human mind [C]. PRICAI-92, Seoul, 1992.

[221] Shi Z Z. Intelligence science is the road to human-level artificial intelligence [C]. IJCAI, Workshop on Intelligence Science, Beijing, 2013.

[222] Shi Z Z. Intelligence science [M]. Singapore: World Scientific Publishing Co. , 2012.

[223] Shi Z Z. On intelligence science and recent progresses [C]. ICCI2006, Beijing, 2006.

[224] Shi Z Z. On intelligence science [J]. International Journal on Advanced Intelligence, 2009, 1(1): 39-57.

[225] Shi Z Z. Principles of machine learning [M]. West Bengal: International Academic Publishers, 1992.

[226] Shi Z Z. Research on brain-like computer [C]. International Conference on Brain Informatics, Beijing, 2009.

[227] Shoham Y. Agent-oriented programming [J]. Artificial Intelligence, 1993, 60: 51-92.

[228] Shoham Y, Tennenholtz M. On social laws for artificial agent societies: Off-line design [J]. Artificial Intelligence, 1995, 73(1-2): 231-252.

[229] Shortliffe E H, Buchanan B G. A model of inexact reasoning in medicine [J]. Mathematical Biosciences, 1975, 23: 351-359.

[230] Shortliffe E H. Computer-based medical consultations: MYCIN [M]. New York: Elsevier/North Holland, 1976.

[231] Shortliffe E H. The future of biomedical informatics: A perspective from academia [J]. Stud Health Technol Inform, 2012, 180: 19-24.

[232] Silver D, Huang A, Maddison C J, et al. Mastering the game of go with deep neural networks and tree search [J]. Nature, 2016, 529: 484-489.

[233] Simon H A. Why should machines learning? [M]//Michalski R S, Carbonell J G, Mitchell T M. Machine learning: An artificial intelligence approach. Wellsboro: Tioga, 1983.

[234] Singhal A. Introducing the knowledge graph: Things, not strings [J/OL]. http://googleblog.blogspot.com/2012/05/introducing-knowledge-graph-things-not.html, 2012.

[235] Smith R G. The contract-net protocol: High-level communication and control in a distributed problem solver [J]. IEEE Transactions on Computers, 1980, C-29 (12): 1104-1113.

[236] Smolensky P. Information processing in dynamical systems: Foundations of harmony theory [M]//Rumelhart D E, McClelland J L. Parallel distributed processing. London: The MIT Press, 1986, Ⅰ: 194-281.

[237] Spertus E. ParaSite: Mining the structural information on the world-wide web [D]. Cambridge: Department of EECS, MIT, 1998.

[238] Spivack N. Web3.0: The third generation web is coming [J/OL]. http://www.slideshare.net/novaspivack/web-evolution-nova-spivack-twine, 2008.

[239] Srivasmva J, Cooley R, Desphande M, et al. Web usage mining, discovery and applications of usage Pat-

terns from Web Data [J]. SIGKDD Explorations, 2000, 1(2): 12-23.

[240] Steels L. Cooperation between distributed agents through self-organization [C]. European Workshop on Modeling Autonomous Agents in a Multi-agent World, Amesterdam, 1990: 175-195.

[241] Stein F, Medioni G. Map-based localization using the panoramic horizon [C]. Proceedings of the IEEE International Conference on Robotics and Automation, Nice, 1992: 2631-2637.

[242] Stojanov G. Petita96: A case study in developmental robotics [C]. Proceedings of the first International Workshop on Epigenetic Robotics, Lund, 2001.

[243] Stone P, Veloso M. Task decomposition, dynamic role assignment, and low-bandwidth communication for real time strategic teamwork [J]. Artificial Intelligence, 1999, 110(2): 241-273.

[244] Sutskever I, Tielemant T. On the convergence properties of contrastive divergence [J]. Journal of Machine Learning Research-Proceedings Track, 2010, 9: 789-795.

[245] Sycara K P, Zeng D J. Coordination of multiple intelligent software agents [J]. International Journal of Cooperative Information Systems, 1996, 5(2&3): 181-212.

[246] Tapscott D, Williams A D. Wikinomics: How mass collaboration changes everything [M]. USA: Penguin Group, 2008.

[247] Tieleman T, Hinton G. Using fast weights to improve persistent contrastive divergence [C]. Proceedings of the 26th Annual International Conference on Machine Learning, New York, 2009.

[248] Tieleman T. Training restricted Boltzmann machines using approximations to the likelihood gradient [C]. Proceedings of the 25th International Conference on Machine Learning, Helsinki, 2008: 1064-1071.

[249] Tovey M. Collective intelligence [M]. Oakton: Earth Intelligence Network, 2008.

[250] Turing A M. Computing machinery and intelligence [J]. Mind, 1590, 59: 433-460.

[251] Turing A M. On computable numbers with an application to the Entscheidungsproblem [J]. Proceedings of the London Mathematical Society, 1936, 42: 230-265.

[252] Ulanoff L. Google knowledge graph could change search forever [J/OL]. http://mashable. com/2012/02/13/google-knowledge-graph-change-search, 2012.

[253] Valiant L G. A theory of the learnable [J]. Communications of the ACM, 1984, 27(11): 1134-1142.

[254] Van Essen D. The human connectome project: Progress and perspectives [C]. IJCAI-13 Workshop on Intelligence Science, Beijing, 2013.

[255] Vapnik V N, Golowich S, Smola A, Support vector method for function approximation, regression estimation, and signal processing [M]//Mozer M, Jordan M, Petsche T. Neural information processing systems. London: The MIT Press, 1997.

[256] Vapnik V N. Estimation of dependencies based on empirical data [M]. Berlin: Springer Verlag, 1982.

[257] Vapnik V N. 统计学习理论的本质 [M]. 张学工，译. 北京：清华大学出版社，2000.

[258] Versace M, Chandler B. 新型机器脑 [J]. 史忠植，译. 中国计算机学会通讯，2011，7(9)：70-76.

[259] Waldrop M M. Computer modelling: Brain in a box [J]. Nature, 2012, 482: 456-458.

[260] Watkins C, Peter Dayan P. Q-learning [J]. Machine Learning, 1989, 8: 279-292.

[261] Weng J. Learning in image analysis and beyond: Development [C]. Visual Communication and Image Processing, New York, 1998.

[262] Weng J. Autonomous mental development by robots and animals [J]. Science, 2001, 291(5504): 599-600.

[263] Weng J. Developmental robotics: Theory and experiments [J]. International Journal of Humanoid Robotics,

2004, 1(2): 199-236.

[264] Wiener N. Cybernetics, or control and communication in the animal and the machine [M]. Cambridge, Massachusetts: The Technology Press; New York: John Wiley & Sons, Inc., 1948.

[265] Winograd T, Fernando F. Understanding computers and cognition: A new foundation for design [M]. Norwood, NJ: Ablex, 1986.

[266] Winograd T. Understanding natural language [M]. New York: Academic Press, 1972.

[267] Woods W A. Transition network grammars for natural language analysis [J]. Communications of the ACM, 1970, 13(10): 591-606.

[268] Wu L L, Yu P, Ballman A. Spcedtraccr: A web usage mining and analysis tool [J]. IBM System Journal, 1998, 37(1): 89-105.

[269] Yachida M, Kitamura Y, Kimachi M. Trinocular vision: New approach for correspondence problem [C]. Proceedings of 8th Intentional Conference on Pattern Recognition, Paris, 1986: 1041-1044.

[270] Zadeh L A. Fuzzy logic = Computing with words [J]. IEEE Transactions On Fuzzy Systems, 1996, 4: 103-111.

[271] Zadeh L A. Fuzzy sets [J]. Information and Control, 1965: 338-353.

[272] Zlotkin G, Rosenschein J S. Cooperation and conflict resolution via negotiation among autonomous agents in noncooperative domains [J]. IEEE Transactions on Systems, Man, and Cybernetics, 1991, 21(6): 1317-1324.

[273] Zlotkin G, Rosenschein J S. incomplete information and deception in multi-agent negotiation [C]. IJCAI, Sydney, 1991: 225-231.

[274] Zlotkin G, Rosenschein J S. Negotiation and task sharing among autonomous agents in cooperative domains [C]. IJCAI, Detroit, 1989: 912-917.